AutoCAD 2020 中文版建筑设计从入门到精通

（微课视频版）

闫 军　胡仁喜　编著

电子工业出版社

Publishing House of Electronics Industry

北京·BEIJING

内 容 简 介

本书根据 AutoCAD 认证考试最新大纲编写，重点介绍了 AutoCAD 2020 中文版的新功能及各种基本操作方法和技巧。本书最大的特点是，在大量利用图解方法进行知识点讲解的同时，巧妙地结合了建筑设计工程应用案例，使读者能够在建筑设计工程实践中掌握 AutoCAD 2020 的操作方法和技巧。

全书分为 16 章，涵盖 AutoCAD 2020 入门、二维绘图命令、基本绘图工具、编辑命令、复杂二维绘图命令、文字、表格与尺寸，辅助工具，建筑设计的基本知识，住宅和别墅建筑设计综合实例等内容。

本书内容翔实，图文并茂，语言简洁，思路清晰，实例丰富，可作为初学者的入门与提高教材，也可作为 AutoCAD 认证考试的辅导与自学教材。

本书除利用传统的纸面讲解外，还随书配送多媒体电子资料，具体内容如下。

（1）66 段大型高清多媒体教学视频（动画演示），读者可以边看视频边学习，轻松学习效率高。

（2）AutoCAD 绘图技巧大全、快捷命令速查手册、常用图块等辅助学习资料，可以极大地方便读者学习。

（3）两套大型图纸设计方案及长达 900 分钟的同步教学视频，可以使读者拓宽视野、接触实战。

（4）全书实例的源文件和素材，方便读者按照书中实例进行操作时直接调用。

未经许可，不得以任何方式复制或抄袭本书之部分或全部内容。
版权所有，侵权必究。

图书在版编目（CIP）数据

AutoCAD 2020 中文版建筑设计从入门到精通：微课视频版 / 闫军，胡仁喜编著. —北京：电子工业出版社，2020.5
ISBN 978-7-121-37572-9

Ⅰ. ①A… Ⅱ. ①闫… ②胡… Ⅲ. ①建筑设计－计算机辅助设计－AutoCAD 软件 Ⅳ. ①TU201.4

中国版本图书馆 CIP 数据核字（2019）第 246982 号

责任编辑：王艳萍　　文字编辑：张　彬
印　　刷：涿州市京南印刷厂
装　　订：涿州市京南印刷厂
出版发行：电子工业出版社
　　　　　北京市海淀区万寿路 173 信箱　　邮编 100036
开　　本：787×1 092　1/16　　印张：24　　字数：614.4 千字
版　　次：2020 年 5 月第 1 版
印　　次：2020 年 5 月第 1 次印刷
定　　价：78.00 元

凡所购买电子工业出版社图书有缺损问题，请向购买书店调换。若书店售缺，请与本社发行部联系，联系及邮购电话：(010) 88254888, 88258888。

质量投诉请发邮件至 zlts@phei.com.cn，盗版侵权举报请发邮件至 dbqq@phei.com.cn。

本书咨询联系方式：(010) 88254574，wangyp@phei.com.cn。

前　　言

建筑设计是指在建造建筑物之前，设计者按照建设任务，将施工过程和使用过程中所存在的或可能发生的问题，事先做好通盘的设想，拟出解决这些问题的办法、方案，用图纸和文件表达出来。这些图纸和文件作为后期备料、施工组织和各工种在制作、建造工作中互相配合、协作的共同依据，使整个工程得以在预计的投资限额内，按照经周密考虑的预定方案，统一步调，顺利进行。

AutoCAD 是美国 Autodesk 公司推出的集二维绘图、三维设计、渲染及通用数据库管理和互联网通信功能为一体的计算机辅助绘图软件包。自 1982 年推出以来，AutoCAD 从初期的 1.0 版本，经多次版本更新和性能完善，不仅在机械、电子、建筑等工程设计领域得到了广泛的应用，而且在地理、气象、航海等特殊图形的绘制，甚至乐谱、灯光、幻灯、广告等领域也得到了多方面的应用，目前已成为 CAD 系统中应用得最为广泛的图形软件之一。本书以 AutoCAD 2020 中文版为基础，讲解 AutoCAD 在建筑设计中的应用方法和技巧。

一、编写目的

鉴于 AutoCAD 强大的功能和深厚的工程应用底蕴，编者力图为初学者、自学者或想参加 AutoCAD 认证考试的读者开发一套全方位介绍 AutoCAD 在各个行业实际应用情况的书籍。在具体编写过程中，编者不求事无巨细地将 AutoCAD 的知识点全面讲解清楚，而是针对本专业或本行业需要，参考 AutoCAD 认证考试最新大纲，以 AutoCAD 大体知识脉络为线索，以实例为抓手，由浅入深，从易到难，帮助读者掌握利用 AutoCAD 进行本行业工程设计的基本技能和技巧，并希望能够为广大读者的学习起到良好的引导作用，为广大读者学习 AutoCAD 提供一个简洁、有效的途径。

二、本书特点

1．专业性强，编者经验丰富

本书是基于编者总结多年的设计经验和教学心得体会，结合 AutoCAD 认证考试最新大纲要求编写的，具有很强的专业性和针对性。本书的编者是 Autodesk 中国认证考试中心（ACAA）的首席技术专家，全面负责 AutoCAD 认证考试大纲制定和考试题库建设，多年在高校从事计算机图形教学研究，具有丰富的教学实践经验，能够准确地把握学生的心理与实际需求。

2．涵盖面广，剪裁得当

本书定位于反映 AutoCAD 2020 在建筑设计应用领域的功能全貌、教学与自学结合的指导书。所谓功能全貌，不是将 AutoCAD 2020 的所有知识点和盘托出、面面俱到，而是根据认证考试大纲，结合行业需要，将必须掌握的知识讲述清楚。据此，本书详细介绍了 AutoCAD 2020 入门，二维绘图命令，基本绘图工具，编辑命令，复杂二维绘图命令，文字、表格与尺寸，辅助工具，建筑设计的基本知识，住宅和别墅建筑设计综合实例等内容。为了在有限的篇幅内提高知识集中程度，编者对所讲述的知识点进行了精心剪裁，尽最大努力确保各知识点为在实际设计中用得到、读者学得会的内容。

3．步步为营，实例丰富

作为 AutoCAD 在建筑设计领域应用的图书，编者力求避免空洞的介绍和描述，而是步步为营，对各知识点采用建筑设计实例演绎，通过实例操作使读者加深对知识点内容的理解并在实例操作过程中牢固掌握软件功能。实例的种类非常丰富，既有针对某个知识点的小实例，又有针对几个知识点或全章知识点的综合实例，还有用于练习提高的上机实例。各种实例交错讲解，以达到巩固读者所学知识的目标。

4．工程案例，潜移默化

AutoCAD 是一个侧重于应用的工程软件，所以最后的落脚点还是工程应用。为了体现这一点，本书采用一个巧妙的处理方法：在读者基本掌握各个知识点后，通过安排住宅和别墅的建筑设计综合案例练习，让读者体验 AutoCAD 在建筑设计实践中的具体应用方法，对读者的建筑设计能力进行最后的"淬火"处理。"随风潜入夜，润物细无声"，本书潜移默化地培养读者的建筑设计能力，同时使全书的内容显得紧凑、严谨。

5．技巧总结，点石成金

除了一般技巧说明性的内容，本书大部分章节特别设计了"名师点拨"，针对本章内容所涉及的知识给出编者多年操作应用的经验总结和关键操作技巧提示，帮助读者对本章知识进行最后的提升。

6．认证实题训练，模拟考试环境

本书大部分章节最后设计了"模拟考试"，所有的试题都来自 AutoCAD 认证考试题库，具有真实性和针对性，特别适合参加 AutoCAD 认证考试的人员作为辅导教材。

三、本书配套资源

1．66 段大型高清多媒体教学视频（动画演示）

为了方便读者学习，编者针对书中全部实例（包括上机实验）专门制作了 66 段多媒体图像、语音/视频录像（动画演示），读者可以先看视频，像看电影一样轻松愉悦地学习本书内容。

2．AutoCAD 绘图技巧大全、快捷命令速查手册等辅助学习资料

本书赠送了 AutoCAD 绘图技巧大全、快捷命令速查手册、常用工具按钮速查手册、常用快捷键速查手册、疑难问题汇总、常用图块等多种电子文档，方便读者使用。

3．两套大型图纸设计方案及长达 900 分钟的同步教学视频

为了帮助读者拓宽视野，本书赠送两套设计图纸集、图纸源文件、同步教学视频（动画演示），总时长达 900 分钟。

4．全书实例的源文件和素材

本书附带了很多教学实例和练习实例的源文件和素材，读者可以安装 AutoCAD 2020 中文

版软件，打开并使用这些源文件和素材。

上述电子资源，读者可关注微信公众号"华信教育资源网"，回复"37572"获得。

四、本书服务

1．AutoCAD 2020 安装软件的获取

在学习本书内容前，请先在计算机中安装 AutoCAD 2020 中文版软件（本书不附带软件安装程序），读者可在 Autodesk 中国官网 http://www.autodesk.com.cn/下载其试用版本，也可在当地电脑城、软件经销商处购买。安装完成后，即可按照本书实例进行操作练习。

2．关于本书和配套电子资料的技术问题或有关本书信息的发布

读者遇到有关本书内容的技术问题，可以加入 QQ 群 487450640 进行咨询，编者将及时进行回复。

本书主要由河北交通职业技术学院的闫军和胡仁喜老师编写，是编者的一点心得，在编写过程中已经尽量努力，但疏漏之处在所难免，敬请各位读者批评指正。

编 者
2019.12

目 录

第1篇 基础知识篇

- 第1章 AutoCAD 2020 入门 ……… 3
  - 1.1 操作环境简介 ……… 3
    - 1.1.1 操作界面 ……… 3
    - 1.1.2 操作实践——设置十字光标的大小 ……… 12
    - 1.1.3 绘图系统设置 ……… 13
    - 1.1.4 操作实践——修改绘图区的颜色 ……… 13
  - 1.2 文件管理 ……… 15
    - 1.2.1 新建文件 ……… 16
    - 1.2.2 打开文件 ……… 16
    - 1.2.3 操作实践——设置自动保存的时间间隔 ……… 17
  - 1.3 基本绘图参数 ……… 17
    - 1.3.1 设置图形单位 ……… 18
    - 1.3.2 设置图形界限 ……… 19
  - 1.4 基本输入操作 ……… 19
    - 1.4.1 命令输入方式 ……… 19
    - 1.4.2 命令的重复、撤销、重做 ……… 20
  - 1.5 综合演练——样板图绘图环境设置 ……… 21
  - 1.6 名师点拨——图形基本设置技巧 ……… 23
  - 1.7 上机实验 ……… 23
  - 1.8 模拟考试 ……… 24
- 第2章 二维绘图命令 ……… 25
  - 2.1 直线类命令 ……… 25
    - 2.1.1 直线 ……… 25
    - 2.1.2 操作实践——在非动态输入模式下绘制五角星 ……… 26
    - 2.1.3 数据的输入方法 ……… 27
    - 2.1.4 操作实践——在动态输入模式下绘制五角星 ……… 28
    - 2.1.5 构造线 ……… 29
  - 2.2 圆类命令 ……… 30
    - 2.2.1 圆 ……… 30
    - 2.2.2 操作实践——绘制灯 ……… 31
    - 2.2.3 圆弧 ……… 32
    - 2.2.4 操作实践——绘制花瓶 ……… 33
    - 2.2.5 圆环 ……… 34
    - 2.2.6 椭圆与椭圆弧 ……… 35
    - 2.2.7 操作实践——绘制洗脸池 ……… 36
  - 2.3 平面图形 ……… 37
    - 2.3.1 矩形 ……… 37
    - 2.3.2 操作实践——绘制花坛 ……… 38
    - 2.3.3 多边形 ……… 40
    - 2.3.4 操作实践——绘制石雕摆饰 ……… 40
  - 2.4 点类命令 ……… 41
    - 2.4.1 点 ……… 41
    - 2.4.2 操作实践——绘制柜子 ……… 42
    - 2.4.3 等分点与测量点 ……… 43
  - 2.5 名师点拨——大家都来讲绘图 ……… 44
  - 2.6 上机实验 ……… 45
  - 2.7 模拟考试 ……… 45
- 第3章 基本绘图工具 ……… 46
  - 3.1 精确定位工具 ……… 46
    - 3.1.1 正交模式 ……… 46

3.1.2 栅格 …………………… 47
　　3.1.3 捕捉模式 ……………… 47
3.2 对象捕捉工具 ………………… 48
　　3.2.1 特殊位置点捕捉 ……… 48
　　3.2.2 对象捕捉设置 ………… 50
　　3.2.3 自动追踪 ……………… 50
　　3.2.4 操作实践——绘制灯 … 52
3.3 显示控制工具 ………………… 52
　　3.3.1 图形的缩放 …………… 53
　　3.3.2 图形的平移 …………… 55
　　3.3.3 图形的夹点编辑功能 … 55
3.4 图层的操作 …………………… 56
　　3.4.1 建立新图层 …………… 56
　　3.4.2 设置图层 ……………… 59
　　3.4.3 控制图层 ……………… 60
3.5 综合演练——样板图图层
　　设置 ………………………… 62
3.6 名师点拨——绘图助手 ……… 65
3.7 上机实验 ……………………… 66
3.8 模拟考试 ……………………… 66

第4章 编辑命令 68
4.1 选择对象 ……………………… 68
4.2 删除及恢复类命令 …………… 70
　　4.2.1 删除 …………………… 70
　　4.2.2 恢复 …………………… 71
4.3 复制类命令 …………………… 71
　　4.3.1 复制 …………………… 71
　　4.3.2 操作实践——绘制
　　　　 车库门 ………………… 72
　　4.3.3 镜像 …………………… 73
　　4.3.4 操作实践——绘制
　　　　 防盗门 ………………… 74
　　4.3.5 偏移 …………………… 75
　　4.3.6 操作实践——绘制
　　　　 单人办公桌 …………… 76
　　4.3.7 阵列 …………………… 78
　　4.3.8 操作实践——绘制
　　　　 餐桌 …………………… 79
4.4 改变位置类命令 ……………… 81
　　4.4.1 移动 …………………… 81

　　4.4.2 操作实践——绘制
　　　　 组合电视柜 …………… 81
　　4.4.3 旋转 …………………… 82
　　4.4.4 操作实践——绘制
　　　　 书柜 …………………… 83
　　4.4.5 缩放 …………………… 84
　　4.4.6 操作实践——绘制
　　　　 门联窗 ………………… 85
4.5 改变几何特性类命令 ………… 87
　　4.5.1 圆角 …………………… 87
　　4.5.2 操作实践——绘制
　　　　 坐便器 ………………… 88
　　4.5.3 倒角 …………………… 90
　　4.5.4 操作实践——绘制
　　　　 电视机 ………………… 91
　　4.5.5 修剪 …………………… 92
　　4.5.6 操作实践——绘制
　　　　 单人床 ………………… 93
　　4.5.7 延伸 …………………… 94
　　4.5.8 操作实践——绘制
　　　　 镜子 …………………… 95
　　4.5.9 拉伸 …………………… 96
　　4.5.10 操作实践——绘制
　　　　 手柄 …………………… 97
　　4.5.11 拉长 …………………… 99
　　4.5.12 操作实践——绘制手表
　　　　 及包装盒 ……………… 99
　　4.5.13 打断 …………………… 102
　　4.5.14 打断于点 ……………… 102
　　4.5.15 分解 …………………… 102
　　4.5.16 操作实践——绘制欧式
　　　　 书桌 …………………… 103
　　4.5.17 合并 …………………… 104
　　4.5.18 修改对象属性 ………… 105
　　4.5.19 特性匹配 ……………… 106
4.6 综合演练——绘制转角沙发和
　　石栏杆 ……………………… 106
　　4.6.1 绘制转角沙发 ………… 106
　　4.6.2 绘制石栏杆 …………… 108
4.7 名师点拨——绘图学一学 …… 110

4.8 上机实验 ………………………… 110
4.9 模拟考试 ………………………… 111

第5章 复杂二维绘图命令 ……… 113
5.1 多段线 …………………………… 113
   5.1.1 绘制多段线 ………………… 113
   5.1.2 编辑多段线 ………………… 114
   5.1.3 操作实践——绘制
         圈椅 ………………………… 116
5.2 样条曲线 ………………………… 117
5.3 图案填充 ………………………… 118
   5.3.1 基本概念 …………………… 118
   5.3.2 添加图案填充 ……………… 119
   5.3.3 渐变色的操作 ……………… 122
   5.3.4 边界的操作 ………………… 122
   5.3.5 编辑图案填充 ……………… 123
   5.3.6 操作实践——绘制
         双人床 ……………………… 123
5.4 多线 ……………………………… 127
   5.4.1 绘制多线 …………………… 127
   5.4.2 定义多线样式 ……………… 127
   5.4.3 编辑多线 …………………… 127
   5.4.4 操作实践——绘制
         墙体 ………………………… 128
5.5 名师点拨——灵活应用
    复杂绘图命令 …………………… 131
5.6 上机实验 ………………………… 131
5.7 模拟考试 ………………………… 132

第6章 文字、表格与尺寸 ……… 134
6.1 文字样式 ………………………… 134
6.2 文字标注 ………………………… 136
   6.2.1 单行文字标注 ……………… 136
   6.2.2 多行文字标注 ……………… 138
   6.2.3 操作实践——绘制
         多层书柜 …………………… 142
6.3 文字编辑 ………………………… 144
6.4 表格 ……………………………… 145
   6.4.1 定义表格样式 ……………… 145
   6.4.2 创建表格 …………………… 147
   6.4.3 编辑表格文字 ……………… 149
   6.4.4 操作实践——绘制A2
         图框 ………………………… 149
6.5 尺寸 ……………………………… 152
   6.5.1 尺寸标注样式 ……………… 152
   6.5.2 标注尺寸 …………………… 157
6.6 综合演练——标注居室平面
    图尺寸 …………………………… 161
   6.6.1 设置绘图环境 ……………… 161
   6.6.2 绘制建筑轴线 ……………… 162
   6.6.3 标注尺寸 …………………… 163
   6.6.4 标注轴号 …………………… 165
6.7 上机实验 ………………………… 165
6.8 模拟考试 ………………………… 166

第7章 辅助工具 …………………… 167
7.1 查询工具 ………………………… 167
   7.1.1 查询距离 …………………… 167
   7.1.2 查询对象状态 ……………… 168
7.2 图块及其属性 …………………… 169
   7.2.1 图块操作 …………………… 169
   7.2.2 图块属性 …………………… 170
   7.2.3 操作实践——绘制
         桌椅 ………………………… 172
7.3 设计中心与工具选项板 ………… 173
   7.3 1 设计中心 …………………… 173
   7.3.2 工具选项板 ………………… 175
7.4 综合演练——绘制居室室内
    平面图 …………………………… 176
   7.4.1 绘制平面墙线 ……………… 177
   7.4.2 绘制平面门窗 ……………… 180
   7.4.3 绘制家具平面 ……………… 180
   7.4.4 插入家具图块 ……………… 181
   7.4.5 尺寸标注 …………………… 183
   7.4.6 轴线编号 …………………… 183
   7.4.7 利用设计中心和工具
         选项板布置居室 ………… 185
7.5 名师点拨——设计中心的
    操作技巧 ………………………… 186
7.6 上机实验 ………………………… 186
7.7 模拟考试 ………………………… 187

第 2 篇　建筑施工图篇

第 8 章　建筑设计的基本知识 191
8.1　建筑设计的基本理论 191
8.1.1　建筑设计概述 191
8.1.2　建筑设计方法 194
8.1.3　建筑施工图类型 194
8.2　绘制建筑图的基本方法 197
8.2.1　手工绘制建筑图 197
8.2.2　计算机绘制建筑图 197
8.2.3　CAD 技术在建筑设计中的应用简介 197
8.3　建筑制图的基本知识 200
8.3.1　建筑制图概述 200
8.3.2　建筑制图的要求及规范 200
8.3.3　建筑制图的内容及图纸编排顺序 207
8.4　建筑制图常见错误辨析 208

第 9 章　绘制建筑总平面图 210
9.1　建筑总平面图绘制概述 210
9.1.1　建筑总平面图概述 210
9.1.2　建筑总平面图中的图例说明 211
9.1.3　阅读建筑总平面图后需掌握的事项 212
9.1.4　标高投影知识 212
9.1.5　绘制建筑总平面图的步骤 212
9.2　绘制某住宅小区总平面图 213
9.2.1　绘制场地及建筑造型 214
9.2.2　绘制小区道路等图形 218
9.2.3　标注文字和尺寸 220
9.2.4　绘制各种景观 222
9.2.5　布置绿化景观 224
9.3　上机实验 225

第 10 章　绘制建筑平面图 226
10.1　建筑平面图绘制概述 227
10.1.1　建筑平面图概述 227
10.1.2　建筑平面图的图示要点 227
10.1.3　建筑平面图的图示内容 227
10.1.4　绘制建筑平面图的步骤 228
10.2　本案例设计思想 228
10.3　绘制低层住宅地下层平面图 228
10.3.1　绘图准备 229
10.3.2　绘制轴线 231
10.3.3　绘制外墙线 234
10.3.4　绘制内墙线 1 235
10.3.5　绘制柱子 236
10.3.6　绘制窗户 236
10.3.7　绘制门 238
10.3.8　绘制楼梯 240
10.3.9　绘制内墙线 2 242
10.3.10　标注尺寸 243
10.3.11　添加轴号 245
10.3.12　标注文字 247
10.4　绘制低层住宅中间层平面图 248
10.5　绘制低层住宅屋顶平面图 249
10.5.1　绘制轴线 250
10.5.2　绘制外部轮廓线 251
10.5.3　绘制露台墙线 251
10.5.4　绘制外部多线 253
10.5.5　绘制屋顶线条 254
10.5.6　绘制排烟道 255
10.5.7　填充图形 255
10.5.8　绘制屋顶烟囱放大图 257
10.5.9　标注尺寸 258

	10.5.10	标注文字 ································ 259
10.6	上机实验 ································ 261
第11章	**绘制建筑立面图** ······················ 262
11.1	建筑立面图绘制概述 ················ 262
	11.1.1	建筑立面图的概念及图示内容 ································ 262
	11.1.2	建筑立面图的命名方式 ································ 263
	11.1.3	绘制建筑立面图的一般步骤 ···················· 263
11.2	绘制某低层住宅立面图 ············ 263
	11.2.1	绘制定位辅助线 ·········· 264
	11.2.2	绘制地下层立面图 ····· 266
	11.2.3	绘制屋檐 ···················· 273
	11.2.4	复制图形 ···················· 274
	11.2.5	绘制标高 ···················· 279
	11.2.6	添加文字说明 ············ 280
11.3	上机实验 ································ 280
第12章	**绘制建筑剖面图** ······················ 282
12.1	建筑剖面图绘制概述 ················ 282
	12.1.1	建筑剖面图的概念及图示内容 ···················· 283
	12.1.2	剖切位置及投射方向的选择 ···················· 283
	12.1.3	绘制建筑剖面图的一般步骤 ···················· 283
12.2	绘制某低层住宅剖面图 ············ 284
	12.2.1	图形整理 ···················· 284

	12.2.2	绘制辅助线 ··············· 285
	12.2.3	绘制墙线 ···················· 285
	12.2.4	绘制楼板 ···················· 286
	12.2.5	绘制门窗 ···················· 287
	12.2.6	绘制其余图形 ············ 289
	12.2.7	添加文字说明和标注 ···················· 292
12.3	上机实验 ································ 296
第13章	**绘制建筑详图** ·························· 297
13.1	建筑详图绘制概述 ···················· 297
	13.1.1	建筑详图的概念 ·········· 297
	13.1.2	建筑详图的图示内容 ································ 298
	13.1.3	建筑详图的特点 ·········· 298
	13.1.4	建筑详图的具体识别分析 ······················ 299
	13.1.5	绘制建筑详图的一般步骤 ······················ 302
13.2	绘制楼梯放大图 ·························· 302
	13.2.1	绘图准备 ···················· 302
	13.2.2	添加标注 ···················· 303
13.3	绘制卫生间放大图 ···················· 304
	13.3.1	绘图准备 ···················· 304
	13.3.2	添加标注 ···················· 304
13.4	绘制节点大样图 ·························· 305
	13.4.1	绘制节点大样轮廓 ····· 305
	13.4.2	添加标注 ···················· 308
13.5	上机实验 ································ 309

第3篇 综合实例篇

第14章	**绘制某别墅总平面图** ············ 315
14.1	设置绘图参数 ··························· 315
14.2	布置建筑物 ······························· 317
14.3	布置场地道路、绿地 ················ 318
14.4	添加各种标注 ··························· 319
14.5	上机实验 ································ 325
第15章	**绘制某别墅平面图** ·················· 326
15.1	实例简介 ································ 326

15.2	绘制底层平面图 ························ 329
	15.2.1	绘图准备 ···················· 329
	15.2.2	绘制轴线 ···················· 330
	15.2.3	绘制墙线 ···················· 330
	15.2.4	绘制柱 ······················· 331
	15.2.5	绘制门窗 ···················· 331
	15.2.6	绘制楼梯、台阶 ·········· 333
	15.2.7	布置室内 ···················· 335

15.2.8	室内铺地	335
15.2.9	布置室外景观	336
15.2.10	添加尺寸、文字、符号标注	338
15.3	绘制二层平面图	340
15.3.1	绘图准备	340
15.3.2	修改二层平面图	342
15.3.3	布置室内	343
15.3.4	添加尺寸、文字标注	344
15.4	绘制三层平面图	344
15.5	绘制屋顶平面图	347
15.6	上机实验	349

第 16 章 绘制某别墅立面图与剖面图 …… 351

- 16.1 绘制①~⑦立面图 …… 352
  - 16.1.1 绘图准备 …… 353
  - 16.1.2 绘制基本轮廓 …… 353
  - 16.1.3 绘制楼梯 …… 357
  - 16.1.4 绘制其余部分 …… 359
  - 16.1.5 添加尺寸、文字标注 …… 360
- 16.2 绘制Ⓔ~Ⓐ立面图 …… 361
  - 16.2.1 绘制辅助线 …… 362
  - 16.2.2 绘制弧形玻璃幕墙 …… 362
  - 16.2.3 绘制平台栏杆 …… 363
- 16.3 绘制剖面图 …… 364
  - 16.3.1 绘图准备 …… 364
  - 16.3.2 确定剖切位置和投射方向 …… 364
  - 16.3.3 绘制定位辅助线 …… 365
  - 16.3.4 绘制建筑构配件 …… 365
  - 16.3.5 添加配景、标注尺寸和文字 …… 368
- 16.4 上机实验 …… 368

第 1 篇

基础知识篇

本篇主要介绍 AutoCAD 2020 的基础知识。

对 AutoCAD 2020 的基础知识进行介绍的目的是为下一步室内设计案例讲解进行必要的知识准备。这一部分内容主要介绍 AutoCAD 2020 的基本绘图方法、快速绘图工具的使用及各种基本室内设计模块的绘制方法。

- AutoCAD 2020 入门
- 二维绘图命令
- 基本绘图工具
- 编辑命令
- 复杂二维绘图命令
- 文字、表格与尺寸
- 辅助工具

第 1 章 AutoCAD 2020 入门

> 本章学习 AutoCAD 2020 绘图软件的基本知识，了解如何设置图形的系统参数、样板图，熟悉创建新的图形文件、打开已有文件的方法等，为后面章节的学习奠定必要的基础。

【内容要点】
- 操作环境简介
- 文件管理
- 基本绘图参数
- 基本输入操作

【案例欣赏】

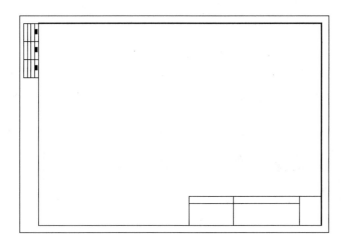

1.1 操作环境简介

操作环境是指和本软件相关的操作界面、绘图系统设置等软件的基本界面和参数。本节将进行简要介绍。

【预习重点】
- 安装软件，熟悉软件界面。
- 观察光标大小与绘图区颜色。

1.1.1 操作界面

AutoCAD 操作界面是 AutoCAD 显示、编辑图形的区域。本书以 AutoCAD 2020 中文版为例进行讲解，一个完整的 AutoCAD 操作界面如图 1-1 所示，包括标题栏、菜单栏、工具栏（图 1-1 中未显示）、快速访问工具栏、交互信息工具栏、功能区、绘图区、坐标系图标、命令行窗口、状态栏、布局标签、十字光标等。

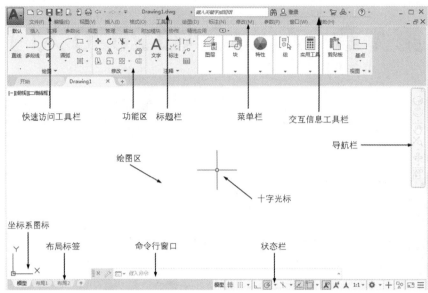

图 1-1 AutoCAD 2020 中文版的操作界面

1．标题栏

AutoCAD 2020 操作界面的最上端是标题栏。标题栏中显示了系统当前正在运行的应用程序（AutoCAD 2020）和用户正在使用的图形文件。在第一次启动 AutoCAD 2020 中文版时，标题栏中将显示 AutoCAD 2020 在启动时创建并打开的图形文件的名称"Drawing1.dwg"，如图 1-1 所示。

> **注意：**
>
> 需要将 AutoCAD 的工作空间切换到"草图与注释"模式下（单击操作界面右下角的"切换工作空间"按钮，在弹出的菜单中选择"草图与注释"命令），才能显示如图 1-1 所示的操作界面。本书中的所有操作均在"草图与注释"模式下进行。

2．菜单栏

在 AutoCAD 的快速访问工具栏处调出菜单栏，如图 1-2 所示，调出后的菜单栏如图 1-3 所示。与 Windows 程序一样，AutoCAD 的菜单也是下拉形式，在菜单中包含子菜单。AutoCAD 的菜单栏中包含 12 个菜单："文件""编辑""视图""插入""格式""工具""绘图""标注""修改""参数""窗口"和"帮助"，这些菜单中几乎包含了 AutoCAD 的所有绘图命令，后面的章节将对这些菜单的功能进行详细讲解。一般来讲，AutoCAD 下拉菜单中的命令有以下 3 种。

（1）带有子菜单的菜单命令。这种类型的菜单命令后面带有小三角。例如，选择菜单栏中的"绘图"命令，指向其下拉菜单中的"圆"命令，系统就会进一步显示出"圆"子菜单中所包含的命令，如图 1-4 所示。

（2）打开对话框的菜单命令。这种类型的菜单命令后面带有省略号。例如，选择菜单栏中的"格式"→"表格样式"命令，如图 1-5 所示，系统就会打开"表格样式"对话框，如图 1-6 所示。

（3）直接执行操作的菜单命令。这种类型的菜单命令后面既不带小三角，也不带省略号，选择该命令将直接执行相应的操作。例如，选择菜单栏中的"视图"→"重画"命令，系统将刷新显示所有视口。

第 1 章　AutoCAD 2020 入门

图 1-2　调出菜单栏

图 1-3　菜单栏显示界面

图 1-4　带有子菜单的菜单命令

图 1-5　打开对话框的菜单命令

3．工具栏

工具栏是一组按钮工具的集合。将光标移动到某个按钮上，稍停片刻即在该按钮的一侧显示相应的功能提示，同时在状态栏中显示对应的说明和命令名，此时，单击按钮就可以启动相应的命令。

（1）设置工具栏。AutoCAD 2020 提供了十几种工具栏，选择菜单栏中的"工具"→"工具栏"→"AutoCAD"命令，调出所需要的工具栏，如图 1-7 所示。选择某个未在界面中显示的工具栏名，系统将自动在界面中打开该工具栏；反之，关闭工具栏。

5

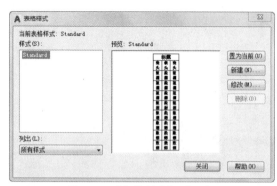
图1-6 "表格样式"对话框

图1-7 调出工具栏的菜单命令

（2）工具栏的固定、浮动与打开。工具栏可以在绘图区浮动显示（如图1-8所示），此时显示该工具栏标题，可以关闭。可以将浮动工具栏拖动到绘图区边界，使它变为固定工具栏，此时该工具栏标题隐藏；也可以把固定工具栏拖出，使它成为浮动工具栏。

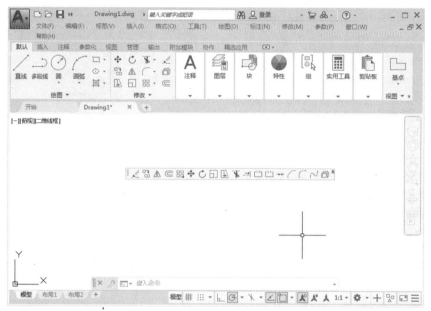
图1-8 浮动工具栏

有些工具栏按钮的右下角带有一个小三角，单击后会打开相应的工具栏（如图1-9所示），将光标移动到某个按钮上并单击，该按钮就变为当前显示的按钮。单击当前显示的按钮，即可执行相应的命令。

4．快速访问工具栏和交互信息工具栏

（1）快速访问工具栏。该工具栏包括"新建""打开""保存""另存为""打印""放弃""重做""工作空间"等几个常用的工具。用户也可以单击此工具栏后面的小三角选择需要设置的常用工具。

（2）交互信息工具栏。该工具栏包括"搜索""Autodesk 360""Autodesk App Store""保持连接""单击此处访问帮助"等几个常用的交互工具。

5．功能区

在默认情况下，功能区包括"默认"选项卡、"插入"选项卡、"注释"选项卡、"参数化"选项卡、"视图"选项卡、"管理"选项卡、"输出"选项卡、"协作"选项卡，如图1-10所示。每个选项卡中集成了相关的操作工具，方便用户使用。用户可以单击功能区选项后面的 按钮控制功能的展开与收缩。

图1-9 打开工具栏

图1-10 默认情况下的选项卡

（1）设置选项卡。将光标放在面板中任意位置，右击，打开如图1-11所示的快捷菜单。选择某个未在功能区显示的选项卡名，系统将自动在功能区打开该选项卡；反之，将关闭选项卡（调出面板的方法与调出选项卡的方法类似，不再赘述）。

（2）选项卡中面板的固定与浮动。面板可以在绘图区浮动显示（如图1-12所示），将光标放到浮动面板的右上角，显示"将面板返回到功能区"，单击此处，使其变为固定面板，如图1-13所示。也可以把固定面板拖出，使其成为浮动面板。

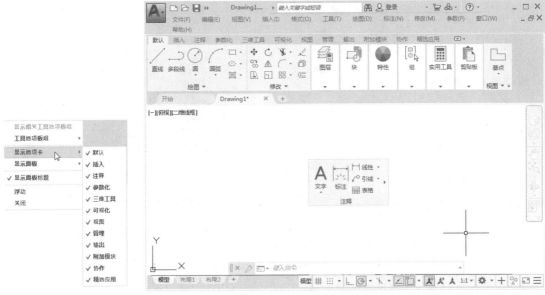

图1-11 快捷菜单　　　　　　　　图1-12 浮动面板

【执行方式】

- 命令行：RIBBON（或RIBBONCLOSE）。
- 菜单栏：选择菜单栏中的"工具"→"选项板"→"功能区"命令。

6．绘图区

绘图区是指标题栏下方的大片空白区域，是用户使用 AutoCAD 绘制图形的区域。用户要完成一幅设计图形，其主要工作都是在绘图区中完成的。

7．坐标系图标

在绘图区的左下角有一个坐标系图标，表示用户绘图时使用的坐标系样式。坐标系图标的作用是为点的坐标确定一个参照系。根据实际情况，用户也可以将其关闭。

【执行方式】

- 命令行：UCSICON。
- 菜单栏：选择菜单栏中的"视图"→"显示"→"UCS 图标"→"开"命令，如图 1-14 所示。

图 1-13 "绘图"面板

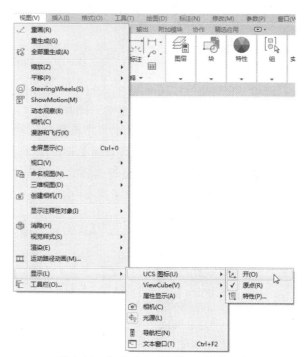

图 1-14 打开坐标系图标的菜单命令

8．命令行窗口

命令行窗口是输入命令名和显示命令提示的区域。命令行窗口默认布置在绘图区下方，由若干文本行构成。关于命令行窗口，有以下几点需要说明。

（1）移动拆分条，可以放大或缩小命令行窗口。

（2）可以拖动命令行窗口，布置在绘图区的其他位置。

（3）对当前命令行窗口中的内容，可以按 F2 键，用文本编辑的方法进行编辑，如图 1-15 所示。AutoCAD 文本窗口和命令行窗口相似，可以显示当前 AutoCAD 进程中命令的输入和执行过程。在执行 AutoCAD 的某些命令时，会自动切换到文本窗口，列出有关信息。

（4）AutoCAD 通过命令行窗口反馈各种信息，其中包括出错信息，因此，用户要时刻关注在命令行窗口中出现的信息。

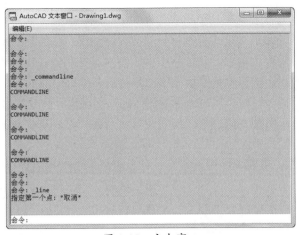

图 1-15　文本窗口

9．状态栏

状态栏在屏幕的底部，依次为"坐标""模型空间""栅格""捕捉模式""推断约束""动态输入""正交模式""极轴追踪""等轴测草图""对象捕捉追踪""二维对象捕捉""线宽""透明度""选择循环""三维对象捕捉""动态 UCS""选择过滤""小控件""注释可见性""自动缩放""注释比例""切换工作空间""注释监视器""单位""快捷特性""锁定用户界面""隔离对象""图形性能""全屏显示"和"自定义"30 个功能按钮。单击部分开关按钮，可以实现这些功能的开关；通过部分按钮也可以控制图形或绘图区的状态。

> **注意：**
> 默认情况下不会显示所有工具，可以通过状态栏上最右侧的按钮，选择要在"自定义"菜单中显示的工具。状态栏上显示的工具可能会发生变化，具体取决于当前的工作空间以及当前显示的是"模型"选项卡还是"布局"选项卡。

下面对部分状态栏中的按钮进行简单介绍，如图 1-16 所示。

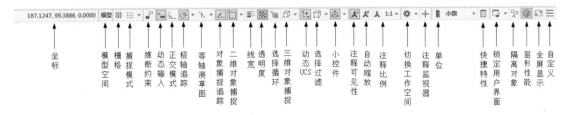

图 1-16　状态栏

（1）坐标：显示工作区光标放置点的坐标。

（2）模型空间：在模型空间与布局空间之间进行转换。

（3）栅格：由覆盖整个坐标系 X、Y 平面的直线或点组成的矩形图案。使用栅格类似于在图形下放置一张坐标纸，可以对齐对象并直观地显示对象之间的距离。

（4）捕捉模式：对象捕捉对于在对象上指定精确位置非常重要。不论何时提示输入点，都可以指定对象捕捉。默认情况下，当将光标移动到对象的对象捕捉位置时，将显示标记和工具提示。

（5）推断约束：自动在正在创建或编辑的对象与对象捕捉的关联对象之间或点之间应用约束。

（6）动态输入：在光标附近显示出一个提示框（称之为"工具提示"），工具提示中显示出对应的命令提示和光标的当前坐标值。

(7) 正交模式：将光标限制在水平或垂直方向上移动，以便精确地创建和修改对象。当创建或移动对象时，可以使用正交模式将光标限制在相对于用户坐标系的水平或垂直方向上。

(8) 极轴追踪：使用极轴追踪，光标将按指定角度进行移动。当创建或修改对象时，可以使用极轴追踪来显示由指定的极轴角度所定义的临时对齐路径。

(9) 等轴测草图：通过设定"等轴测捕捉/栅格"，可以很容易地按 3 个等轴测平面之一对齐对象。尽管等轴测图形看似三维图形，但它实际上是由二维图形表示的，因此不能期望提取三维距离和面积、从不同视点显示对象或自动消除隐藏线。

(10) 对象捕捉追踪：使用对象捕捉追踪，可以沿着基于对象捕捉点的对齐路径进行追踪。已获取的点将显示一个小加号（+），一次最多可以获取 7 个追踪点。获取点之后，在绘图路径上移动光标，将显示相对于获取点的水平、垂直或极轴对齐路径。例如，可以基于对象端点、中点或者对象的交点，沿着某个路径选择一个点。

(11) 二维对象捕捉：执行对象捕捉设置（也称为对象捕捉），可以在对象上的精确位置指定捕捉点。选择多个选项后，将应用选定的捕捉模式，以返回距离靶框中心最近的点。按 Tab 键可以在这些选项之间切换。

(12) 线宽：分别显示对象所在图层设置的不同宽度，而不是统一线宽。

(13) 透明度：调整绘图对象显示的透明程度。

(14) 选择循环：当一个对象与其他对象彼此接近或重叠时，准确地选择某个对象是很困难的，因此使用"选择循环"。单击该按钮，弹出"选择集"列表框，里面列出了鼠标单击点周围的图形，用户在列表中选择所需的对象即可。

(15) 三维对象捕捉：三维中的对象捕捉与在二维中工作的方式类似，不同之处在于在三维中可以投影对象捕捉。

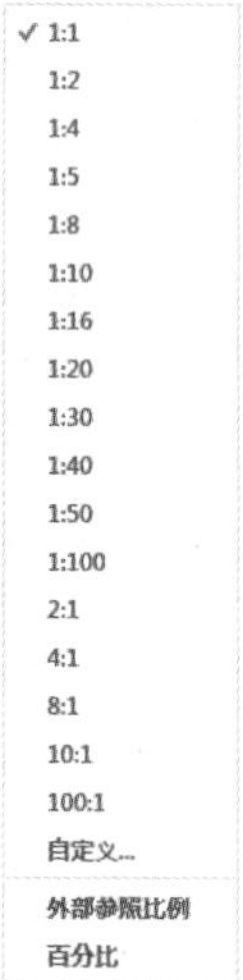

(16) 动态 UCS：在创建对象时使 UCS（用户坐标系）的 X、Y 平面自动与实体模型的平面临时对齐。

(17) 选择过滤：根据对象特性或对象类型对选择集进行过滤。当按下该按钮后，只选择满足指定条件的对象，其他对象将被排除在选择集之外。

(18) 小控件：帮助用户沿三维轴或平面移动、旋转或缩放一组对象。

(19) 注释可见性：当该按钮变亮时表示显示所有比例的注释性对象；当该按钮变暗时表示仅显示当前比例的注释性对象。

(20) 自动缩放：注释比例更改后，自动将比例添加到注释对象。

(21) 注释比例：单击注释比例右下角的小三角，弹出注释比例列表，如图 1-17 所示，可以根据需要选择适当的注释比例。

图 1-17 注释比例列表

(22) 切换工作空间：进行工作空间转换。

(23) 注释监视器：打开仅用于所有事件或模型文档事件的注释监视器。

(24) 单位：指定线性和角度单位的格式和小数位数。

(25) 快捷特性：控制"快捷特性"面板的使用与禁用。

(26) 锁定用户界面：按下该按钮，锁定工具栏、面板和可固定窗口的位置和大小。

(27) 隔离对象：为"隔离对象"时，在当前视图中显示选定对象，所有其他对象都暂时隐藏；为"隐藏对象"时，在当前视图中暂时隐藏选定对象，所有其他对象都可见。

(28) 图形性能：设定图形卡的驱动程序以及设置硬件加速的选项。

(29) 全屏显示：可以清除 Windows 窗口中的标题栏、功能区、选项板等界面元素，使

AutoCAD 的绘图窗口全屏显示，如图 1-18 所示。

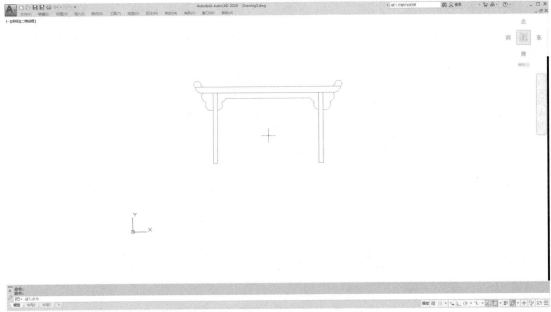

图 1-18　AutoCAD 的绘图窗口全屏显示

（30）自定义：状态栏可以提供重要信息，而无须中断工作流。使用 MODEMACRO 系统变量可将应用程序所能识别的大多数数据显示在状态栏中。使用该系统变量的计算、判断和编辑功能可以完全按照用户的要求构造状态栏。

10．布局标签

AutoCAD 默认设定一个"模型"空间和"布局1""布局2"两个图纸空间布局标签。在这里有两个概念需要解释一下。

（1）布局。布局是系统为绘图设置的一种环境，包括图样大小、尺寸单位、角度设定、数值精确度等环境变量，在系统预设的 3 个标签中，这些环境变量都按默认设置。用户可根据实际需要改变这些变量的值，后面将详细介绍；也可以根据需要创建符合自己要求的新标签。

（2）模型。AutoCAD 的空间分为模型空间和图纸空间两种。模型空间通常是绘图的环境，而在图纸空间中，用户可以创建被称为浮动视口的区域，以不同视图显示所绘图形。用户可以在图纸空间中调整浮动视口并决定所包含视图的缩放比例；可以打印多个视图，也可以打印任意布局的视图。AutoCAD 默认打开模型空间，用户可以通过操作界面下方的布局标签，选择需要的布局。

11．十字光标

在绘图区中，有一个作用类似于光标的十字线，其交点坐标反映了光标在当前坐标系中的位置。在 AutoCAD 中，将该十字线称为十字光标，如图 1-18 所示。

贴心小帮手：

AutoCAD 2020 通过光标坐标值显示当前点的位置。光标的方向与当前用户坐标系的 X、Y 轴方向平行；对于光标的长度，系统默认为绘图区大小的 5%，用户可以根据绘图需要修改其大小。

1.1.2 操作实践——设置十字光标的大小

（1）选择菜单栏中的"工具"→"选项"命令，打开"选项"对话框。

（2）选择"显示"选项卡，如图1-19所示。在"十字光标大小"文本框中直接输入数值，或拖动文本框后面的滑块，即可对十字光标的大小进行调整。将十字光标的大小设置为100，如图1-20所示，单击"确定"按钮，返回绘图状态，可以看到十字光标充满了整个绘图区，如图1-21所示。

图1-19 "显示"选项卡

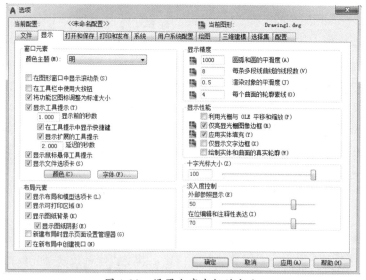

图1-20 设置十字光标的大小

此外，还可以通过设置系统变量CURSORSIZE的值修改其大小。

图 1-21　修改后的十字光标

1.1.3　绘图系统设置

每台计算机所使用的输入设备和输出设备的类型不同，用户的风格喜好及计算机的目录设置也不同。一般来讲，使用 AutoCAD 2020 的默认设置就可以绘图，但为了使用用户的定点设备或打印机，以及提高绘图的效率，推荐用户在开始作图前先进行必要的设置。

【执行方式】

- 命令行：PREFERENCES。
- 菜单栏：选择菜单栏中的"工具"→"选项"命令。
- 快捷菜单：在绘图区右击，在打开的快捷菜单中选择"选项"命令，如图 1-22 所示。

图 1-22　快捷菜单

> **高手支招：**
> 请务必记住，显示质量越高，即精度越高，计算机计算的时间越长。因此建议不要将显示精度设置得太高，设定在一个合理的程度即可。

1.1.4　操作实践——修改绘图区的颜色

修改绘图区的颜色

在默认情况下，AutoCAD 的绘图区是黑色背景、白色线条，如图 1-23

13

所示，但是通常在绘图时习惯将绘图区设置为白色。

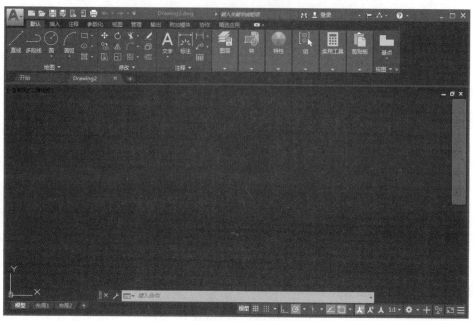

图 1-23　默认的黑色绘图区

（1）选择菜单栏中的"工具"→"选项"命令，打开"选项"对话框，选择如图 1-24 所示的"显示"选项卡，在"窗口元素"选项组中，将"颜色主题"设置为"明"，然后单击"窗口元素"选项组中的"颜色"按钮，打开如图 1-25 所示的"图形窗口颜色"对话框。

图 1-24　"显示"选项卡

（2）在"界面元素"列表框中选择"统一背景"，在"颜色"下拉列表框中选择"白"，然后单击"应用并关闭"按钮，此时 AutoCAD 的绘图区就变换了背景色。通常按视觉习惯选择白色为绘图区颜色。设置后如图 1-26 所示。

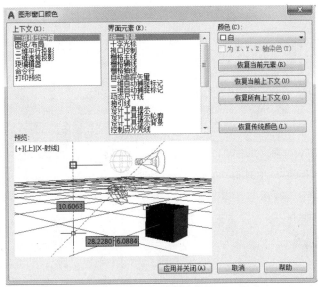

图 1-25 "图形窗口颜色"对话框

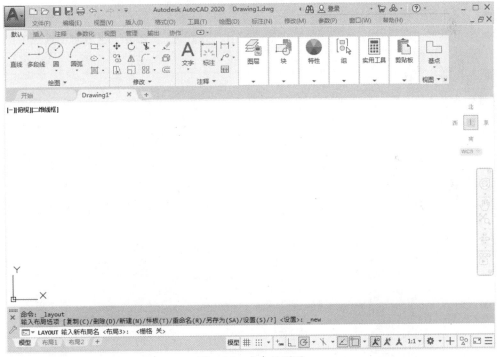

图 1-26 白色绘图区

1.2 文件管理

本节介绍有关文件管理的一些基本操作方法，包括新建文件、打开已有文件等，这些都是进行 AutoCAD 操作的基础知识。

【预习重点】
- 了解几种文件管理命令。
- 简单练习新建、打开文件操作。

1.2.1 新建文件

【执行方式】
- 命令行：NEW（或 QNEW）。
- 菜单栏：选择菜单栏中的"文件"→"新建"命令。
- 工具栏：单击"标准"工具栏中的"新建"按钮 。
- 快捷键：Ctrl+N。

1.2.2 打开文件

【执行方式】
- 命令行：OPEN。
- 菜单栏：选择菜单栏中的"文件"→"打开"命令。
- 工具栏：单击"标准"工具栏中的"打开"按钮 或单击快速访问工具栏中的"打开"按钮 。
- 快捷键：Ctrl+O。

【操作步骤】

执行上述操作后，打开"选择文件"对话框，如图 1-27 所示。

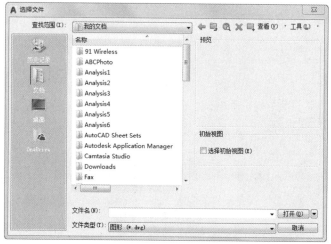

图 1-27　"选择文件"对话框

【选项说明】

在"文件类型"下拉列表框中，用户可选".dwg"".dws"".dxf"和".dwt"文件。其中，".dws"文件是包含标准图层、标注样式、线型和文字样式的样板文件；".dxf"文件是以文本形式存储的图形文件，能够被其他程序读取，许多第三方应用软件都支持".dxf"格式。

高手支招：

有时在打开".dwg"文件时，系统会打开一个信息提示对话框，提示用户图形文件不能打开，在这种情况下应先退出打开操作，然后选择菜单栏中的"文件"→"图形实用工具"→"修复"命令，或在命令行窗口中输入"RECOVER"，接着在"选择文件"对话框中输入要恢复的文件，确认后系统开始执行恢复文件操作。

另外，还有"保存""另存为"和"关闭"命令，它们的操作方式类似，若用户尚未保存对图形所做的修改，则会打开如图 1-28 所示的系统警告对话框。单击"是"按钮，系统将保存文件，然后退出；单击"否"按钮，系统将不保存文件。若用户已经保存对图形所做的修改，则可直接退出。

图 1-28　系统警告对话框

1.2.3　操作实践——设置自动保存的时间间隔

选择菜单栏中的"工具"→"选项"命令，打开"选项"对话框，选择如图 1-29 所示的"打开和保存"选项卡，在"文件安全措施"选项组中选中"自动保存"复选框，并设置保存的时间间隔。默认的时间间隔为 10 分钟，用户可以根据具体的需要进行设置，例如设置保存的时间间隔为 5 分钟，这样可以减少因突发状况而造成的文件图形丢失。

图 1-29　"打开和保存"选项卡

1.3　基本绘图参数

绘制一幅图形时，需要设置一些基本参数，如图形单位、图形界限等，下面进行简要介绍。

【预习重点】
- 了解基本参数的概念。
- 熟悉参数设置命令的使用方法。

1.3.1 设置图形单位

【执行方式】
- 命令行：DDUNITS（或 UNITS；快捷命令：UN）。
- 菜单栏：选择菜单栏中的"格式"→"单位"命令或选择主菜单 A 中的"图形实用工具"→"单位"命令。

【操作步骤】

执行上述操作后，系统打开"图形单位"对话框，如图 1-30 所示。该对话框用于定义单位和角度格式等。

【选项说明】

（1）"长度"与"角度"选项组：指定长度与角度的当前测量单位及精度。

（2）"插入时的缩放单位"选项组：控制插入当前图形的块和图形的测量单位。如果创建块或图形时使用的单位与该选项指定的单位不同，则在插入这些块或图形时，将按比例对其进行缩放。插入比例是原块或图形使用的单位与目标块或图形使用的单位之比。如果插入块或图形时不需要按指定单位缩放，则在其下拉列表框中选择"无单位"选项。

（3）"输出样例"框：显示用当前单位和角度设置的例子。

（4）"光源"选项组：控制当前图形中光源强度的单位。为创建和使用光源，必须从下拉列表框中指定非"常规"的单位。如果已将"插入时的缩放单位"设置为"无单位"，则将显示警告信息，通知用户渲染输出可能不正确。

（5）"方向"按钮：单击该按钮，系统打开"方向控制"对话框，如图 1-31 所示，在其中可进行方向控制设置。

图 1-30 "图形单位"对话框

图 1-31 "方向控制"对话框

1.3.2 设置图形界限

【执行方式】

- 命令行：LIMITS。
- 菜单栏：选择菜单栏中的"格式"→"图形界限"命令。

【操作步骤】

命令行提示与操作如下:

```
命令: LIMITS↙
重新设置模型空间界限:
LIMITS 指定左下角点或 [开(ON)/关(OFF)] <0.0000,0.0000>: (输入图形边界左下角的坐标后按 Enter 键)
LIMITS 指定右上角点 <12.0000,9.0000>: (输入图形边界右上角的坐标后按 Enter 键)
```

【选项说明】

（1）开(ON)：使图形界限有效。系统在图形界限以外拾取的点被视为无效。

（2）关(OFF)：使图形界限无效。用户可以在图形界限以外拾取点。

（3）动态输入角点坐标：可以直接在绘图区的动态文本框中输入角点坐标，输入了横坐标值后，输入","，接着输入纵坐标值，如图 1-32 所示；也可以在光标位置直接单击，确定角点位置。

图 1-32 动态输入角点坐标

举一反三：

在命令行窗口中输入坐标时，请检查此时的输入法是否为英文。如果是中文输入，如输入"150, 20"，则由于逗号","的原因，系统会认定该坐标输入无效。这时，只需将输入法改为英文即可。

1.4 基本输入操作

绘制图形的要点在于准、快，即图形尺寸绘制准确、绘图时间锐减。本节主要介绍不同命令的操作方法，读者在后面的章节中学习绘图命令时，要尽可能掌握多种方法，从中找出适合自己且快速的方法。

【预习重点】

- 了解基本输入方法。

1.4.1 命令输入方式

进行 AutoCAD 交互绘图时必须输入必要的指令和参数。有多种 AutoCAD 命令输入方式，下面以画直线为例，介绍命令输入方式。

（1）在命令行窗口中输入命令名。命令字符不区分大小写。执行命令时，在命令行提示中经常会出现命令选项。例如，在命令行窗口中输入"直线"命令"LINE"后，命令行提示与操作如下：

> 命令：LINE↙
> 指定第一个点：（在绘图区指定一个点或输入一个点的坐标）
> 指定下一点或 [放弃(U)]：

命令行中不带中括号的提示为默认选项（如上面的"指定下一点"），因此可以直接输入直线段的起点坐标或在绘图区指定一点，如果要选择其他选项，则应该首先输入该选项的标识字符，如"放弃"选项的标识字符"U"，然后按系统提示输入数据即可。有时命令选项的后面还有尖括号，尖括号内的数值为默认数值。

（2）在命令行窗口中输入命令缩写，如"L"（LINE）、"C"（CIRCLE）、"A"（ARC）、"Z"（ZOOM）、"R"（REDRAW）、"M"（MOVE）、"CO"（COPY）、"PL"（PLINE）、"E"（ERASE）等。

（3）选择"绘图"菜单栏中对应的命令，可以在命令行窗口中看到对应的命令说明及命令名。

（4）单击"绘图"工具栏中对应的按钮，可以在命令行窗口中看到对应的命令说明及命令名。

（5）在绘图区打开快捷菜单。如果在前面刚使用过要输入的命令，可以在绘图区右击，打开快捷菜单，在"最近的输入"子菜单中选择需要的命令，如图1-33所示。"最近的输入"子菜单中存储了最近使用的命令，如果经常重复使用某个命令，用这种方法就比较快速、简便。

（6）在命令行窗口中按Enter键。如果用户要重复使用上次使用的命令，可以直接在命令行窗口中按Enter键，系统立即重复执行上次使用的命令。这种方法适用于重复执行某个命令。

1.4.2 命令的重复、撤销、重做

1．命令的重复

按Enter键，可重复调用上一个命令，不管上一个命令是完成了还是被取消了。

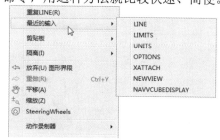

图1-33 命令行快捷菜单

2．命令的撤销

在命令执行的任何时刻都可以取消和终止命令的执行。

【执行方式】

- 命令行：UNDO。
- 菜单栏：选择菜单栏中的"编辑"→"放弃"命令。
- 快捷键：Esc。
- 工具栏：单击"标准"工具栏中的"放弃"按钮 ⇐ ▾ 或单击快速访问工具栏中的"放弃"按钮 ⇐ ▾ 。

3．命令的重做

已被撤销的命令可恢复重做，但只可以恢复撤销的最后一个命令。

【执行方式】

- 命令行：REDO（快捷命令：RE）。

第1章 AutoCAD 2020入门

- 菜单栏：选择菜单栏中的"编辑"→"重做"命令。
- 快捷键：Ctrl+Y。
- 工具栏：单击"标准"工具栏中的"重做"按钮 或单击快速访问工具栏中的"重做"按钮。

AutoCAD 2020可以一次执行多重放弃和重做操作。单击快速访问工具栏中的"放弃"按钮 或"重做"按钮 后面的下三角，可以选择要放弃或重做的操作，如图1-34所示。

1.5 综合演练——样板图绘图环境设置

图1-34 多重放弃选项

本例设置如图1-35所示的样板图文件绘图环境。操作步骤如下。

手把手教你学：
绘制的大体顺序是先打开".dwg"格式的图形文件，设置图形单位与图形界限，最后将设置好的文件保存成".dwt"格式的样板图文件。绘制过程中要用到"打开""单位""图形界限""保存"等命令。

（1）打开文件。单击快速访问工具栏中的"打开"按钮，打开源文件目录下的"\第1章\A3图框样板图.dwg"文件。

（2）设置单位。选择菜单栏中的"格式"→"单位"命令，打开"图形单位"对话框，如图1-36所示。将"长度"的"类型"设置为"小数"，"精度"为"0.0000"；"角度"的"类型"为"十进制度数"，"精度"为"0"，系统默认逆时针方向为正；将"用于缩放插入内容的单位"设置为"毫米"。

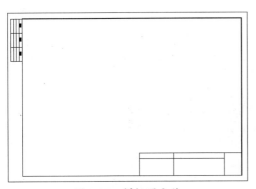

图1-35 样板图文件

图1-36 "图形单位"对话框

（3）设置图形边界。国家标准对图纸的幅面大小有严格规定，如表1-1所示。

表1-1 图纸幅面国家标准

幅面代号	A0	A1	A2	A3	A4
宽×长（mm×mm）	841×1189	594×841	420×594	297×420	210×297

在这里，按 A3 图纸幅面设置图形界限。A3 图纸幅面为 297mm×420mm。选择菜单栏中的"格式"→"图形界限"命令，设置图纸幅面，命令操作如图 1-37 所示。

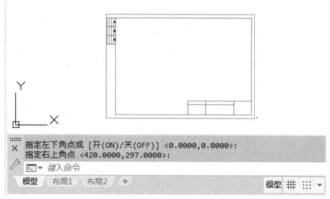

图 1-37 设置图形界限

（4）保存成样板图文件。样板图及其环境设置已经完成，先将其保存成样板图文件。

选择菜单栏中的"文件"→"另存为"命令，打开"图形另存为"对话框，如图 1-38 所示。在"文件类型"下拉列表框中选择"AutoCAD 图形样板（*.dwt）"选项，输入文件名"A3 建筑样板图"，单击"保存"按钮，系统打开"样板选项"对话框，如图 1-39 所示，保持默认的设置，单击"确定"按钮，保存文件。

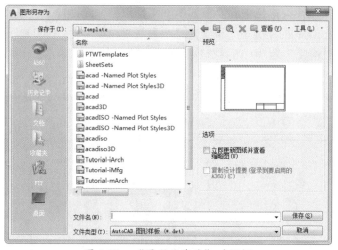

图 1-38 "图形另存为"对话框

图 1-39 "样板选项"对话框

1.6 名师点拨——图形基本设置技巧

1．粘贴复制的图形后总是离得很远怎么办

复制时使用带基点复制：选择菜单栏中的"编辑"→"带基点复制"命令。

2．AutoCAD 命令三键还原的方法是什么

如果 AutoCAD 中的系统变量被人无意更改或一些参数被人有意调整了，可以进行以下设置：展开主菜单，单击"选项"按钮，在打开的"选项"对话框中选择"配置"选项卡，单击"重置"按钮即可恢复。恢复后，有些选项还需要一些调整，如十字光标的大小等。

3．文件安全保护的具体设置方法是什么

（1）右击 AutoCAD 工作区的空白处，在弹出的快捷菜单中选择"选项"命令，弹出"选项"对话框，选择"打开和保存"选项卡。

（2）单击"安全选项"按钮，打开"安全选项"对话框，用户可以在文本框中输入口令进行密码设置，再次打开该文件时将出现输入密码提示。

如果忘记了密码则文件永远也打不开了，所以加密之前最好先备份文件。

1.7 上机实验

【练习 1】设置绘图环境。
【练习 2】熟悉操作界面。
【练习 3】管理图形文件。
【练习 4】利用"平移"工具和"缩放"工具查看平面图细节，如图 1-40 所示。

图 1-40　平面图

1.8 模拟考试

1. 以下打开方式不存在的是（　　）。
   A．以只读方式打开　　　　　　　　　B．局部打开
   C．以只读方式局部打开　　　　　　　D．参照打开
2. 正常退出 AutoCAD 的方法有（　　）。
   A．使用"QUIT"命令　　　　　　　　B．使用"EXIT"命令
   C．单击屏幕右上角的"关闭"按钮　　D．直接关机
3. 在日常工作中贯彻办公和绘图标准时，下列（　　）方式最为有效。
   A．应用典型的图形文件　　　　　　　B．应用模板文件
   C．重复利用已有的二维绘图文件　　　D．在"启动"对话框中选择"公制"
4. 重复使用刚执行的命令，按（　　）键。
   A．Ctrl　　　　　　B．Alt　　　　　　C．Enter　　　　　　D．Shift
5. 如果想要改变绘图区的背景颜色，应该（　　）。
   A．在"选项"对话框"显示"选项卡的"窗口元素"选项组中，单击"颜色"按钮，在弹出的对话框中进行修改
   B．在 Windows"显示属性"对话框的"外观"选项卡中单击"高级"按钮，在弹出的对话框中进行修改
   C．修改 SETCOLOR 变量的值
   D．在"特性"面板的"常规"选项组中修改"颜色"值
6. 自动保存文件名"D1_1_2_2010.sv$"中的"2010"表示（　　）。
   A．保存的年份　　　　　　　　　　　B．保存文件的版本格式
   C．随机数字　　　　　　　　　　　　D．图形文件名
7. 使用".bak"文件恢复 AutoCAD 图形的操作是（　　）。
   A．使用"RECOVER"命令进行修复
   B．将".bak"更改为".dwg"
   C．导出".dxf"文件，再把".dxf"文件导入一个新文件中
   D．以上说法均可以
8. 创建"*.bmp"文件的操作命令是（　　）。
   A．文件→保存　　B．文件→另存为　　C．文件→输出　　D．文件→打印
9. 默认情况下，AutoCAD 以（　　）为后缀保存文件。
   A．.sv$　　　　　　B．.svs$　　　　　　C．.dwg　　　　　　D．.bak

第 2 章 二维绘图命令

二维图形是指在二维平面空间绘制的图形,主要由一些图形元素组成,如点、直线、圆弧、圆、椭圆、矩形、多边形等几何元素。

本章详细讲述 AutoCAD 提供的绘图命令,帮助读者准确、简捷地完成二维图形的绘制。

【内容要点】
- 直线类命令
- 圆类命令
- 平面图形
- 点类命令

【案例欣赏】

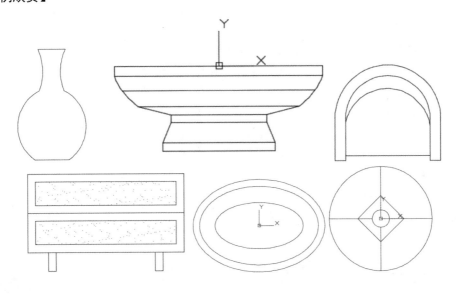

2.1 直线类命令

直线类命令包括直线、射线和构造线。这几个命令是 AutoCAD 中最简单的绘图命令。

【预习重点】
- 了解几种直线类命令。
- 简单练习直线、构造线的绘制。

2.1.1 直线

【执行方式】
- 命令行:LINE(快捷命令:L)。

- 菜单栏：选择菜单栏中的"绘图"→"直线"命令。
- 工具栏：单击"绘图"工具栏中的"直线"按钮。
- 功能区：单击"默认"选项卡"绘图"面板中的"直线"按钮（如图 2-1 所示）。

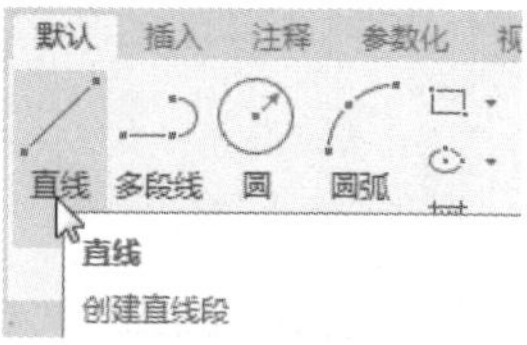

图 2-1 "直线"按钮

【操作步骤】

命令行提示与操作如下：

```
命令：LINE↙
指定第一个点：(输入直线段的起点坐标或在绘图区单击指定点)
指定下一点或 [放弃(U)]：(输入直线段的端点坐标，或利用光标指定一定角度后，直接输入直线的长度)
指定下一点或 [退出(E)/放弃(U)]：(输入下一条直线段的端点，或输入"U"放弃前面的输入；输入"E"或右击或按Enter键结束命令)
指定下一点或 [关闭(C)/退出(X)/放弃(U)]：(输入下一条直线段的端点，或输入"C"使图形闭合，或输入"X"退出，或输入"U"放弃前面的输入，结束命令)
```

【选项说明】

（1）若按 Enter 键响应"指定第一个点"提示，系统会把上一次绘制的线的终点作为本次线的起点。若上次操作为绘制圆弧，按 Enter 键响应后绘制出通过圆弧终点并与该圆弧相切的直线段，该直线段的长度为在绘图区指定的点与切点之间线段的距离。

（2）在"指定下一点"提示下，用户可以指定多个端点，从而绘制出多条直线段。但是，每一条直线段都是一个独立的对象，可以进行单独的编辑操作。

（3）绘制两条以上直线段后，若输入"C"响应提示，系统会自动连接起点和最后一个端点，从而绘制出封闭的图形。

（4）若输入"U"响应提示，则删除最近一次绘制的直线段。

（5）若设置为正交模式（单击状态栏中的"正交模式"按钮），只能绘制水平线段或垂直线段。

（6）若设置为动态输入模式（单击状态栏中的"动态输入"按钮），则可以动态输入坐标或长度值，效果与非动态输入模式类似。除了特别需要，以后不再强调，而只按非动态输入模式输入相关数据。

2.1.2 操作实践——在非动态输入模式下绘制五角星

本例主要练习使用"直线"命令绘制五角星。绘制流程如图 2-2 所示。

单击状态栏中的"动态输入"按钮，关闭动态输入模式，单击"默认"选项卡"绘图"面板中的"直线"按钮，命令行提示与操作如下：

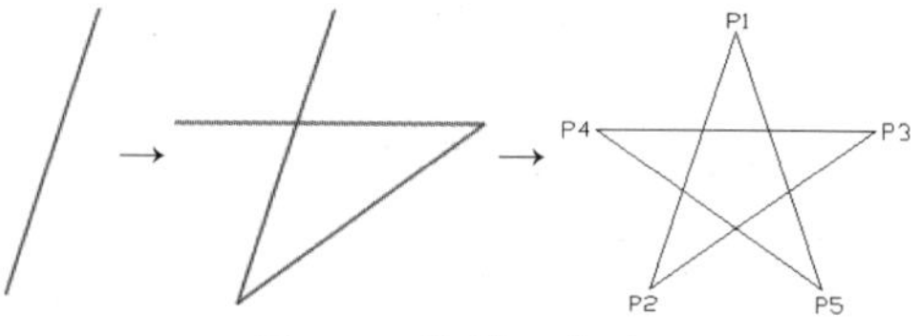

图 2-2 绘制五角星

```
命令：LINE↙
指定第一个点：120,120↙（在命令行窗口中输入顶点P1 的位置"120,120"后按Enter键，系统继续提示，用相似方法输入五角星的各个顶点坐标）
指定下一点或 [放弃(U)]：@80<252↙（P2 点）
指定下一点或 [退出(E)/放弃(U)]：159.091,90.870↙（P3 点，也可以输入相对坐标"@80<36"）
指定下一点或 [关闭(C)/退出(X)/放弃(U)]：@80,0↙（错位的P4 点）
指定下一点或 [关闭(C)/退出(X)/放弃(U)]：U↙（取消对P4 点的输入）
指定下一点或 [关闭(C)/退出(X)/放弃(U)]：@-80,0↙（P4 点）
指定下一点或 [关闭(C)/退出(X)/放弃(U)]：144.721,43.916↙（P5 点，也可以输入相对坐标"@80<-36"）
指定下一点或 [关闭(C)/退出(X)/放弃(U)]：C↙
```

2.1.3 数据的输入方法

在 AutoCAD 中,点的坐标可以用直角坐标、极坐标、球面坐标和柱面坐标表示,每一种坐标又分别具有两种坐标输入方式:绝对坐标和相对坐标。其中,直角坐标和极坐标最为常用。下面主要介绍数据的输入方法。

1. 直角坐标法

直角坐标是指用点的 X、Y 坐标值表示的坐标。例如,在命令行窗口中输入 "15,18",则表示输入一个 X、Y 的坐标值分别为 15、18 的点,此为绝对坐标输入方式,表示该点的坐标是相对于当前坐标原点的坐标值,如图 2-3(a)所示。如果输入 "@10,20",则为相对坐标输入方式,表示该点的坐标是相对于前一点的坐标值,如图 2-3(b)所示。

2. 极坐标法

极坐标是指用长度和角度表示的坐标,只能用来表示二维点的坐标。

在绝对坐标输入方式下,表示为 "长度<角度",如 "25<50",其中长度为该点到坐标原点的距离,角度为该点至原点的连线与 X 轴正向的夹角,如图 2-3(c)所示。

在相对坐标输入方式下,表示为 "@长度<角度",如 "@25<45",其中长度为该点到前一点的距离,角度为该点至前一点的连线与 X 轴正向的夹角,如图 2-3(d)所示。

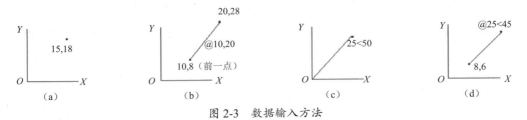

图 2-3 数据输入方法

3. 动态输入

单击状态栏中的 "DYN" 按钮,系统切换到动态输入模式,可以在屏幕上动态地输入某些参数数据。例如,绘制直线时,在光标附近会动态地显示 "指定第一个点" 及后面的坐标框,当前坐标框中显示的是光标所在位置,可以输入数据,两个数据之间以逗号隔开,如图 2-4 所示。指定第一个点后,系统动态地显示直线的角度,同时要求输入线段的长度值,如图 2-5 所示,输入后的效果与 "@长度<角度" 方式相同。

图 2-4 动态输入坐标值　　　　　　图 2-5 动态输入长度值

4. 点的输入

在绘图过程中常需要输入点的位置,AutoCAD 提供如下几种输入方式。

(1)直接在命令行窗口中输入点的坐标。笛卡儿坐标有两种输入方式:"X,Y"(点的绝对坐标值,如 "100,50")和 "@X,Y"(相对于前一点的相对坐标值,如 "@50,-30")。坐标值是相对于当前的用户坐标系而言的。

极坐标的输入方式为"长度<角度"（其中，长度为点到坐标原点的距离，角度为原点至该点连线与 X 轴的正向夹角，如"20<45"）或"@长度<角度"（相对于前一点的相对极坐标值，如"@50<-30"）。

> **提示：**
> 　　第二个点和后续点的默认设置为相对极坐标，不需要输入"@"符号。如果需要使用绝对坐标，则使用"#"符号前缀。例如，要将对象移动到原点，在提示输入第二个点时，输入"#0,0"。

（2）用鼠标等定标设备移动光标，单击，在屏幕上直接取点。

（3）用目标捕捉方式捕捉屏幕上已有图形的特殊点（如端点、中点、插入点、交点、切点、垂足点等，详见第 3 章）。

（4）直接输入距离：先移动光标拖曳出橡筋线确定方向，然后按键输入距离值。这样有利于准确控制对象的长度等参数。

5．距离值的输入

在 AutoCAD 命令行中，有时需要提供高度、宽度、半径、长度等距离值。AutoCAD 提供两种输入距离值的方式：一种是直接在命令行窗口中输入数值；另一种是在屏幕上拾取两个点，以两个点的距离值定出所需数值。

2.1.4　操作实践——在动态输入模式下绘制五角星

本例主要练习执行"直线"命令后，在动态输入模式下绘制五角星。绘制流程如图 2-6 所示。

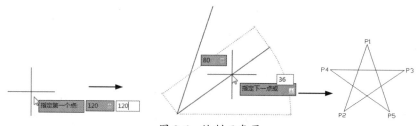

图 2-6　绘制五角星

（1）系统默认打开动态输入模式。如果动态输入模式没有打开，单击状态栏中的"动态输入"按钮 即可打开。单击"默认"选项卡"绘图"面板中的"直线"按钮 ，在动态输入框中输入第一点坐标值"120,120"，如图 2-7 所示，按 Enter 键确定 P1 点。

（2）移动光标，然后在动态输入框中输入长度值"80"，按 Tab 键切换到角度输入框，输入角度值"108"，如图 2-8 所示，按 Enter 键确定 P2 点。

（3）移动光标，然后在动态输入框中输入长度值"80"，按 Tab 键切换到角度输入框，输入角度值"36"，如图 2-9 所示，按 Enter 键确定 P3 点。

（4）移动光标，然后在动态输入框中输入长度值"80"，按 Tab 键切换到角度输入框，输入角度值"180"，如图 2-10 所示，按 Enter 键确定 P4 点。

（5）移动光标，然后在动态输入框中输入长度值"80"，按 Tab 键切换到角度输入框，输入角度值"36"，如图 2-11 所示，按 Enter 键确定 P5 点。

（6）移动光标，直接捕捉 P1 点，如图 2-12 所示，也可以输入长度值"80"，按 Tab 键切换到角度输入框，输入角度值"108"，完成绘制。

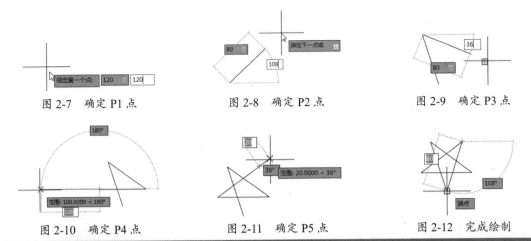

图 2-7 确定 P1 点　　　图 2-8 确定 P2 点　　　图 2-9 确定 P3 点

图 2-10 确定 P4 点　　图 2-11 确定 P5 点　　图 2-12 完成绘制

提示：
根据《CAD 文件管理-编制规则》的规定，CAD 图中的尺寸以毫米（mm）为单位时，不需要标计量单位的代号或名称。

2.1.5 构造线

【执行方式】

- 命令行：XLINE（快捷命令：XL）。
- 菜单栏：选择菜单栏中的"绘图"→"构造线"命令。
- 工具栏：单击"绘图"工具栏中的"构造线"按钮 。
- 功能区：单击"默认"选项卡"绘图"面板中的"构造线"按钮 （如图 2-13 所示）。

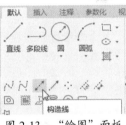

图 2-13 "绘图"面板

【操作步骤】

命令行提示与操作如下：

命令：XLINE↙
指定点或［水平(H)/垂直(V)/角度(A)/二等分(B)/偏移(O)］：（给出根点 1）
指定通过点：（给出通过点 2，绘制一条双向无限长的直线）
指定通过点：（继续给出通过点，继续绘制线，如图 2-14（a）所示，按 Enter 键结束）

【选项说明】

（1）执行选项中的"指定点""水平""垂直""角度""二等分"和"偏移"6 种方式都可绘制构造线，分别如图 2-14（a）～（f）所示。

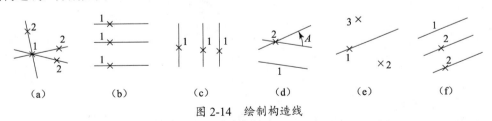

图 2-14 绘制构造线

（2）构造线模拟手工作图中的辅助作图线，用特殊的线型显示，在图形输出时可不输出。作为辅助线绘制机械图中的三视图是构造线的最主要用途之一。构造线的应用保证了三视图之间"主、俯视图长对正，主、左视图高平齐，俯、左视图宽相等"的对应关系。

2.2 圆类命令

圆类命令主要包括"圆""圆弧""圆环""椭圆"与"椭圆弧"命令。这几个命令是 AutoCAD 中最简单的曲线命令。

【预习重点】
- 了解圆类命令的使用方法。
- 简单练习各命令的操作。

2.2.1 圆

【执行方式】
- 命令行：CIRCLE（快捷命令：C）。
- 菜单栏：选择菜单栏中的"绘图"→"圆"命令。
- 工具栏：单击"绘图"工具栏中的"圆"按钮⊙。
- 功能区：单击"默认"选项卡"绘图"面板"圆"下拉按钮组中的按钮（如图 2-15 所示）。

图 2-15 "圆"下拉按钮组

【操作步骤】

命令行提示与操作如下：

```
命令：CIRCLE↙
指定圆的圆心或 [三点(3P)/两点(2P)/切点、切点、半径(T)]：（指定圆心）
指定圆的半径或 [直径(D)]：（直接输入半径值或在绘图区单击指定半径长度）
指定圆的直径 <默认值>：（直接输入直径值或在绘图区单击指定直径长度）
```

【选项说明】

（1）三点(3P)：通过指定圆周上的 3 个点绘制圆。

（2）两点(2P)：通过指定直径的两个端点绘制圆。

（3）切点、切点、半径(T)：通过先指定两个相切对象，再给出半径的方法绘制圆。如图 2-16（a）～（d）所示给出了以"相切、相切、半径"方式绘制圆的各种情形（加粗的圆为最后绘制的圆）。

（4）选择菜单栏中的"绘图"→"圆"命令，有一种"相切、相切、相切"的绘制方法，如图 2-17 所示。

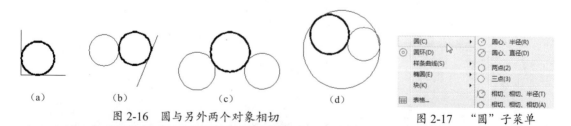

图 2-16 圆与另外两个对象相切 图 2-17 "圆"子菜单

高手支招：

对于圆心点的选择，除了可以直接输入圆心点坐标外，还可以利用圆心点与中心线的对应关系，用对象捕捉方法选择。单击状态栏中的"对象捕捉"按钮，命令行会提示"命令：<对象捕捉 开>"。

2.2.2 操作实践——绘制灯

绘制灯

本例绘制如图 2-18 所示的灯。操作步骤如下。

（1）单击"默认"选项卡"绘图"面板中的"圆"按钮 ⊙，圆心在坐标原点，绘制半径为 180 的圆。命令行提示与操作如下：

```
命令：CIRCLE↙
指定圆的圆心或 [三点(3P)/两点(2P)/切点、切点、半径(T)]:0,0↙
指定圆的半径或 [直径(D)]:180↙
```

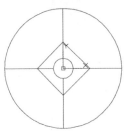

图 2-18 灯

（2）用同样的方法绘制半径为 30 的同心圆，结果如图 2-19 所示。

（3）单击"默认"选项卡"绘图"面板中的"直线"按钮 ╱，绘制直线。命令行提示与操作如下：

```
命令：LINE↙
指定第一个点：-180,0↙
指定下一点或 [放弃(U)]：-30,0↙
指定下一点或 [退出(E)/放弃(U)]：↙
命令：↙（直接按 Enter 键表示重复执行上一次的命令）
指定第一个点：30,0↙
指定下一点或 [放弃(U)]：180,0↙
指定下一点或 [退出(E)/放弃(U)]：↙
命令：↙
指定第一个点：0,-180↙
指定下一点或 [放弃(U)]：0,-30↙
指定下一点或 [退出(E)/放弃(U)]：↙
命令：↙
指定第一个点：0,30↙
指定下一点或 [放弃(U)]：0,180↙
指定下一点或 [退出(E)/放弃(U)]：↙
```

结果如图 2-20 所示。

（4）单击"默认"选项卡"绘图"面板中的"直线"按钮 ╱，绘制直线。命令行提示与操作如下：

```
命令：LINE↙
指定第一个点：80,0↙
指定下一点或 [放弃(U)]：0,80↙
指定下一点或 [退出(E)/放弃(U)]：-80,0↙
指定下一点或 [关闭(C)/退出(X)/放弃(U)]：0,-80↙
指定下一点或 [关闭(C)/退出(X)/放弃(U)]：C↙
```

结果如图 2-21 所示。

图 2-19 绘制同心圆　　　图 2-20 绘制直线　　　图 2-21 绘制多边形

（5）单击快速访问工具栏中的"保存"按钮 📄，保存图形。将绘制完成的图形以"灯.dwg"为文件名保存在指定的路径中。

举一反三：

有时绘制出的圆或圆弧显得很不光滑，这时可以选择菜单栏中的"工具"→"选项"命令，打开"选项"对话框，在其中的"显示"选项卡"显示精度"选项组中把各项参数值设置得高一些，如图 2-22 所示，但不要超过其最高允许的范围，如果设置的值超出允许范围，系统会提示允许范围。

设置完毕后，选择菜单栏中的"视图"→"重生成"命令或在命令行窗口中输入"RE"，就可以使绘制的圆或圆弧更光滑。

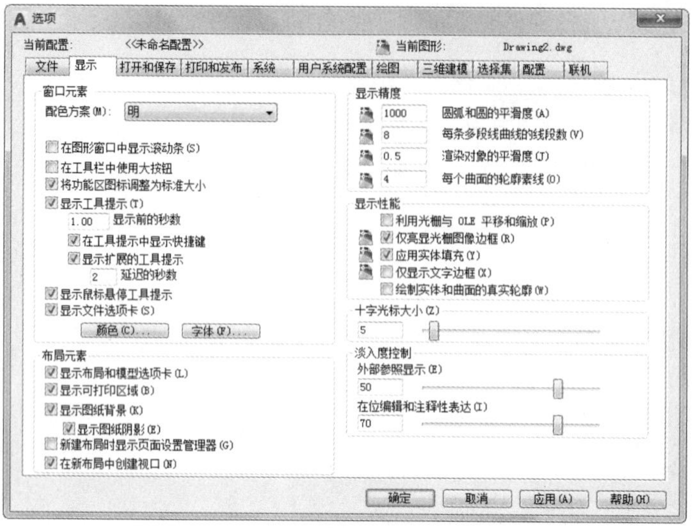

图 2-22 设置显示精度

2.2.3 圆弧

【执行方式】

- 命令行：ARC（快捷命令：A）。
- 菜单栏：选择菜单栏中的"绘图"→"圆弧"命令。
- 工具栏：单击"绘图"工具栏中的"圆弧"按钮 。
- 功能区：单击"默认"选项卡"绘图"面板中的"圆弧"下拉按钮组中的按钮（如图 2-23 所示）。

【操作步骤】

命令行提示与操作如下：

```
命令：ARC
指定圆弧的起点或[圆心(C)]：（指定起点）
指定圆弧的第二个点或[圆心(C)/端点(E)]：（指定第二个点）
指定圆弧的端点：（指定末端点）
```

【选项说明】

（1）用命令行方式绘制圆弧时，可以根据系统提示选择不同的选项，具体功能和菜单栏中的"绘图"→"圆弧"下拉菜单提供的 11 种方式相似。利用这 11 种方式绘制的圆弧分别如图 2-24（a）～（k）所示。其中，E 表示起点，2 表示第 2 点，C 表示圆心，S 表示端点，A 表示角度，L 表示长度，D 表示方向，R 表示半径。

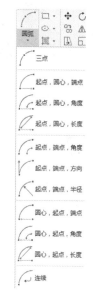

图 2-23 "圆弧"下拉按钮组

（2）需要强调的是"连续"方式，绘制的圆弧与上一段圆弧相切。连续绘制圆弧段，只提供端点即可。

高手支招：

绘制圆弧时，注意圆弧的曲率是遵循逆时针方向的，所以在通过指定圆弧的起点、端点和半径绘制圆弧时，需要注意起点和端点的指定顺序，否则有可能导致圆弧的凹凸形状与预期的相反。

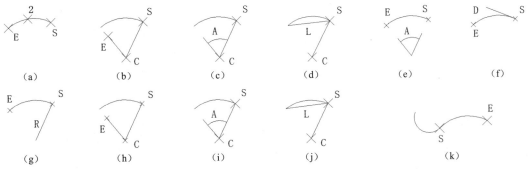

图 2-24　11 种圆弧绘制方法

2.2.4　操作实践——绘制花瓶

本例利用"直线"与"圆弧"命令绘制出花瓶，如图 2-25 所示。操作步骤如下。

（1）单击"默认"选项卡"绘图"面板中的"直线"按钮，绘制长度为 40 和 50 的水平直线。命令行提示与操作如下：

```
命令：LINE↙（在命令行窗口中输入"直线"命令"LINE"，不区分大小写）
指定第一个点：0,0↙
指定下一点或 [放弃(U)]：40,0↙
指定下一点或 [退出(E)/放弃(U)]：↙
命令：↙（直接按 Enter 键表示执行上一次执行的命令）
指定第一个点：-5,-160↙
指定下一点或 [放弃(U)]：@50<0↙（相对极坐标数值输入方法，此方法便于控制线段长度和倾斜角度）
指定下一点或 [退出(E)/放弃(U)]：↙
```

图 2-25　花瓶

结果如图 2-26 所示。

（2）单击"默认"选项卡"绘图"面板中的"圆弧"按钮，绘制上部圆弧。命令行提示与操作如下：

```
命令：ARC↙
指定圆弧的起点或 [圆心(C)]：0,0↙
指定圆弧的第二个点或 [圆心(C)/端点(E)]：7,-29↙
指定圆弧的端点：2,-60↙
```

结果如图 2-27 所示。

（3）单击"默认"选项卡"绘图"面板中的"圆弧"按钮，绘制下部圆弧。命令行提示与操作如下：

```
命令：ARC↙
指定圆弧的起点或 [圆心(C)]：2,-60↙
指定圆弧的第二个点或 [圆心(C)/端点(E)]：-30,-110↙
指定圆弧的端点：-5,-160↙
```

结果如图 2-28 所示。

（4）单击"默认"选项卡"绘图"面板中的"圆弧"按钮，绘制圆弧。命令行提示与操作如下：

```
命令：ARC↙
指定圆弧的起点或 [圆心(C)]：40,0↙
指定圆弧的第二个点或 [圆心(C)/端点(E)]：33,-29↙
指定圆弧的端点：38,-60↙
```

结果如图 2-29 所示。

图 2-26 绘制直线　　图 2-27 绘制上部圆弧　　图 2-28 绘制下部圆弧　　图 2-29 绘制圆弧

（5）单击"默认"选项卡"绘图"面板中的"圆弧"按钮，绘制圆弧。命令行提示与操作如下：

```
命令：ARC↙
指定圆弧的起点或 [圆心(C)]：38,-60↙
指定圆弧的第二个点或 [圆心(C)/端点(E)]：70,-110↙
指定圆弧的端点：45,-160↙
```

最终绘制结果如图 2-25 所示。

2.2.5　圆环

【执行方式】

- 命令行：DONUT（快捷命令：DO）。
- 菜单栏：选择菜单栏中的"绘图"→"圆环"命令。
- 功能区：单击"默认"选项卡"绘图"面板中的"圆环"按钮◎。

【操作步骤】

命令行提示与操作如下：

```
命令：DONUT↙
指定圆环的内径 <默认值>：(指定圆环的内径)
指定圆环的外径 <默认值>：(指定圆环的外径)
指定圆环的中心点或 <退出>：(指定圆环的中心点)
指定圆环的中心点或 <退出>：(继续指定圆环的中心点，则继续绘制相同内外径的圆环。用 Enter 键、Space
键或鼠标右键结束命令，如图 2-30（a）所示)
```

【选项说明】

（1）若指定的内外径不相等，则画出填充圆环，如图 2-30（a）所示。
（2）若指定的内径为零，则画出实心填充圆，如图 2-30（b）所示。
（3）若指定的内外径相等，则画出普通圆，如图 2-30（c）所示。
（4）用"FILL"命令可以控制圆环是否填充。命令行提示与操作如下：

```
命令：FILL↙
输入模式 [开(ON)/关(OFF)] <开>：
```

选择"开"表示填充，选择"关"表示不填充，如图 2-30（d）所示。

　　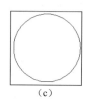　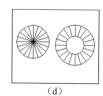

(a)　　　　　　　(b)　　　　　　　(c)　　　　　　　(d)

图 2-30　绘制圆环

2.2.6 椭圆与椭圆弧

【执行方式】
- 命令行：ELLIPSE（快捷命令：EL）。
- 菜单栏：选择菜单栏中的"绘图"→"椭圆"→"圆心""轴、端点"或"圆弧"命令。
- 工具栏：单击"绘图"工具栏中的"椭圆"按钮 ⊙ 或"椭圆弧"按钮 ⊙。
- 功能区：单击"默认"选项卡"绘图"面板中的"椭圆"下拉按钮组中的按钮（如图 2-31 所示）。

【操作步骤】

命令行提示与操作如下：

```
命令：ELLIPSE↙
指定椭圆的轴端点或 [圆弧(A)/中心点(C)]：（指定轴端点1，如图2-32（a）所示）
指定轴的另一个端点：（指定轴端点2，如图2-32（a）所示）
指定另一条半轴长度或 [旋转(R)]：
```

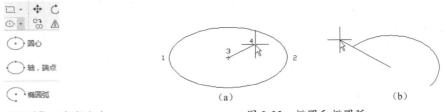

图 2-31 "椭圆"下拉按钮组　　图 2-32 椭圆和椭圆弧

【选项说明】

（1）指定椭圆的轴端点：根据两个端点定义椭圆的第一条轴，第一条轴的角度确定了整个椭圆的角度。第一条轴既可定义椭圆的长轴，也可定义其短轴。椭圆按图 2-32（a）中的 1—2—3—4 顺序绘制。

（2）圆弧(A)：用于创建一段椭圆弧，与单击"默认"选项卡"绘图"面板中的"椭圆弧"按钮 ⊙ 功能相同。其中第一条轴的角度确定了椭圆弧的角度。第一条轴既可定义椭圆弧长轴，也可定义其短轴。选择该选项，命令行提示与操作如下：

```
指定椭圆弧的轴端点或 [中心点(C)]：（指定轴端点或输入"C"）
指定轴的另一个端点：（指定另一个轴端点）
指定另一条半轴长度或 [旋转(R)]：（指定另一条半轴长度或输入"R"）
指定起点角度或 [参数(P)]：（指定起点角度或输入"P"）
指定端点角度或 [参数(P)/夹角(I)]：
```

其中各选项含义如下。

①起点角度：指定椭圆弧端点的一种方式。光标与椭圆弧中心点的连线与长轴的夹角为椭圆弧端点位置的角度，如图 2-32（b）所示。

②参数(P)：指定椭圆弧端点的另一种方式。该方式同样是指定椭圆弧端点的角度，但通过以下矢量参数方程式创建椭圆弧。

$$p(u) = c + a \times \cos(u) + b \times \sin(u)$$

其中，c 为椭圆弧的中心点，a 和 b 分别为椭圆弧的长轴和短轴，u 为光标与椭圆弧中心点连线的夹角。

③夹角(I)：定义从起点角度开始的包含角度。

（3）中心点(C)：通过指定的中心点创建椭圆。

（4）旋转(R)：通过绕第一条轴旋转圆来创建椭圆。相当于将一个圆绕椭圆轴翻转一个角度后的投影视图。

高手支招：

　　用"椭圆"命令生成的椭圆是以多义线为实体还是以椭圆为实体是由系统变量PELLIPSE决定的，当值为1时，生成的椭圆就以多义线形式存在。

2.2.7 操作实践——绘制洗脸池

绘制洗脸池

本例绘制如图2-33所示的洗脸池。操作步骤如下：

（1）单击"默认"选项卡"绘图"面板中的"椭圆"按钮，以坐标原点为中心点，轴的端点坐标为(300,0)，另一条半轴的长度为200，绘制洗脸池外沿。命令行提示与操作如下：

```
命令：ELLIPSE↙
指定椭圆的轴端点或 [圆弧(A)/中心点(C)]：C↙
指定椭圆的中心点：0,0↙
指定轴的端点：300,0↙
指定另一条半轴长度或 [旋转(R)]：200,0↙
```

结果如图2-34所示。

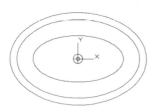

图2-33 洗脸池

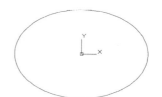

图2-34 绘制洗脸池外沿

（2）用同样的方法，单击"默认"选项卡"绘图"面板中的"椭圆"按钮，以坐标原点为圆心绘制洗脸池内部椭圆，轴的端点坐标分别为{(270,0)、(170,0)}和{(200,0)、(100,0)}，结果如图2-35所示。

（3）单击"默认"选项卡"绘图"面板中的"圆"按钮，以椭圆的圆心为圆的圆心，半径为20，绘制圆。命令行提示与操作如下：

```
命令：CIRCLE↙
指定圆的圆心或 [三点(3P)/两点(2P)/切点、切点、半径(T)]：0,0↙
指定圆的半径或 [直径(D)] <470.5606>：20↙
```

结果如图2-36所示。

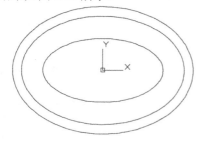

图2-35 绘制洗脸池内部椭圆

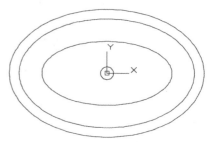

图2-36 绘制圆

（4）单击"默认"选项卡"绘图"面板中的"直线"按钮，在第（3）步绘制的圆内分别以{(-20,0)、(20,0)}和{(0,20)、(0,-20)}为端点绘制十字交叉线，最终结果如图2-33所示。

2.3 平面图形

简单的平面图形命令包括"矩形"和"多边形"命令。

【预习重点】

- 了解平面图形的种类及应用。
- 简单练习矩形与多边形的绘制。

2.3.1 矩形

【执行方式】

- 命令行：RECTANG（快捷命令：REC）。
- 菜单栏：选择菜单栏中的"绘图"→"矩形"命令。
- 工具栏：单击"绘图"工具栏中的"矩形"按钮。
- 功能区：单击"默认"选项卡"绘图"面板中的"矩形"按钮。

【操作步骤】

命令行提示与操作如下：

```
命令：RECTANG↙
指定第一个角点或 ［倒角(C)/标高(E)/圆角(F)/厚度(T)/宽度(W)］：（指定角点）
指定另一个角点或 ［面积(A)/尺寸(D)/旋转(R)］：
```

【选项说明】

（1）第一个角点、另一个角点：通过指定两个角点确定矩形，如图2-37（a）所示。

（2）倒角(C)：指定倒角距离，绘制带倒角的矩形，如图2-37（b）所示。每个角点的逆时针和顺时针方向的倒角可以相同，也可以不同，其中第一个倒角距离指角点逆时针方向倒角距离，第二个倒角距离指角点顺时针方向倒角距离。

（3）标高(E)：指定矩形标高（Z坐标），即把矩形放置在标高为Z并与XOY坐标面平行的平面上，作为后续矩形的标高值。

（4）圆角(F)：指定圆角半径，绘制带圆角的矩形，如图2-37（c）所示。

（5）厚度(T)：指定矩形的厚度，如图2-37（d）所示。

（6）宽度(W)：指定线宽，如图2-37（e）所示。

图2-37 绘制矩形

（7）面积(A)：指定面积和长或宽创建矩形。选择该选项，命令行提示与操作如下：

```
输入以当前单位计算的矩形面积 <20.0000>：（输入面积值）
计算矩形标注时依据 ［长度(L)/宽度(W)］ <长度>：（按Enter键或输入"W"）
```

输入矩形长度 <4.0000>:（指定长度或宽度）

指定长度或宽度后，系统自动计算另一个维度，绘制出矩形。如果矩形带倒角或圆角，则在长度或面积计算中也会考虑此设置。如图 2-38（a）所示为利用上述方法绘制的倒角距离均为 1、面积为 20、长度为 6 的矩形，如图 2-38（b）所示为圆角半径为 1、面积为 20、宽度为 6 的矩形。

（8）尺寸(D)：使用长和宽创建矩形，第二个指定点将矩形定位在与第一个角点相关的 4 个位置之一。

（9）旋转(R)：使所绘制的矩形旋转一定角度。选择该选项，命令行提示与操作如下：

指定旋转角度或 ［拾取点(P)］<45>:（指定角度）
指定另一个角点或 ［面积(A)/尺寸(D)/旋转(R)］:（指定另一个角点或选择其他选项）

指定旋转角度后，系统按指定角度创建矩形，如图 2-39 所示。

图 2-38　利用"面积"绘制矩形

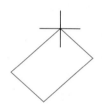

图 2-39　旋转矩形

2.3.2　操作实践——绘制花坛

本例绘制如图 2-40 所示的花坛。操作步骤如下。

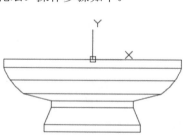

图 2-40　花坛

（1）单击"默认"选项卡"绘图"面板中的"矩形"按钮▭，指定矩形的角点坐标，绘制矩形。命令行提示与操作如下：

命令：RECTANG↙
指定第一个角点或 ［倒角(C)/标高(E)/圆角(F)/厚度(T)/宽度(W)］: -130,0↙
指定另一个角点或 ［面积(A)/尺寸(D)/旋转(R)］: 130,-12↙

结果如图 2-41 所示。

（2）单击"默认"选项卡"绘图"面板中的"矩形"按钮▭，指定矩形的角点坐标，继续绘制一系列矩形。命令行提示与操作如下：

命令：RECTANG↙
指定第一个角点或 ［倒角(C)/标高(E)/圆角(F)/厚度(T)/宽度(W)］: -60,-60↙
指定另一个角点或 ［面积(A)/尺寸(D)/旋转(R)］: 60,-70↙
命令：RECTANG↙
指定第一个角点或 ［倒角(C)/标高(E)/圆角(F)/厚度(T)/宽度(W)］: -70,-95↙
指定另一个角点或 ［面积(A)/尺寸(D)/旋转(R)］: 70,-105↙

结果如图 2-42 所示。

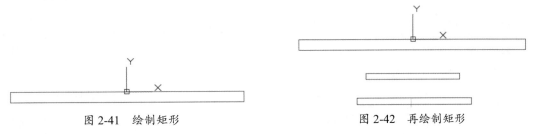

图 2-41 绘制矩形　　　　　　　　图 2-42 再绘制矩形

（3）单击"默认"选项卡"绘图"面板中的"直线"按钮，指定直线的坐标，绘制两条水平直线。命令行提示与操作如下：

```
命令：LINE↙
指定第一个点：-120,-30↙
指定下一点或 [放弃(U)]：120,-30↙
指定下一点或 [退出(E)/放弃(U)]：↙
命令：LINE↙
指定第一个点：-100,-50↙
指定下一点或 [放弃(U)]：100,-50↙（指定直线的长度）
指定下一点或 [退出(E)/放弃(U)]：↙
```

结果如图 2-43 所示。

（4）单击"默认"选项卡"绘图"面板中的"圆弧"按钮，绘制圆弧。命令行提示与操作如下：

```
命令：ARC↙
指定圆弧的起点或 [圆心(C)]：-130,-12↙
指定圆弧的第二个点或 [圆心(C)/端点(E)]：-120,-30↙
指定圆弧的端点：-100,-50↙
```

结果如图 2-44 所示。

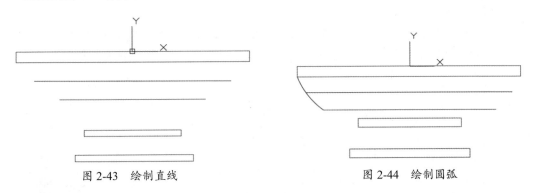

图 2-43 绘制直线　　　　　　　　图 2-44 绘制圆弧

（5）使用相同的方法绘制右侧的圆弧，圆弧的起点坐标为(130,-12)，第二点坐标为(120,-30)，端点坐标为(100,-50)，如图 2-45 所示。

（6）单击"默认"选项卡"绘图"面板中的"直线"按钮，指定直线的坐标，绘制多条斜线，结果如图 2-40 所示。命令行提示与操作如下：

```
命令：LINE↙
指定第一个点：-100,-50↙
指定下一点或 [放弃(U)]：-60,-60↙
指定下一点或 [退出(E)/放弃(U)]：↙
命令：LINE↙
```

```
指定第一个点：-60,-70↙
指定下一点或 [放弃(U)]：-70,-95↙
指定下一点或 [退出(E)/放弃(U)]：↙
命令：LINE↙
指定第一个点：100,-50↙
指定下一点或 [放弃(U)]：60,-60↙
指定下一点或 [退出(E)/放弃(U)]：↙
命令：LINE↙
指定第一个点：60,-70↙
指定下一点或 [放弃(U)]：70,-95↙
指定下一点或 [退出(E)/放弃(U)]：↙
```

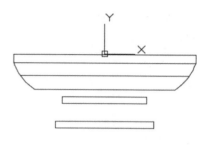

图 2-45 绘制圆弧

2.3.3 多边形

【执行方式】

- 命令行：POLYGON（快捷命令：POL）。
- 菜单栏：选择菜单栏中的"绘图"→"多边形"命令。
- 工具栏：单击"绘图"工具栏中的"多边形"按钮⬠。
- 功能区：单击"默认"选项卡"绘图"面板中的"多边形"按钮⬠。

【操作步骤】

命令行提示与操作如下：

```
命令：POLYGON↙
输入侧面数 <4>：（指定多边形的边数，默认值为 4）
指定正多边形的中心点或 [边(E)]：（指定中心点）
输入选项 [内接于圆(I)/外切于圆(C)] <I>：（指定是内接于圆还是外切于圆）
指定圆的半径：（指定外接圆或内切圆的半径）
```

【选项说明】

（1）边(E)：选择该选项，则只要指定多边形的一条边，系统就会按逆时针方向创建该正多边形，如图 2-46（a）所示。

（2）内接于圆(I)：选择该选项，绘制的多边形内接于圆，如图 2-46（b）所示。

（3）外切于圆(C)：选择该选项，绘制的多边形外切于圆，如图 2-46（c）所示。

(a)　　　　　　　　　　(b)　　　　　　　　　　(c)

图 2-46 绘制多边形

2.3.4 操作实践——绘制石雕摆饰

本例绘制如图 2-47 所示的石雕摆饰。操作步骤如下。

（1）单击"默认"选项卡"绘图"面板中的"圆"按钮⊙，在左边绘制圆心坐标为(230,210)、圆半径为 30 的小圆；选择菜单栏中的"绘图"→"圆环"命令，绘制内径为 5、外径为 15、中心点坐标为(230,210)的圆环。

（2）单击"默认"选项卡"绘图"面板中的"矩形"按钮▭，绘制角点坐标为(200,122)和(420,88)的矩形。

（3）单击"默认"选项卡"绘图"面板中的"圆"按钮⊙，采用"相切、相切、半径"方式，绘制与图 2-48 中的点 1 和点 2 相切、半径为 70 的大圆；单击"默认"选项卡"绘图"面板中的"轴，端点"按钮，绘制中心点坐标为(330,222)、轴端点坐标为(360,222)、另一半轴长度为 20 的小椭圆；单击"默认"选项卡"绘图"面板中的"多边形"按钮。命令行提示与操作如下：

```
命令：POLYGON
输入侧面数 <4>：6↙
指定正多边形的中心点或 [边(E)]：330,165↙
输入选项 [内接于圆(I)/外切于圆(C)] <I>：I↙
指定圆的半径：30↙
```

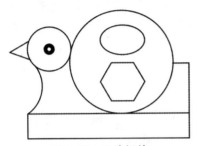

图 2-47　石雕摆饰

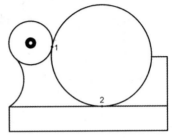

图 2-48　绘制切圆

（4）单击"默认"选项卡"绘图"面板中的"直线"按钮，绘制坐标为(202,221)、(@30<-150)、(@30<-20)的折线；单击"默认"选项卡"绘图"面板中的"圆弧"按钮，绘制起点坐标为(200,122)、端点坐标为(210,188)、半径为 45 的圆弧。

（5）单击"默认"选项卡"绘图"面板中的"直线"按钮，绘制坐标为(420,122)、(@68<90)、(@22<180)的折线，结果如图 2-47 所示。

2.4　点类命令

点在 AutoCAD 中有多种不同的表示方式，用户可以根据需要进行设置，也可以设置等分点和测量点。

【预习重点】

- 了解点类命令的应用。
- 简单练习"点"命令的基本操作。
- 练习等分点的应用。

2.4.1　点

【执行方式】

- 命令行：POINT（快捷命令：PO）。
- 菜单栏：选择菜单栏中的"绘图"→"点"命令。
- 工具栏：单击"绘图"工具栏中的"点"按钮。
- 功能区：单击"默认"选项卡"绘图"面板中的"多点"按钮。

【操作步骤】

命令行提示与操作如下：

命令：POINT↙
当前点模式：PDMODE=0 PDSIZE=0.0000
指定点：（指定点所在的位置）

（1）通过菜单方法操作时（如图 2-49 所示），"单点"命令表示只可输入一个点，"多点"命令表示可输入多个点。

（2）可以单击状态栏中的"对象捕捉"按钮，设置点捕捉模式，帮助用户选择点。

（3）点在图形中的表示样式共有 20 种。可通过输入"DDPTYPE"命令或选择菜单栏中的"格式"→"点样式"命令，在打开的"点样式"对话框中进行设置，如图 2-50 所示。

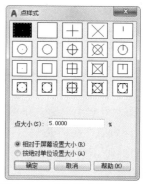

图 2-49 "点"子菜单　　　　　　　图 2-50 "点样式"对话框

2.4.2 操作实践——绘制柜子

绘制柜子

本例绘制如图 2-51 所示的柜子。操作步骤如下。

（1）选择菜单栏中的"格式"→"点样式"命令，在弹出的"点样式"对话框中选择第一种样式，如图 2-52 所示。

（2）绘制轮廓线。

①单击"默认"选项卡"绘图"面板中的"矩形"按钮，绘制柜子轮廓，起点在坐标原点，另一个角点坐标为(600,300)，如图 2-53 所示。

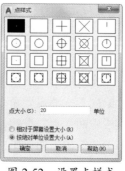

图 2-51 柜子　　　　　图 2-52 设置点样式　　　　　图 2-53 绘制柜子轮廓

②单击"默认"选项卡"绘图"面板中的"矩形"按钮，指定角点坐标和尺寸，绘制柜子上的抽屉。命令行提示与操作如下：

```
命令：RECTANG↙
指定第一个角点或 [倒角(C)/标高(E)/圆角(F)/厚度(T)/宽度(W)]：30,30↙
指定另一个角点或 [面积(A)/尺寸(D)/旋转(R)]：D↙
指定矩形的长度 <10>：540↙
指定矩形的宽度 <10>：90↙
命令：RECTANG↙
指定第一个角点或 [倒角(C)/标高(E)/圆角(F)/厚度(T)/宽度(W)]：30,180↙
指定另一个角点或 [面积(A)/尺寸(D)/旋转(R)]：D↙
指定矩形的长度 <10>：540↙
指定矩形的宽度 <10>：90↙
```

结果如图 2-54 所示。

③单击"默认"选项卡"绘图"面板中的"矩形"按钮，绘制两个矩形，两个角点坐标分别为(60,0)和(540,0)，尺寸为 30×30，如图 2-55 所示。

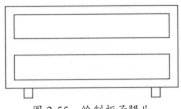

图 2-54　绘制柜子上的抽屉　　　　图 2-55　绘制柜子腿儿

④单击"默认"选项卡"绘图"面板中的"多点"按钮，绘制抽屉上的装饰点。命令行提示与操作如下：

```
命令：POINT↙
当前点模式：PDMODE=0  PDSIZE=20.0000
指定点：（在屏幕上单击）
```

绘制结果如图 2-51 所示。

2.4.3　等分点与测量点

1. 等分点

【执行方式】

- 命令行：DIVIDE（快捷命令：DIV）。
- 菜单栏：选择菜单栏中的"绘图"→"点"→"定数等分"命令。
- 功能区：单击"默认"选项卡"绘图"面板中的"定数等分"按钮。

【操作步骤】

命令行提示与操作如下：

```
命令：DIVIDE↙
选择要定数等分的对象：（选择要等分的实体）
输入线段数目或 [块(B)]：（指定实体的等分数）
```

【选项说明】

（1）线段数目的范围为 2～32767。

（2）在等分点处，按当前点样式设置画出等分点。
（3）在第二提示行选择"块(B)"选项时，表示在等分点处插入指定的块。

2．测量点

【执行方式】

- 命令行：MEASURE（快捷命令：ME）。
- 菜单栏：选择菜单栏中的"绘图"→"点"→"定距等分"命令。
- 功能区：单击"默认"选项卡"绘图"面板中的"定距等分"按钮 。

【操作步骤】

命令行提示与操作如下：

```
命令：MEASURE↙
选择要定距等分的对象：（选择要设置测量点的实体）
指定线段长度或[块(B)]：（指定实体的分段长度）
```

【选项说明】

（1）设置的起点一般是指定线的绘制起点。
（2）在第二提示行选择"块(B)"选项时，表示在测量点处插入指定的块。
（3）在等分点处，按当前点样式设置绘制测量点。
（4）最后一个测量段的长度不一定等于指定线段长度。

2.5 名师点拨——大家都来讲绘图

1．如何改变图形中的圆不圆了的情况

圆是由 N 边形形成的，数值 N 越大，棱边越短，圆越光滑。有时图形经过缩放后，绘制的圆边显示棱边，图形会变得粗糙。在命令行窗口中输入"RE"，重新生成模型，圆变光滑。

2．如何利用"直线"命令提高制图效率

（1）单击左下角状态栏中的"正交"按钮，根据正交方向提示，直接输入下一点的距离即可绘制正交直线。
（2）单击左下角状态栏中的"极轴"按钮，图形可自动捕捉所需角度方向，可绘制倾斜一定角度的直线。
（3）单击左下角状态栏中的"对象捕捉"按钮，自动进行某些点的捕捉。使用"对象捕捉"可指定对象上的精确位置。

3．如何快速继续使用执行过的命令

在默认情况下，按 Space 键或 Enter 键表示重复执行 AutoCAD 的上一个命令，故在连续执行同一个命令操作时，只需连续按 Space 键或 Enter 键即可，而无须费时费力地连续输入同一个命令。
按↑键，则命令行显示上一步执行的命令，继续按↑键，显示倒数第二步执行的命令，以此类推；反之，则按↓键。

4．如何等分几何图形

"等分点"命令只能用于直线，不能直接应用到几何图形中，如无法等分矩形。这时先分解

矩形，再等分矩形的两条边线，适当连接等分点，即可完成矩形等分。

2.6 上机实验

【练习 1】绘制如图 2-56 所示的擦背床。
【练习 2】绘制如图 2-57 所示的椅子。
【练习 3】绘制如图 2-58 所示的马桶。

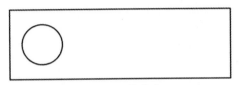 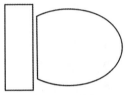

图 2-56　擦背床　　　　　　图 2-57　椅子　　　　　　图 2-58　马桶

2.7 模拟考试

1．如图 2-59 所示，正五边形的内切圆半径 R=（　　　）。
　　A．64.348　　　　　B．61.937　　　　　C．72.812　　　　　D．45

2．绘制直线，起点坐标为(57,79)，直线长度为 173，与 X 轴正向的夹角为 71°。将直线五等分，从起点开始的第一个等分点的坐标为（　　　）。
　　A．X = 113.3233　　　Y = 242.5747　　　B．X = 79.7336　　　Y = 145.0233
　　C．X = 90.7940　　　　Y = 177.1448　　　D．X = 68.2647　　　Y = 111.7149

3．在绘制圆时，采用"两点(2P)"选项，两点之间的距离是（　　　）。
　　A．最短弦长　　　　B．周长　　　　　C．半径　　　　　D．直径

4．绘制如图 2-60 所示的图形。

5．绘制如图 2-61 所示的图形。其中，三角形是边长为 81 的等边三角形，3 个圆分别与三角形相切。

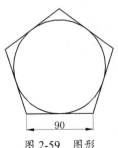  

图 2-59　图形　　　　　　　图 2-60　图形　　　　　　　图 2-61　图形

第 3 章 基本绘图工具

> 为了便于用户快速、准确地绘制图形,AutoCAD 提供了多种必要的辅助绘图工具,如精确定位工具、对象捕捉工具、显示控制工具等。利用这些工具,可以方便、迅速、准确地实现图形的绘制和编辑,不仅能提高工作效率,而且能更好地保证图形的质量。本章将介绍正交模式、栅格、捕捉模式、对象捕捉、极轴追踪、对象捕捉追踪、缩放、平移等知识。

【内容要点】

- 精确定位工具
- 对象捕捉工具
- 显示控制工具
- 图层的操作

【案例欣赏】

3.1 精确定位工具

精确定位工具是指能够快速、准确地定位某些特殊点(如端点、中点、圆心等)和特殊位置(如水平位置、垂直位置)的工具,包括"推断约束""正交模式""栅格""捕捉模式""极轴追踪""对象捕捉""三维对象捕捉""对象捕捉追踪""动态 UCS""动态输入""线宽""透明度""快捷特性""选择循环"和"注释监视器"等功能开关按钮,如图 3-1 所示。

【预习重点】

- 了解精确定位工具的应用。
- 逐个对应各按钮与命令的相互关系。
- 练习"正交模式""栅格""捕捉模式"按钮的应用。

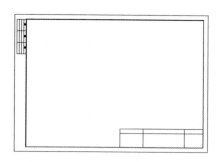

图 3-1 "状态栏"按钮

3.1.1 正交模式

在 AutoCAD 绘图过程中,经常需要绘制水平直线和垂直直线,但是用光标控制选择线段的端点,很难保证两个点在水平或垂直方向上,为此,AutoCAD 提供了正交模式。启用正交模式后,画线或移动对象时只能沿水平或垂直方向移动光标,也只能绘制平行于坐标轴的正交线段。

【执行方式】

- 命令行：ORTHO。
- 状态栏：单击状态栏中的"正交模式"按钮 。
- 快捷键：F8。

【操作步骤】

命令行提示与操作如下：

命令：ORTHO↙
输入模式 [开(ON)/关(OFF)] <开>：（设置开或关）

高手支招：
"正交模式"必须依托于其他绘图工具，才能显示其效果。

3.1.2 栅格

用户可以应用栅格工具使绘图区显示网格。它是一个形象的画图工具，就像传统的坐标纸一样。本节介绍控制栅格显示及设置栅格参数的方法。

【执行方式】

- 命令行：DSETTINGS。
- 菜单栏：选择菜单栏中的"工具"→"绘图设置"命令。
- 状态栏：单击状态栏中的"栅格"按钮 （仅限于打开与关闭）。
- 快捷键：F7（仅限于打开与关闭）。

【操作步骤】

执行上述操作后，系统打开"草图设置"对话框，选择"捕捉和栅格"选项卡，如图 3-2 所示。

其中，"启用栅格"复选框用于控制是否显示栅格；"栅格 X 轴间距"和"栅格 Y 轴间距"

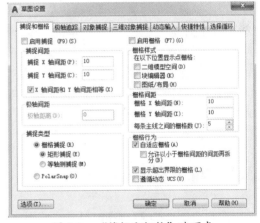

图 3-2 "捕捉和栅格"选项卡

文本框用于设置栅格在水平与垂直方向上的间距。如果将"栅格 X 轴间距"和"栅格 Y 轴间距"设置为 0，则系统会自动将捕捉栅格间距应用于栅格，且其原点和角度总是与捕捉栅格的原点和角度相同。另外，还可以在命令行窗口中输入"GRID"命令设置栅格间距。

高手支招：
在"栅格间距"选项组的"栅格 X 轴间距"和"栅格 Y 轴间距"文本框中输入数值时，若在"栅格 X 轴间距"文本框中输入一个数值后按 Enter 键，系统将自动将这个值传送给"栅格 Y 轴间距"，这样可减少工作量。

3.1.3 捕捉模式

为了准确地在绘图区捕捉点，AutoCAD 提供了捕捉工具，可以在绘图区生成一个隐藏着的栅格（捕捉栅格）。这个栅格能够捕捉光标，约束光标只能落在栅格的某个节点上，使用户能够高精确度地捕捉和选择这个栅格上的点。本节主要介绍捕捉栅格的参数设置方法。

【执行方式】

- 命令行：DSETTINGS。
- 菜单栏：选择菜单栏中的"工具"→"绘图设置"命令。
- 状态栏：单击状态栏中的"捕捉模式"按钮 （仅限于打开与关闭）。
- 快捷键：F9（仅限于打开与关闭）。

【操作步骤】

执行上述操作后，系统打开"草图设置"对话框，选择"捕捉和栅格"选项卡，如图 3-2 所示。

【选项说明】

（1）"启用捕捉"复选框：控制捕捉模式的开关，与按 F9 键或单击状态栏中的"捕捉模式"按钮 功能相同。

（2）"捕捉间距"选项组：设置捕捉参数，其中"捕捉 X 轴间距"与"捕捉 Y 轴间距"文本框用于确定捕捉栅格点在水平和垂直两个方向上的间距。

（3）"捕捉类型"选项组：确定捕捉类型和样式。AutoCAD 提供了两种捕捉栅格的方式："栅格捕捉"和"PolarSnap"（极轴捕捉）。"栅格捕捉"按正交位置捕捉位置点，"极轴捕捉"则可以根据设置的任意极轴角捕捉位置点。

"栅格捕捉"又分为"矩形捕捉"和"等轴测捕捉"两种方式。在"矩形捕捉"方式下捕捉的栅格是标准的矩形，在"等轴测捕捉"方式下捕捉的栅格和光标十字线不再互相垂直，而是呈绘制等轴测图时的特定角度，这种方式对于绘制等轴测图十分方便。

（4）"极轴间距"选项组：该选项组只有在选择了"PolarSnap"时才可用。可在"极轴距离"文本框中输入距离值，也可以在命令行窗口中输入"SNAP"，设置捕捉的有关参数。

3.2 对象捕捉工具

在利用 AutoCAD 画图时经常需要指定一些特殊的点，如圆心、切点、线段或圆弧的端点、中点等，但是如果用光标拾取的话，要准确地找到这些点是十分困难的。为此，AutoCAD 提供了一些识别这些点的工具，通过这些工具可以容易地构造新的几何体，使创建的对象精确地画出来，其结果比传统手工绘图更精确、更容易维护。在 AutoCAD 中，这种功能被称为对象捕捉功能。

【预习重点】

- 熟练掌握对象捕捉工具的运用。

3.2.1 特殊位置点捕捉

在绘制 AutoCAD 图形时，需要指定一些特殊位置点，如圆心、端点、中点、平行线上的点等，这些点如表 3-1 所示。可以通过对象捕捉工具来捕捉这些点。

AutoCAD 提供了命令行、工具栏和快捷菜单 3 种执行特殊位置点捕捉的方式。

1．命令行方式

在绘图过程中，当命令行提示输入点时，先输入相应的特殊位置点命令，然后根据提示操作即可。

表 3-1　特殊位置点捕捉

捕捉模式	功能
临时追踪点	建立临时追踪点
自	建立一个临时参考点，作为指出后继点的基点
两点之间的中点	捕捉两个独立点之间的中点
点过滤器	根据坐标选择点
端点	捕捉线段或圆弧的端点
中点	捕捉线段或圆弧的中点
交点	捕捉线、圆弧或圆等的交点
外观交点	捕捉图形对象在视图平面上的交点
延长线	绘制指定对象的延长线
圆心	捕捉圆或圆弧的圆心
几何中心	捕捉多段线、二维多段线和二维样条曲线的几何中心
象限点	捕捉距光标最近的圆或圆弧上可见部分的象限点，即圆周上 0°、90°、180°、270°位置上的点
切点	捕捉最后生成的一个点到选中的圆或圆弧上引切线的切点位置
垂足（直）	在线段、圆、圆弧或它们的延长线上捕捉一点，使之同最后生成的点的连线与该线段、圆或圆弧正交
平行线	绘制与指定对象平行的图形对象
节点	捕捉用"POINT"或"DIVIDE"等命令生成的点
插入点	捕捉文字对象和图块的插入点
最近点	捕捉离拾取点最近的线段、圆、圆弧等对象上的点

> **注意：**
> AutoCAD 对象捕捉功能中的捕捉垂足（Perpendicular）和捕捉交点（Intersection）等有延伸捕捉的功能，即如果对象没有相交，AutoCAD 会假想把线或弧延长，从而找出相应的点，表 3-1 中的垂足就属于这种情况。

2．工具栏方式

使用如图 3-3 所示的"对象捕捉"工具栏可以使用户更方便地实现捕捉点的目的。当命令行提示输入点时，在"对象捕捉"工具栏中单击相应的按钮，然后根据提示操作即可。

图 3-3　"对象捕捉"工具栏

3．快捷菜单方式

快捷菜单可通过同时按 Shift 键和鼠标右键来激活。快捷菜单中列出了 AutoCAD 提供的对象捕捉模式，如图 3-4 所示。其操作方法与工具栏相似，只要在 AutoCAD 提示输入点时选择快捷菜单中相应的命令，然后按提示操作即可。

图 3-4　"对象捕捉"快捷菜单

3.2.2 对象捕捉设置

在 AutoCAD 中绘图之前，可以根据需要事先开启一些对象捕捉模式，绘图时系统就能自动捕捉这些特殊点，从而加快绘图速度，提高绘图质量。

【执行方式】

- 命令行：DDOSNAP。
- 菜单栏：选择菜单栏中的"工具"→"绘图设置"命令。
- 工具栏：单击"对象捕捉"工具栏中的"对象捕捉设置"按钮 。
- 状态栏：单击状态栏中的"对象捕捉"按钮 （仅限于打开与关闭）。
- 快捷键：F3（仅限于打开与关闭）。
- 快捷菜单：选择快捷菜单中的"对象捕捉"→"对象捕捉设置"命令。

【操作步骤】

执行上述操作后，系统打开"草图设置"对话框，选择"对象捕捉"选项卡，如图 3-5 所示，利用该选项卡可对对象捕捉方式进行设置。

【选项说明】

（1）"启用对象捕捉"复选框：选中该复选框，则在"对象捕捉模式"选项组中选中的捕捉模式处于激活状态。

（2）"启用对象捕捉追踪"复选框：用于打开或关闭自动追踪功能。

（3）"对象捕捉模式"选项组：该选项组中列出了各种捕捉模式，被选中的处于激活状态。单击"全部清除"按钮，则所有模式均被清除；单击"全部选择"按钮，则所有模式均被选中。

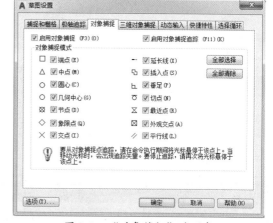

图 3-5　"对象捕捉"选项卡

（4）"选项"按钮：单击该按钮，可以打开"选项"对话框的"绘图"选项卡，利用该对话框可进行捕捉模式的各项设置。

3.2.3 自动追踪

利用自动追踪功能可以对齐路径，有助于以精确的位置和角度创建对象。自动追踪包括"极轴追踪"和"对象捕捉追踪"两个追踪选项。"极轴追踪"是指按指定的极轴角或极轴角的倍数对齐要指定的点的路径；"对象捕捉追踪"是指以捕捉到的特殊位置点为基点，按指定的极轴角或极轴角的倍数对齐要指定的点的路径。

"对象捕捉追踪"必须配合"对象捕捉"功能一起使用，即同时单击状态栏中的"对象捕捉"按钮 和"对象捕捉追踪"按钮 。

【执行方式】

- 命令行：DDOSNAP。
- 菜单栏：选择菜单栏中的"工具"→"绘图设置"命令。

- 工具栏：单击"对象捕捉"工具栏中的"对象捕捉设置"按钮 。
- 状态栏：单击状态栏中的"对象捕捉"按钮 和"对象捕捉追踪"按钮 （仅限于打开与关闭）或单击"极轴追踪"右侧的小三角，在弹出的下拉菜单中选择"正在追踪设置"命令（如图 3-6 所示）。
- 快捷键：F11（仅限于打开与关闭）。
- 快捷菜单：选择快捷菜单中的"对象捕捉"→"对象捕捉设置"命令。

【操作步骤】

执行上述操作后，或者在"对象捕捉"按钮 或"对象捕捉追踪"按钮 上右击，在弹出的快捷菜单中选择"对象捕捉设置"或"对象捕捉追踪设置"命令，系统打开"草图设置"对话框的"对象捕捉"选项卡，选中"启用对象捕捉追踪"复选框，即可完成对象捕捉追踪的设置，如图 3-7 所示。

图 3-6 "极轴追踪"下拉菜单　　　　　　图 3-7 "对象捕捉"选项卡

高手支招：

在绘图区按住 Shift 键的同时右击，弹出的快捷菜单如图 3-8 所示。

图 3-8 快捷菜单

3.2.4 操作实践——绘制灯

绘制灯

本例绘制如图 3-9 所示的灯。操作步骤如下。

（1）选择菜单栏中的"工具"→"绘图设置"命令，打开"草图设置"对话框，在"对象捕捉"选项卡中单击"全部选择"按钮，并选中"启用对象捕捉"复选框，如图 3-7 所示。

（2）单击"默认"选项卡"绘图"面板中的"圆"按钮⊙，在绘图区适当指定一点作为圆心，绘制半径分别为 180 和 30 的同心圆。命令行提示与操作如下：

```
命令：CIRCLE↙
指定圆的圆心或 [三点(3P)/两点(2P)/切点、切点、半径(T)]：（用光标适当指定一点）
指定圆的半径或 [直径(D)]：180↙
命令：↙（直接按 Enter 键，表示重复执行上次的命令）
指定圆的圆心或 [三点(3P)/两点(2P)/切点、切点、半径(T)]：（用光标捕捉刚绘制的圆的圆心）
指定圆的半径或 [直径(D)]：30↙
```

结果如图 3-10 所示。

（3）单击"默认"选项卡"绘图"面板中的"直线"按钮╱，绘制直线。命令行提示与操作如下：

```
命令：LINE↙
指定第一个点：（捕捉大圆的左象限点）
指定下一点或 [放弃(U)]：（捕捉小圆的左象限点）
指定下一点或 [退出(E)/放弃(U)]：
命令：（直接按 Enter 键表示重复执行上次的命令）
指定第一个点：（捕捉小圆的右象限点）
指定下一点或 [放弃(U)]：（捕捉大圆的右象限点）
指定下一点或 [退出(E)/放弃(U)]：
命令：（直接按 Enter 键表示重复执行上次的命令）
指定第一个点：（捕捉大圆的上象限点）
指定下一点或 [放弃(U)]：（捕捉小圆的上象限点）
指定下一点或 [退出(E)/放弃(U)]：
命令：（直接按 Enter 键表示重复执行上次的命令）
指定第一个点：（捕捉小圆的下象限点）
指定下一点或 [放弃(U)]：（捕捉大圆的下象限点）
指定下一点或 [退出(E)/放弃(U)]：
```

结果如图 3-11 所示。

图 3-9　灯　　　　　图 3-10　绘制同心圆　　　　　图 3-11　绘制直线

（4）单击"默认"选项卡"绘图"面板中的"直线"按钮╱，绘制封闭直线，4 个点的坐标顺次捕捉 4 个半径的中点，结果如图 3-9 所示。

（5）单击快速访问工具栏中的"保存"按钮 ，保存图形。将绘制完成的图形以"灯.dwg"为文件名保存在指定的路径中。

3.3　显示控制工具

图形的显示控制就是设置图形在视图中特定的放大倍数、位置及方向。设置视图最一般的方法就是利用"缩放"和"平移"命令，使图形在绘图区放大或缩小显示，或者改变观察位置。

【预习重点】
- 认识图形的显示控制工具按钮。
- 练习视图设置方法。

3.3.1 图形的缩放

缩放并不改变图形的绝对大小，只是在绘图区改变显示大小。AutoCAD 提供了多种缩放图形的方法，本节主要介绍动态缩放的操作方法。

【执行方式】
- 命令行：ZOOM。
- 菜单栏：选择菜单栏中的"视图"→"缩放"→"动态"命令。
- 工具栏：单击"标准"工具栏中的"窗口缩放"按钮 。

【操作步骤】

执行上述命令后，系统打开一个线框，选取动态缩放范围前呈绿色点线。如果动态缩放的图形显示范围与选取动态缩放范围前相同，则此线框与边界线重合而不可见。重生成区域的四周有一个蓝色虚线框，用来标记虚拟屏幕。

如果线框中有一个"×"，如图 3-12（a）所示，就可以拖动线框并将图形平移到另外一个区域。如果要将图形放大到不同的倍数，按下鼠标左键，"×"就会变成一个箭头，如图 3-12（b）所示。这时左右拖动边界线就可以重新确定图形的显示大小。缩放后的图形如图 3-12（c）所示。

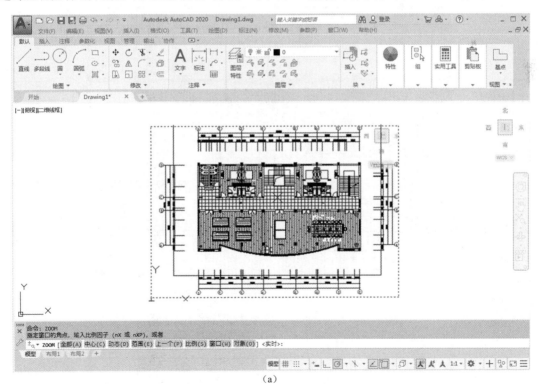

(a)

图 3-12 动态缩放

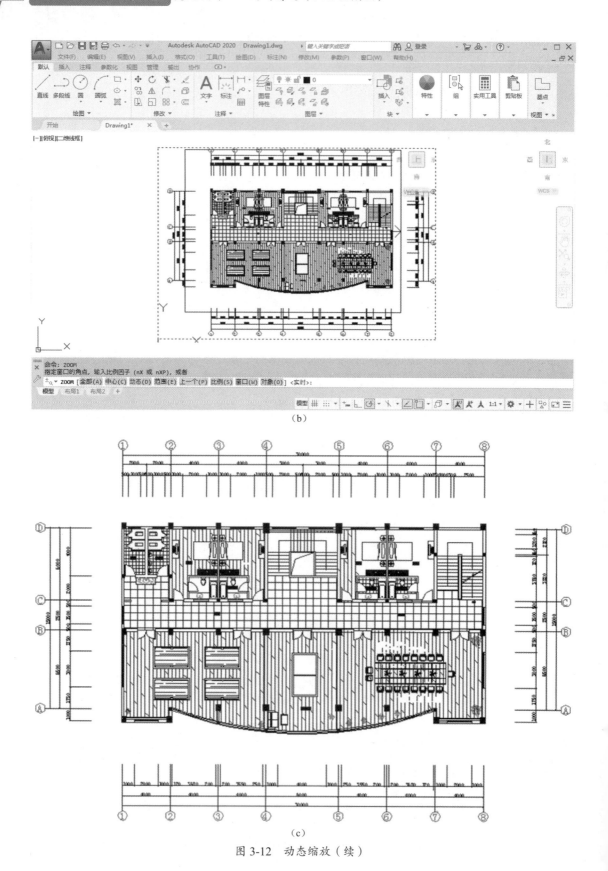

(b)

(c)

图 3-12 动态缩放（续）

【选项说明】

视图缩放方法还有实时缩放、窗口缩放、比例缩放、中心缩放、全部缩放、缩放对象、缩放上一个和范围缩放,操作方法与动态缩放类似,这里不再赘述。

3.3.2 图形的平移

1. 实时平移

【执行方式】

- 命令行:PAN。
- 菜单栏:选择菜单栏中的"视图"→"平移"→"实时"命令。

【操作步骤】

执行上述命令后,按下鼠标左键,然后移动手形光标即可平移图形。

另外,AutoCAD 2020 为显示控制命令设置了一个右键快捷菜单,如图 3-13 所示。在该菜单中,可以在显示命令执行的过程中透明地进行切换。

图 3-13 右键快捷菜单

2. 定点平移和方向平移

【执行方式】

- 命令行:-PAN。
- 菜单栏:选择菜单栏中的"视图"→"平移"→"点"命令。

【操作步骤】

执行上述命令后,当前图形按指定的距离和方向进行平移。

另外,在"平移"子菜单中还有"左""右""上""下"4 个平移命令,选择这些命令时,图形按指定的方向平移一定的距离。

3.3.3 图形的夹点编辑功能

要使用夹点编辑功能编辑对象,必须先打开夹点编辑功能。

【执行方式】

- 菜单栏:选择菜单栏中的"工具"→"选项"命令。

【操作步骤】

执行上述命令后,弹出"选项"对话框,打开"选择集"选项卡,如图 3-14 所示。在"夹点"选项组中选中"显示夹点"复选框。在该选项卡中,还可以设置代表夹点的小方格的尺寸和颜色。

(1) 利用夹点编辑功能可以快速、方便地编辑对象。AutoCAD 在图形对象上定义了一些特殊点,称之为夹点,利用夹点可以灵活地控制对象,如图 3-15 所示。

(2) 可以通过 GRIPS 系统变量来控制是否打开夹点编辑功能,1 代表打开,0 代表关闭。

(3) 打开夹点编辑功能后,应该在编辑对象之前先选择对象。夹点表示对象的控制位置。使用夹点编辑功能编辑对象,需要选择一个夹点作为基点,称之为基准夹点。

(4) 选择一种编辑操作:镜像、移动、旋转、拉伸和缩放(这些命令会在以后的章节中进行讲述),如图 3-16 所示。可以用 Space 键、Enter 键或键盘上的快捷键循环选择这些功能。

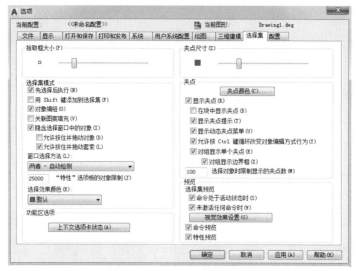

图 3-14 "选择集"选项卡

图 3-15 显示夹点

图 3-16 快捷菜单

3.4 图层的操作

AutoCAD 中的图层如同在手工绘图中使用的重叠透明图纸,如图 3-17 所示,可以使用图层来组织不同类型的信息。在 AutoCAD 中,图形的每个对象都位于一个图层上,所有图形对象都具有图层名称、颜色、线型和线宽这 4 个基本属性。在绘图时,图形对象将创建在当前的图层上。AutoCAD 中图层的数量是不受限制的,每个图层都有自己的名称。

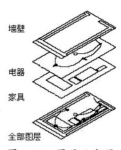

图 3-17 图层示意图

【预习重点】

- 建立图层概念。
- 练习图层设置相关命令。

3.4.1 建立新图层

新建的 CAD 文档中只能自动创建一个名为"0"的特殊图层。默认情况下,"0"图层将被指定使用 7 号颜色、Continuous 线型、"默认"线宽以及 Color-7 打印样式。不能对"0"图层进行删除或重命名操作。通过创建新图层,可以将类型相似的对象指定给同一个图层使其相关联。例如,可以将构造线、文字、标注和标题栏置于不同的图层上,并为这些图层指定通用特性。通过将对象分类放到各自的图层中,可以快速、有效地控制对象的显示以及对其进行更改。

【执行方式】

- 命令行:LAYER。
- 菜单栏:选择菜单栏中的"格式"→"图层"命令。
- 工具栏:单击"图层"工具栏中的"图层特性管理器"按钮(如图3-18所示)。

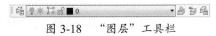

图3-18 "图层"工具栏

- 功能区:单击"默认"选项卡"图层"面板中的"图层特性"按钮或单击"视图"选项卡"选项板"面板中的"图层特性"按钮。

【操作步骤】

执行上述命令后,系统打开"图层特性管理器"选项板,如图3-19所示。

图3-19 "图层特性管理器"选项板

单击"图层特性管理器"选项板中的"新建图层"按钮,建立新图层,默认的图层名称为"图层1"。可以根据绘图需要更改图层名称,如改为实体层、中心线层或标准层等。

可以对图层设置图层名称、打开/关闭图层、冻结/解冻图层、锁定/解锁图层、图层颜色、图层线型、图层线宽、图层打印样式、打印/不打印图层等。

1. 设置图层颜色

在工程制图中,整个图形包含多种不同功能的图形对象,如实体、剖面线与尺寸标注等,为了便于直观地区分它们,有必要针对不同的图形对象使用不同的颜色,如实体层使用白色,剖面线层使用青色等。

需要改变图层的颜色时,可单击图层所对应的颜色图标,打开"选择颜色"对话框,如图3-20所示。它是一个标准的颜色设置对话框,可以使用"索引颜色""真彩色"和"配色系统"3个选项卡来选择颜色。

2. 设置图层线型

线型是指作为图形基本元素的线条的组成和显示方式,如实线、点划线[*]等。在许多绘图工作中,常常以线型划分图层,为某个图层设置适合的线型。在绘图时,只需将该图层设置为当前工作层,即可绘制出符合线型要求的图形对象,极大地提高了绘图的效率。

---

[*] 为与AutoCAD 2020软件界面保持一致,本书不强行将"×划线"修改为"×画线"。

单击图层所对应的线型图标，打开"选择线型"对话框，如图 3-21 所示。默认情况下，在"已加载的线型"列表框中，系统只添加了 Continuous 线型。单击"加载"按钮，打开"加载或重载线型"对话框，如图 3-22 所示，可以看到 AutoCAD 还提供了许多其他线型，选择所需线型，单击"确定"按钮，即可把该线型加载到"已加载的线型"列表框中（可以按住 Ctrl 键选择几种线型，以便同时加载）。

图 3-20 "选择颜色"对话框

图 3-21 "选择线型"对话框

3. 设置图层线宽

设置图层线宽就是改变线条的宽度，使用不同宽度的线条表现图形对象的类型，这样可以提高图形的表达能力和可读性，例如绘制外螺纹时大径使用粗实线，小径使用细实线。

单击图层所对应的线宽图标，打开"线宽"对话框，如图 3-23 所示。选择一个线宽，单击"确定"按钮即可完成对图层线宽的设置。

图层线宽的默认值为 0.25mm。当激活状态栏中的"模型"按钮时，显示的线宽与计算机的像素有关，线宽为 0mm 时，显示为 1 像素的线宽。单击状态栏中的"线宽"按钮，屏幕上显示图形的线宽，显示的线宽与实际线宽成一定比例，如图 3-24 所示，但线宽不随着图形的放大和缩小而变化。将状态栏中的"线宽"功能关闭时，屏幕上不显示图形的线宽，图形的线宽以默认的宽度值显示，可以在"线宽"对话框中选择需要的线宽。

图 3-22 "加载或重载线型"对话框

图 3-23 "线宽"对话框

图 3-24 线宽显示效果

高手支招：

有的用户设置了线宽，但在图形中显示不出效果来，出现这种情况一般有两种原因。

（1）没有打开状态栏中的"线宽"功能。

（2）设置的线宽不够。AutoCAD 只能显示出宽度为 0.30mm 以上的线，如果宽度低于 0.30mm，就无法显示出效果。

3.4.2 设置图层

除了上面讲述的通过"图层特性管理器"选项板设置图层的方法外，还有其他简便方法可以设置图层的颜色、线型、线宽等参数。

1. 直接设置图层

可以直接通过命令行或菜单设置图层的颜色、线型、线宽。

（1）颜色设置。

【执行方式】

- 命令行：COLOR。
- 菜单栏：选择菜单栏中的"格式"→"颜色"命令。
- 功能区：选择"默认"选项卡"特性"面板"对象颜色"下拉列表框中的"更多颜色"选项。

【操作步骤】

执行上述命令后，系统打开"选择颜色"对话框。

（2）线型设置。

【执行方式】

- 命令行：LINETYPE。
- 菜单栏：选择菜单栏中的"格式"→"线型"命令。
- 功能区：选择"默认"选项卡"特性"面板"线型"下拉列表框中的"其他"选项。

【操作步骤】

执行上述命令后，系统打开"线型管理器"对话框，如图 3-25 所示。该对话框的使用方法与"选择线型"对话框类似。

（3）线宽设置。

【执行方式】

- 命令行：LINEWEIGHT（或 LWEIGHT）。
- 菜单栏：选择菜单栏中的"格式"→"线宽"命令。
- 功能区：选择"默认"选项卡"特性"面板"线宽"下拉列表框中的"线宽设置"选项。

图 3-25 "线型管理器"对话框

【操作步骤】

执行上述命令后，系统打开"线宽设置"对话框，如图 3-26 所示。该对话框的使用方法与"线宽"对话框类似。

2. 利用"特性"工具栏设置图层

AutoCAD 提供了一个"特性"工具栏，如图 3-27 所示。用户能够使用"特性"工具栏快速查看和改变所选对象的图层颜色、线型、线宽等特性。"特性"工具栏上对图层颜色、线型、线宽和打印样式的控制可方便用户查看和编辑对象属性。在绘图屏幕上选择任何对象都将在"特性"工具栏上自动显示该对象的图层颜色、线型、线宽等属性。

图 3-26　"线宽设置"对话框

图 3-27　"特性"工具栏

也可以在"特性"工具栏中的"颜色控制""线型控制""线宽控制"和"打印样式"下拉列表框中选择需要的参数值。如果在"颜色控制"下拉列表框中选择"选择颜色"选项，如图 3-28 所示，系统就会打开"选择颜色"对话框；同样，如果在"线型控制"下拉列表框中选择"其他"选项，如图 3-29 所示，系统就会打开"线型管理器"对话框。

图 3-28　"选择颜色"选项

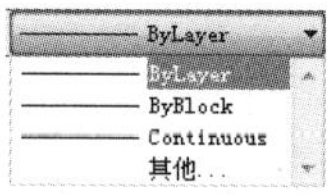

图 3-29　"其他"选项

3. 利用"特性"选项板设置图层

【执行方式】

- 命令行：DDMODIFY（或 PROPERTIES）。
- 菜单栏：选择菜单栏中的"修改"→"特性"命令。
- 工具栏：单击"标准"工具栏中的"特性"按钮 。

【操作步骤】

执行上述命令后，系统打开"特性"选项板，如图 3-30 所示。在其中可以方便地设置或修改图层颜色、线型、线宽等属性。

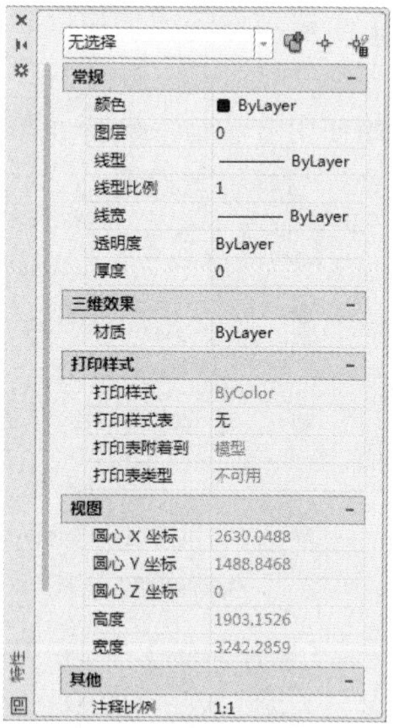

3.4.3　控制图层

1. 切换当前图层

不同的图形对象需要在不同的图层中绘制，在绘制前，需要将工作图层切换到所需的图层上来。打开"图层特性管理器"选项板，选择图层，单击"置为当前"按钮 可使该图层成为当前图层。

图 3-30　"特性"选项板

2. 删除图层

在"图层特性管理器"选项板中的图层列表框中选择要删除的图层，单击"删除图层"按钮 即可删除该图层。图层包括"0"图层、"Defpoints"（定义点）图层、包含对象（包括块定义中的对象）的图层、当前图层和依赖外部参照的图层。可以删除不包含对象（包括块定义

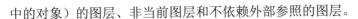

中的对象）的图层、非当前图层和不依赖外部参照的图层。

3．打开/关闭图层

在"图层特性管理器"选项板中，单击 图标，可以控制图层的可见性。打开图层时， 图标呈现鲜艳的颜色，该图层中的图形可以显示在屏幕上或绘制在绘图仪上。当单击该图标后，图标呈灰暗色，该图层中的图形不显示在屏幕上，而且不能被打印输出，但仍然作为图形的一部分保留在文件中。

4．冻结/解冻图层

在"图层特性管理器"选项板中，单击 / 图标，可以冻结图层或将图层解冻。图标呈雪花状灰暗色时，该图层是冻结状态；图标呈太阳状鲜艳色时，该图层是解冻状态。冻结图层中的对象不能显示，也不能打印，同时也不能修改该图层上的图形对象。在冻结了图层后，该图层中的对象不影响其他图层中的对象的显示和打印。例如，在使用"HIDE"命令执行隐藏操作时，被冻结图层中的对象不隐藏其他对象。

5．锁定/解锁图层

在"图层特性管理器"选项板中，单击 / 图标，可以锁定图层或将图层解锁。锁定图层后，该图层中的图形依然显示在屏幕上并可打印输出，还可以在该图层上绘制新的图形对象，但不能对该图层中的图形进行修改操作。可以对当前图层进行锁定操作，也可以再对锁定图层中的图形进行查询和对象捕捉操作。锁定图层可以防止对图形的意外修改。

6．图层打印样式

图层打印样式控制对象的打印特性，包括颜色、抖动、灰度、笔号、虚拟笔、淡显、线型、线宽、线条端点样式、线条连接样式和填充样式。图层打印样式给用户提供了很大的灵活性，因为用户可以通过设置打印样式来替代设置其他对象特性，也可以按需关闭这些替代设置。

7．打印/不打印图层

在"图层特性管理器"选项板中，单击 图标，可以设定打印时该图层是否打印，以在保证图形可见性不变的条件下，控制图形的打印特征。打印功能只对可见的图层起作用，对于已经被冻结或被关闭的图层不起作用。

8．冻结/解冻新视口

该功能用于控制在当前视口中图层的冻结和解冻，但不解冻图形中设置为"关"或"冻结"的图层。该功能对于模型空间视口不可用。

9．透明度

在"图层特性管理器"选项板中，可以选择或输入要应用于当前图形中选定图层的透明度级别。

举一反三：

合理利用图层可以事半功倍。在开始绘制图形时，应预先设置一些基本图层。每个图层锁定自己的专门用途，这样只需绘制一份图形文件，就可以组合出许多需要的图纸，需要修改时也可针对各个图层进行。

3.5 综合演练——样板图图层设置

在前面学习的基础上，本例主要讲解图 3-31 所示样板图的图层设置知识。操作步骤如下。

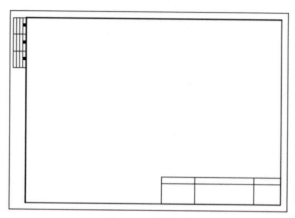

图 3-31　样板图

手把手教你学：

本例准备设置一个建筑制图样板图，图层设置如表 3-2 所示，设置结果如图 3-32 所示。

表 3-2　图层设置

图层名称	颜色	线型	线宽	用途
0	7（白色）	Continuous	默认	图框线
轴线	1（红色）	CENTER	0.09mm	绘制轴线
构造线	7（白色）	Continuous	0.25mm	可见轮廓线
注释	7（白色）	Continuous	0.09mm	一般注释
图案填充	5（蓝色）	Continuous	0.09mm	填充剖面线或图案
尺寸标注	3（绿色）	Continuous	0.09mm	尺寸标注

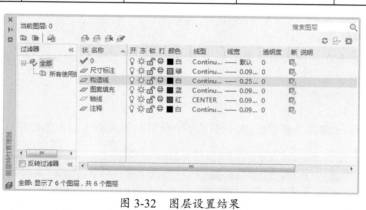

图 3-32　图层设置结果

（1）打开文件。单击快速访问工具栏中的"打开"按钮，打开源文件目录下的"\第 3 章\建筑 A3 样板图.dwg"文件。

（2）设置图层名称。单击"默认"选项卡"图层"面板中的"图层特性"按钮，打开"图层特性管理器"选项板,如图 3-33 所示。在该选项板中单击"新建图层"按钮,在图层列表框中出现一个默认名称为"图层 1"的新图层,如图 3-34 所示。单击该图层名称,将图层名称改为"轴线",如图 3-35 所示。

图 3-33 "图层特性管理器"选项板

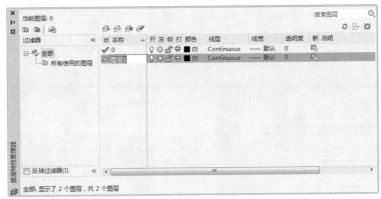

图 3-34 新建图层

图 3-35 更改图层名称

(3) 设置图层颜色。为了区分不同图层中的图线,增加图形不同部分的对比性,可以为不同的图层设置不同的颜色。单击刚建立的"轴线"图层"颜色"栏下的颜色色块,AutoCAD 打开"选择颜色"对话框,如图 3-36 所示。在该对话框中选择红色,单击"确定"按钮,回到"图层特性管理器"选项板,可以发现"轴线"图层的颜色变成了红色,如图 3-37 所示。

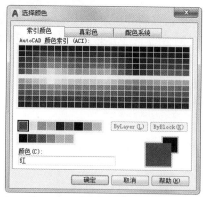
图 3-36 "选择颜色"对话框

图 3-37 更改颜色

（4）设置线型。在常用的工程图纸中，通常要用到不同的线型，这是因为不同的线型表示不同的含义。在上述"图层特性管理器"选项板中单击"轴线"图层"线型"栏下的选项，打开"选择线型"对话框，如图 3-38 所示。单击"加载"按钮，打开"加载或重载线型"对话框，如图 3-39 所示。在该对话框中选择"CENTER"线型，单击"确定"按钮。系统回到"选择线型"对话框，这时在"已加载的线型"列表框中就出现了"CENTER"线型，如图 3-40 所示。选择"CENTER"线型，单击"确定"按钮，在"图层特性管理器"选项板中可以发现"轴线"图层的线型变成了"CENTER"，如图 3-41 所示。

图 3-38 "选择线型"对话框

图 3-39 "加载或重载线型"对话框

图 3-40 加载线型

图 3-41 更改线型

（5）设置线宽。在工程图纸中，不同的线宽也表示不同的含义，因此也要对不同图层的线宽进行设置，单击上述"图层特性管理器"选项板中"轴线"图层"线宽"栏下的选项，打开"线宽"对话框，如图 3-42 所示。在该对话框中选择适当的线宽（如"0.09mm"），单击"确定"按钮，在"图层特性管理器"选项板中可以发现"轴线"图层的线宽变成了 0.09mm，如图 3-43 所示。

图 3-42 "线宽"对话框

图 3-43 更改线宽

> 注意：
> 应尽量保持细线与粗线之间的比例大约为 1∶2。这样的线宽符合新国标相关规定。

（6）绘制其余图层。使用同样的方法创建其余图层，这些不同的图层可以分别存放不同的图形或图形的不同部分。

3.6 名师点拨——绘图助手

1．对象捕捉的作用

绘图时，可以使用新的对象捕捉修饰符来查找任意两点之间的中点。例如，在绘制直线时，可以在按住 Shift 键的同时右击，调出"对象捕捉"快捷菜单。选择"两点之间的中点"命令后，在图形中指定两点，直线将以这两点之间的中点为起点。

2．文件占用空间大，计算机运行速度慢怎么办

当图形文件经过多次修改，特别是插入多个图块以后，文件占用空间会变大，计算机运行速度会变慢，图形处理速度也会变慢。此时可以通过选择"文件"→"图形实用工具"→"清理"命令，清除无用的块、线型、图层、标注样式、多线样式等，这样，图形文件也会随之变小。

3．如何删除多余图层

方法 1：将使用的图层关闭，选择绘图区中的所有图形，复制后粘贴至一个新文件中，那些多余图层不会粘贴过来。但若在一个图层中定义图块，又在另一个图层中插入，那么多余图层不会被删除。

方法 2：打开一个 CAD 文件，先把要删除的图层关闭，只留下必要图层中的可见图形。选择菜单栏中的"文件"→"另存为"命令，确定文件名，在"文件类型"下拉列表框中选择"*.dxf"格式，在弹出的对话框中单击"工具"→"选项"→"DXF 选项"，再在"DXF 选项"选项卡中选中"选择对象"复选框，单击"确定"按钮，然后单击"保存"按钮，即可保存可见、有用的图形。打开刚保存的文件，已删除要删除的图层。

方法 3：在命令行窗口中输入"LAYTRANS"，弹出"图层转换器"对话框，在"转换自"选项组中选择要删除的图层，在"转换为"选项组中单击"加载"按钮，在弹出的对话框中选择图形文件，文件加载完成后，在"转换为"选项组中显示加载的文件中的图层，选择要转换

成的图层,如"0"图层,单击"映射"按钮,在"图层转换映射"选项下显示图层映射信息,单击"转换"按钮,将需删除的图层映射为"0"图层。这个方法可以删除具有实体对象或被其他块嵌套定义的图层。

4.鼠标中键的用法

(1) Ctrl+鼠标中键可以实现类似于其他软件的平移。

(2) 双击鼠标中键相当于 ZOOM E。

5.如何将直线改为点划线

单击所绘制的直线,在"特性"工具栏"线型控制"下拉列表框中选择"点划线"选项,所选择的直线将改变线型。若还未加载此种线型,则选择"其他"选项,加载此种"点划线"线型。

3.7 上机实验

【练习】查看如图 3-44 所示的建筑图细节。

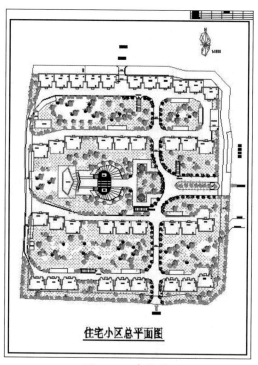

图 3-44 建筑图

3.8 模拟考试

1. 下面( )选项可以将图形进行动态放大。

　　A.ZOOM D　　B.ZOOM W　　C.ZOOM E　　D.ZOOM A

2. 当捕捉设定的间距与栅格所设定的间距不同时，（　　）。

　　A．捕捉时仍然只按栅格进行

　　B．捕捉时按照捕捉间距进行

　　C．捕捉时既按栅格进行，又按捕捉间距进行

　　D．无法设置

3. 如果某图层的对象不能被编辑，但在屏幕上可见，且能捕捉该对象的特殊点和标注尺寸，该图层状态为（　　）。

　　A．冻结　　　　　　B．锁定　　　　　　C．隐藏　　　　　　D．块

4. 在如图 3-45 所示的"特性"选项板中，不可以修改矩形的（　　）属性。

　　A．面积　　　　　　B．线宽

　　C．顶点位置　　　　D．标高

5. 展开"图形修复管理器"选项板的顶层节点，最多可显示 4 个文件，其中不包括（　　）。

　　A．程序失败时保存的已修复图形文件

　　B．原始图形文件（"*.dwg"和"*.dws"）

　　C．自动保存的文件

　　D．图层状态文件（"*.las"）

图 3-45　"特性"选项板

6. 对某图层进行锁定后，（　　）。

　　A．图层中的对象不可编辑，但可添加对象

　　B．图层中的对象不可编辑，也不可添加对象

　　C．图层中的对象可编辑，也可添加对象

　　D．图层中的对象可编辑，但不可添加对象

7. 不可以通过"图层过滤器特性"对话框过滤的特性是（　　）。

　　A．图层名称、颜色、线型、线宽和打印样式

　　B．打开/关闭图层

　　C．锁定/解锁图层

　　D．图层是 ByLayer/ByBlock

8. 临时代替键 F10 的作用是（　　）。

　　A．打开或关闭栅格　　　　　　　　B．打开或关闭对象捕捉

　　C．打开或关闭动态输入　　　　　　D．打开或关闭极轴追踪

9. 关于自动约束，下列说法正确的是（　　）。

　　A．相切对象必须共用同一交点　　　B．垂直对象必须共用同一交点

　　C．平滑对象必须共用同一交点　　　D．以上说法均不正确

10. 栅格状态默认为开启，以下（　　）方法无法关闭该状态。

　　A．单击状态栏中的"栅格"按钮　　B．将 GRIDMODE 变量设置为 1

　　C．先输入"GRID"，再输入"OFF"　　D．以上均不正确

第 4 章 编 辑 命 令

本章学习 AutoCAD 2020 的编辑命令,了解删除及恢复类命令、复制类命令、改变位置类命令、改变几何特性类命令等,为后面章节的学习奠定基础。

【内容要点】
- 选择对象
- 删除及恢复类命令
- 复制类命令
- 改变位置类命令
- 改变几何特性类命令

【案例欣赏】

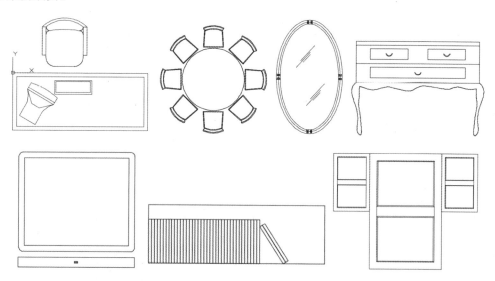

4.1 选择对象

【预习重点】
- 了解选择对象的方法。

AutoCAD 2020 提供了两种编辑图形的途径:先执行编辑命令,然后选择要编辑的对象;先选择要编辑的对象,然后执行编辑命令。

这两种途径的执行效果是相同的,但选择对象是进行编辑的前提。AutoCAD 2020 提供了多种对象选择方法,如点取、用选择窗口选择、用选择线选择、用对话框选择等。AutoCAD 2020 可以把选择的多个对象组成整体(如选择集和对象组),进行整体编辑与修改。

下面结合"SELECT"命令说明选择对象的方法。

【操作步骤】

"SELECT"命令可以单独使用,也可以在执行其他编辑命令时被自动调用。命令行提示与操作如下:

命令:SELECT✓
选择对象:(等待用户以某种方式选择对象作为回答。AutoCAD 2020 提供多种选择方式,可以输入"?"查看这些选择方式)
需要点或窗口(W)/上一个(L)/窗交(C)/框(BOX)/全部(ALL)/栏选(F)/圈围(WP)/圈交(CP)/编组(G)/添加(A)/删除(R)/多个(M)/前一个(P)/放弃(U)/自动(AU)/单个(SI)/子对象(SU)/对象(O)

【选项说明】

(1)点:直接通过点取的方式选择对象。借助鼠标或键盘移动拾取框,使其框住要选取的对象,然后单击,该对象即被选中并以高亮度显示。

(2)窗口(W):用由两个对角点确定的矩形窗口选取位于其范围内的所有图形,与边界相交的对象不会被选中。在指定对角点时,应该按照从左向右的顺序,如图4-1所示。

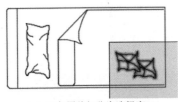 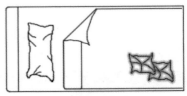

(a)深色覆盖部分为选择窗口　　　　　　　　(b)选择后的图形

图4-1 "窗口"对象选择方式

(3)上一个(L):在"选择对象:"提示下输入"L"后按 Enter 键,系统会自动选取最后绘出的一个对象。

(4)窗交(C):与上述"窗口"对象选择方式类似。区别在于:该方式不但选中矩形窗口内的对象,而且选中与矩形窗口边界相交的对象,如图4-2所示。

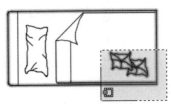 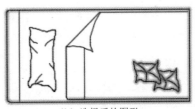

(a)深色覆盖部分为选择窗口　　　　　　　　(b)选择后的图形

图4-2 "窗交"对象选择方式

(5)框(BOX):使用时,系统根据用户在屏幕上给出的两个对角点的位置而自动引用"窗口"或"窗交"对象选择方式。若从左向右指定对角点,则为"窗口"对象选择方式;反之,则为"窗交"对象选择方式。

(6)全部(ALL):选取图面上的所有对象。

(7)栏选(F):用户临时绘制一些直线,这些直线不构成封闭图形,凡是与这些直线相交的对象均被选中,如图4-3所示。

(8)圈围(WP):使用一个不规则的多边形来选择对象。根据提示,用户顺次输入构成多边形的所有顶点的坐标,最后按 Enter 键结束操作,系统将自动连接第一个顶点到最后一个顶点间的各个顶点,形成封闭的多边形。凡是被多边形围住的对象均被选中(不包括边界),如图4-4所示。

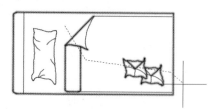 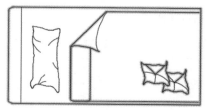

（a）虚线为选择线　　　　　　　　　　　　　（b）选择后的图形

图 4-3 "栏选"对象选择方式

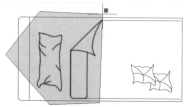 

（a）十字线所拉出的深色多边形为选择框　　　　　　（b）选择后的图形

图 4-4 "圈围"对象选择方式

（9）圈交(CP)：类似于"圈围"对象选择方式，在"选择对象:"提示后输入"CP"，后续操作与"圈围"对象选择方式相同。区别在于：该方式下，与多边形边界相交的对象也被选中。

高手支招：
若矩形框从左向右定义，即第一个选择的对角点为左侧的对角点，则矩形框内的对象被选中，矩形框外部及与矩形框边界相交的对象不会被选中；若矩形框从右向左定义，则矩形框内及与矩形框边界相交的对象都会被选中。

4.2　删除及恢复类命令

　　该类命令主要用于删除图形的某部分或对已被删除的部分进行恢复，包括"删除""回退""重做""清除""恢复"等命令。

【预习重点】

- 了解删除图形有几种方法。
- 练习使用 3 种删除图形的方法。
- 认识"恢复"命令的使用方法。

4.2.1　删除

　　如果所绘制的图形不符合要求或图形绘制错误，则可以使用"删除"命令将其删除。

【执行方式】

- 命令行：ERASE。
- 菜单栏：选择菜单栏中的"修改"→"删除"命令。
- 快捷菜单：选择要删除的对象，在绘图区右击，从弹出的快捷菜单中选择"删除"命令。
- 工具栏：单击"修改"工具栏中的"删除"按钮 。
- 功能区：单击"默认"选项卡"修改"面板中的"删除"按钮 。

【操作步骤】

可以先选择对象，然后调用"删除"命令；也可以先调用"删除"命令，然后选择对象。选择对象时，可以使用前面介绍的选择对象的方法。

当选择多个对象时，多个对象都被删除；若选择的对象属于某个对象组，则该对象组的所有对象都将被删除。

4.2.2 恢复

若误删除了图形，则可以使用"恢复"命令恢复误删除的对象。

【执行方式】

- 命令行：OOPS（或 U）。
- 工具栏：单击"标准"工具栏中的"放弃"按钮 ⇦ ▼。
- 快捷键：Ctrl+Z。

【操作步骤】

在命令行窗口中输入"OOPS"，按 Enter 键。

4.3 复制类命令

本节详细介绍 AutoCAD 2020 的复制类命令。利用这些复制类命令，可以方便地编辑、绘制图形。

【预习重点】

- 了解复制类命令有几种。
- 简单练习 4 种复制操作的方法。
- 对比使用哪种复制方法更简便。

4.3.1 复制

【执行方式】

- 命令行：COPY。
- 菜单栏：选择菜单栏中的"修改"→"复制"命令。
- 工具栏：单击"修改"工具栏中的"复制"按钮 ⁛。
- 功能区：单击"默认"选项卡"修改"面板中的"复制"按钮 ⁛（如图 4-5 所示）。
- 快捷菜单：选择要复制的对象，在绘图区右击，从弹出的快捷菜单中选择"复制选择"命令。

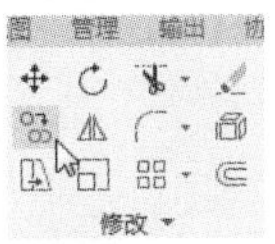

【操作步骤】

命令行提示与操作如下：

```
命令：COPY↙
选择对象：（选择要复制的对象）
```

图 4-5 "复制"按钮

用前面介绍的对象选择方法选择一个或多个对象，按 Enter 键结束选择。命令行提示与操作如下：

```
当前设置：复制模式 = 多个
指定基点或 [位移(D)/模式(O)] <位移>：（指定基点或位移）
指定第二个点或 [阵列(A)] <使用第一个点作为位移>：
```

【选项说明】

（1）指定基点：指定一个坐标点后，AutoCAD 2020 把该点作为复制对象的基点。指定第二个点后，系统将根据这两个点确定的位移矢量把选择的对象复制到第二点处。如果此时直接按 Enter 键，即选择默认的"使用第一个点作为位移"，则第一个点的坐标值被当成相对于 X、Y、Z 轴的位移。例如，如果指定基点为点(2,3)并在下一个提示下按 Enter 键，则该对象从它当前的位置开始，在 X 轴方向上移动 2 个单位，在 Y 轴方向上移动 3 个单位。一次复制完成后，可以不断指定新的第二点，从而实现多次复制。

（2）位移(D)：直接输入位移值，表示以选择对象时的拾取点为基准，以拾取点坐标为移动方向，以按纵横比移动指定距离后所确定的点为基点。例如，选择对象时的拾取点坐标为(2,3)，输入位移值"5"，则表示以点(2,3)为基准，以沿纵横比为 3∶2 的方向移动 5 个单位所确定的点为基点。

（3）模式(O)：控制是否自动重复执行该命令，确定复制模式是单个还是多个。

（4）阵列(A)：指定在线性阵列中排列的副本数量。

4.3.2　操作实践——绘制车库门

本例绘制如图 4-6 所示的车库门。操作步骤如下。

（1）单击"默认"选项卡"绘图"面板中的"矩形"按钮 ，在合适的位置绘制长度为 3000、宽度为 500 的矩形，如图 4-7 所示。

（2）单击"默认"选项卡"绘图"面板中的"直线"按钮，绘制直线，水平直线的长度为 2850，竖直直线的长度为 350。命令行提示与操作如下：

```
命令：LINE↙
指定第一个点：FROM↙
基点：(选择矩形的左上角点)<偏移>：@75,-75↙
指定下一点或 [放弃(U)]：<正交 开> 2850↙
指定下一点或 [放弃(U)]：350↙
指定下一点或 [闭合(C)/放弃(U)]：2850↙
指定下一点或 [闭合(C)/放弃(U)]：C↙
```

结果如图 4-8 所示。

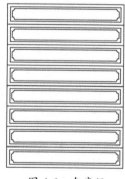

图 4-6　车库门

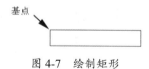

图 4-7　绘制矩形　　　　　图 4-8　绘制直线

（3）单击"默认"选项卡"绘图"面板中的"圆弧"按钮，绘制半径为 65 的圆弧。命令行提示与操作如下（以左上侧的圆弧为例）：

```
命令：ARC↙
指定圆弧的起点或 [圆心(C)]：C↙
指定圆弧的圆心：(以水平和竖直直线的交点为圆心)
```

指定圆弧的起点：<正交 开> 65↙（将追踪线放置到水平直线上，输入数值）
指定圆弧的端点(按住 Ctrl 键以切换方向)或 [角度(A)/弦长(L)]：(将追踪线放置到竖直直线上)

使用相同的方法绘制其余 3 段圆弧，半径均为 65，结果如图 4-9 所示。

（4）利用夹点编辑功能调整内部直线的长度，将水平和竖直直线的起点和端点与绘制的圆弧重合，结果如图 4-10 所示。

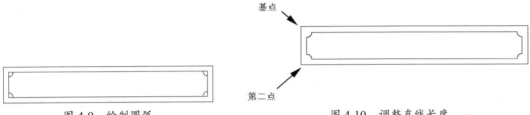

图 4-9　绘制圆弧　　　　　　　　　图 4-10　调整直线长度

（5）单击"默认"选项卡"修改"面板中的"复制"按钮，将绘制的全部图形选中，多次连续复制，最终完成车库门的绘制。命令行提示与操作如下：

```
命令：COPY↙
当前设置：复制模式 = 多个
指定基点或 [位移(D)/模式(O)] <位移>：（以左上角点为基点，如图 4-9 所示）
指定第二个点或 [阵列(A)] <使用第一个点作为位移>：（以左下角点为第二点，如图 4-9 所示）
指定第二个点或 [阵列(A)/退出(E)/放弃(U)] <退出>：（以复制的矩形的左下角点为第二点）
…
指定第二个点或 [阵列(A)/退出(E)/放弃(U)] <退出>：*取消*↙
```

结果如图 4-6 所示。

4.3.3　镜像

"镜像"命令的作用是对选择的对象以一条镜像线为对称轴进行镜像。镜像操作完成后，可以保留源对象，也可以将其删除。

【执行方式】

- 命令行：MIRROR。
- 菜单栏：选择菜单栏中的"修改"→"镜像"命令。
- 工具栏：单击"修改"工具栏中的"镜像"按钮 。
- 功能区：单击"默认"选项卡"修改"面板中的"镜像"按钮 。

【操作步骤】

命令行提示与操作如下：

```
命令：MIRROR↙
选择对象：（选择要镜像的对象）
选择对象：
指定镜像线的第一点：（指定镜像线的第一个点）
指定镜像线的第二点：（指定镜像线的第二个点）
要删除源对象吗？[是(Y)/否(N)] <否>：（确定是否删除源对象）
```

选择的两点确定一条镜像线，被选择的对象以该直线为对称轴进行镜像。包含该直线的镜像平面与用户坐标系的 XY 平面垂直，即镜像操作在与用户坐标系的 XY 平面平行的平面上进行。

4.3.4 操作实践——绘制防盗门

绘制防盗门

本例绘制如图 4-11 所示的防盗门。操作步骤如下。

（1）单击"默认"选项卡"绘图"面板中的"矩形"按钮 □，绘制门的轮廓，矩形的左上角点为坐标原点，矩形的尺寸为 900×2100，如图 4-12 所示。

（2）单击"默认"选项卡"绘图"面板中的"矩形"按钮 □，绘制两个矩形，尺寸分别为 250×250 和 200×200。命令行提示与操作如下：

```
命令：RECTANG↙
指定第一个角点或 [倒角(C)/标高(E)/圆角(F)/厚度(T)/宽度(W)]：100,-300↙
指定另一个角点或 [面积(A)/尺寸(D)/旋转(R)]：D↙
指定矩形的长度 <300>：250↙
指定矩形的宽度 <300>：250↙
命令：RECTANG↙
指定第一个角点或 [倒角(C)/标高(E)/圆角(F)/厚度(T)/宽度(W)]：125,-325↙
指定另一个角点或 [面积(A)/尺寸(D)/旋转(R)]：D↙
指定矩形的长度 <150>：200↙
指定矩形的宽度 <150>：200↙
```

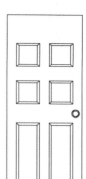

图 4-11 防盗门

结果如图 4-13 所示。

（3）采用相同的方法绘制剩下的 4 个矩形，矩形的角点坐标分别为{(100,-700)、(350,-950)}、{(125,-725)、(325,-925)}、{(100,-1150)、(350,-1900)}、{(125,-1175)、(325,-1875)}，结果如图 4-14 所示。

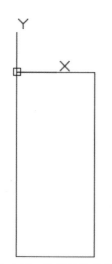

图 4-12 绘制门的轮廓

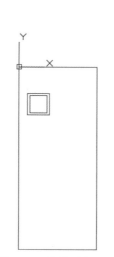

图 4-13 绘制两个矩形

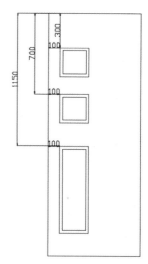

图 4-14 绘制左侧矩形

（4）单击"默认"选项卡"绘图"面板中的"直线"按钮 ／，连接矩形的两个角点（打开"对象捕捉追踪"），绘制多条斜线，如图 4-15 所示。

（5）单击"默认"选项卡"修改"面板中的"镜像"按钮 ⚠，镜像左侧的矩形和斜线。命令行提示与操作如下：

```
命令：MIRROR↙
选择对象：(选择左侧的矩形和斜线，如图 4-16 所示)
选择对象：
指定镜像线的第一点：(矩形上部短边中点，如图 4-16 所示)
```

指定镜像线的第二点:(矩形下部短边中点,如图 4-16 所示)
要删除源对象吗?[是(Y)/否(N)] <否>:

最终绘制结果如图 4-16 所示。

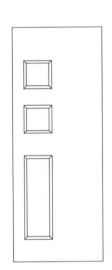

图 4-15 绘制斜线

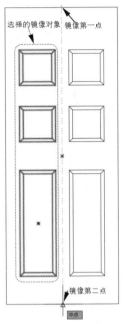

图 4-16 镜像图形

(6)单击"默认"选项卡"绘图"面板中的"圆"按钮⊙,绘制两个圆,圆的半径分别为 40 和 30,作为门把手。命令行提示与操作如下:

```
命令:CIRCLE↙
指定圆的圆心或 [三点(3P)/两点(2P)/切点、切点、半径(T)]:FROM↙
基点:(右侧竖直直线的中点)<偏移>:@-70,0↙
指定圆的半径或 [直径(D)] <90>:40↙
命令:CIRCLE↙
指定圆的圆心或 [三点(3P)/两点(2P)/切点、切点、半径(T)]:(选择上一个圆的圆心)
指定圆的半径或 [直径(D)] <40>:30↙
```

结果如图 4-11 所示。

4.3.5 偏移

"偏移"命令的作用是保持选择的对象的形状,在不同的位置以不同的尺寸大小新建一个对象。

【执行方式】

- 命令行:OFFSET。
- 菜单栏:选择菜单栏中的"修改"→"偏移"命令。
- 工具栏:单击"修改"工具栏中的"偏移"按钮⊆。
- 功能区:单击"默认"选项卡"修改"面板中的"偏移"按钮⊆。

【操作步骤】

命令行提示与操作如下:

```
命令：OFFSET↙
当前设置：删除源=否  图层=源  OFFSETGAPTYPE=0
指定偏移距离或 [通过(T)/删除(E)/图层(L)] <通过>：(指定偏移距离值，如图4-17（a）所示)
选择要偏移的对象，或 [退出(E)/放弃(U)] <退出>：(选择要偏移的对象，按Enter键结束操作，如图4-17
(b) 所示)
指定要偏移的那一侧上的点，或 [退出(E)/多个(M)/放弃(U)] <退出>：(指定偏移方向，如图4-17（c）所
示，得到如图4-17（d）所示的结果)
选择要偏移的对象，或 [退出(E)/放弃(U)] <退出>：
```

【选项说明】

（1）指定偏移距离：输入一个距离值，或按 Enter 键，使用当前的距离值，系统将该距离值作为偏移距离。

（2）通过(T)：指定偏移对象的通过点。选择该选项后出现如下提示：

```
选择要偏移的对象，或 [退出(E)/放弃(U)] <退出>：(选择要偏移的对象，按Enter键结束操作)
指定通过点或 [退出(E)/多个(M)/放弃(U)] <退出>：(指定偏移对象的一个通过点)
```

操作完毕后，系统根据指定的通过点绘制出偏移对象，结果如图4-18所示。

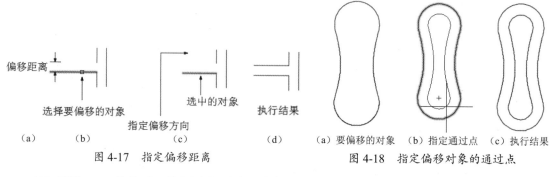

图 4-17 指定偏移距离   图 4-18 指定偏移对象的通过点

（3）删除(E)：偏移后，将源对象删除。选择该选项后出现如下提示：

```
要在偏移后删除源对象吗？[是(Y)/否(N)] <否>：
```

（4）图层(L)：确定将偏移对象创建在当前图层上还是源对象所在的图层上。选择该选项后出现如下提示：

```
输入偏移对象的图层选项 [当前(C)/源(S)] <源>：
```

4.3.6 操作实践——绘制单人办公桌

  绘制单人办公桌

本例绘制如图4-19所示的单人办公桌。操作步骤如下。

（1）单击"默认"选项卡"绘图"面板中的"矩形"按钮 ▭，指定角点坐标为(0,0)和(1800,-750)。

（2）单击"默认"选项卡"修改"面板中的"偏移"按钮 ⊂，指定偏移距离为50。命令行提示与操作如下：

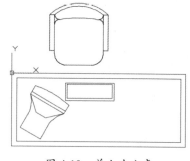

图 4-19 单人办公桌

```
命令：OFFSET↙
当前设置：删除源=否  图层=源  OFFSETGAPTYPE=0
指定偏移距离或 [通过(T)/删除(E)/图层(L)] <通过>：50↙
选择要偏移的对象，或 [退出(E)/放弃(U)] <退出>：(选择矩形)
指定要偏移的那一侧上的点，或 [退出(E)/多个(M)/放弃(U)] <退出>：(向内侧移动)
```

结果如图4-20所示。

（3）单击"默认"选项卡"绘图"面板中的"矩形"按钮□，绘制键盘，矩形的尺寸分别为500×180和460×140。命令行提示与操作如下：

```
命令：RECTANG↙
指定第一个角点或 [倒角(C)/标高(E)/圆角(F)/厚度(T)/宽度(W)]：FROM↙
基点：（选择矩形的角点）<偏移>：@555,-100↙
指定另一个角点或 [面积(A)/尺寸(D)/旋转(R)]：D↙
指定矩形的长度 <200>：500↙
指定矩形的宽度 <1200>：180↙
指定另一个角点或 [面积(A)/尺寸(D)/旋转(R)]：↙
```

使用相同的方法绘制内部的矩形，结果如图 4-21 所示。

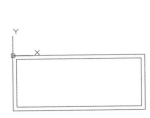

图 4-20　绘制矩形

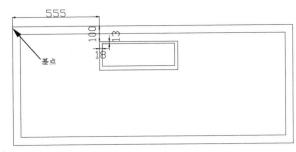

图 4-21　绘制键盘

（4）单击"默认"选项卡"绘图"面板中的"多段线"按钮⌒⊃，绘制计算机。命令行提示与操作如下：

```
命令：PLINE↙
指定起点：88,-557
当前线宽为 0
指定下一个点或 [圆弧(A)/半宽(H)/长度(L)/放弃(U)/宽度(W)]：185,-390↙
指定下一点或 [圆弧(A)/闭合(C)/半宽(H)/长度(L)/放弃(U)/宽度(W)]：A↙
指定圆弧的端点(按住 Ctrl 键以切换方向)或[角度(A)/圆心(CE)/闭合(CL)/方向(D)/半宽(H)/直线(L)/半径(R)/第二个点(S)/放弃(U)/宽度(W)]：S↙
指定圆弧上的第二个点：202,-303↙
指定圆弧的端点：195,-214↙
指定圆弧的端点(按住 Ctrl 键以切换方向)或[角度(A)/圆心(CE)/闭合(CL)/方向(D)/半宽(H)/直线(L)/半径(R)/第二个点(S)/放弃(U)/宽度(W)]：L↙
指定下一点或 [圆弧(A)/闭合(C)/半宽(H)/长度(L)/放弃(U)/宽度(W)]：245,-128↙
指定下一点或 [圆弧(A)/闭合(C)/半宽(H)/长度(L)/放弃(U)/宽度(W)]：A↙
指定圆弧的端点(按住 Ctrl 键以切换方向)或[角度(A)/圆心(CE)/闭合(CL)/方向(D)/半宽(H)/直线(L)/半径(R)/第二个点(S)/放弃(U)/宽度(W)]：S↙
指定圆弧上的第二个点：429,-209↙
指定圆弧的端点：591,-329↙
指定圆弧的端点(按住 Ctrl 键以切换方向)或[角度(A)/圆心(CE)/闭合(CL)/方向(D)/半宽(H)/直线(L)/半径(R)/第二个点(S)/放弃(U)/宽度(W)]：L↙
指定下一点或 [圆弧(A)/闭合(C)/半宽(H)/长度(L)/放弃(U)/宽度(W)]：541,-415↙
指定下一点或 [圆弧(A)/闭合(C)/半宽(H)/长度(L)/放弃(U)/宽度(W)]：A↙
指定圆弧的端点(按住 Ctrl 键以切换方向)或[角度(A)/圆心(CE)/闭合(CL)/方向(D)/半宽(H)/直线(L)/半径(R)/第二个点(S)/放弃(U)/宽度(W)]：S↙
指定圆弧上的第二个点：460,-453↙
指定圆弧的端点：393,-511↙
指定圆弧的端点(按住 Ctrl 键以切换方向)或[角度(A)/圆心(CE)/闭合(CL)/方向(D)/半宽(H)/直线(L)/半径(R)/第二个点(S)/放弃(U)/宽度(W)]：L↙
```

```
指定下一点或 [圆弧(A)/闭合(C)/半宽(H)/长度(L)/放弃(U)/宽度(W)]: 296,-678↙
指定下一点或 [圆弧(A)/闭合(C)/半宽(H)/长度(L)/放弃(U)/宽度(W)]: C↙
```

结果如图 4-22 所示。

（5）单击"默认"选项卡"绘图"面板中的"直线"按钮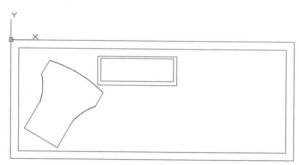，绘制两条直线，坐标分别为 {(210,-188)、(556,-389)}和{(195,-214)、(541,-415)}。

（6）单击"默认"选项卡"绘图"面板中的"多段线"按钮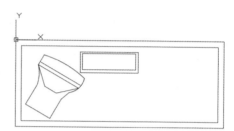，绘制多段线，坐标为{(195,-214)、(252,-401)、(350,-459)、(541,-415)}，如图 4-23 所示。

图 4-22　绘制计算机

图 4-23　计算机绘制完成

（7）单击快速访问工具栏中的"打开"按钮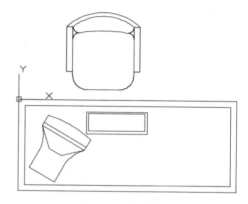，将源文件中的椅子图形打开，然后单击"默认"选项卡"修改"面板中的"复制"按钮，将椅子复制到当前的图形中，结果如图 4-24 所示。

4.3.7　阵列

"阵列"命令的作用是多重复制选择对象并将这些副本按矩形或环形排列。将副本按矩形排列称为建立矩形阵列；将副本按环形排列称为建立极轴阵列。建立矩形阵列时，应该控制行和列的数量以及对象副本之间的距离；建立极轴阵列时，应该控制复制对象的次数和对象是否被旋转。

图 4-24　复制椅子

用"阵列"命令可以建立矩形阵列、路径阵列和极轴（环形）阵列。

【执行方式】

- 命令行：ARRAY。
- 菜单栏：选择菜单栏中的"修改"→"阵列"命令。
- 工具栏：单击"修改"工具栏中的"矩形阵列"按钮、"路径阵列"按钮或"环形阵列"按钮。
- 功能区：单击"默认"选项卡"修改"面板中的"矩形阵列"按钮、"路径阵列"按钮或"环形阵列"按钮（如图 4-25 所示）。

图 4-25　"矩形阵列"下拉按钮组

【操作步骤】

命令行提示与操作如下：

```
命令：ARRAY↙
选择对象：（使用对象选择方法）
选择对象：
输入阵列类型 [矩形(R)/路径(PA)/极轴(PO)]<矩形>：
```

【选项说明】

（1）矩形(R)（命令行：ARRAYRECT）：按行数、列数和层数的任意设置分布选定对象的副本。通过夹点调整阵列间距、列数、行数和层数；也可以分别选择各选项后输入数值。

（2）路径(PA)（命令行：ARRAYPATH）：沿路径或部分路径均匀分布选定对象的副本。选择该选项后出现如下提示：

```
选择路径曲线：（选择一条曲线作为阵列路径）
选择夹点以编辑阵列或 [关联(AS)/方法(M)/基点(B)/切向(T)/项目(I)/行(R)/层(L)/对齐项目(A)/Z 方向(Z)/退出(X)] <退出>：（通过夹点调整阵列行数和列数；也可以分别选择各选项后输入数值）
```

（3）极轴(PO)：在绕中心点或旋转轴的环形阵列中均匀分布对象副本。选择该选项后出现如下提示：

```
指定阵列的中心点或 [基点(B)/旋转轴(A)]：（选择中心点、基点或旋转轴）
选择夹点以编辑阵列或 [关联(AS)/基点(B)/项目(I)/项目间角度(A)/填充角度(F)/行(ROW)/层(L)/旋转项目(ROT)/退出(X)] <退出>：（通过夹点调整角度，填充角度；也可以分别选择各选项后输入数值）
```

4.3.8 操作实践——绘制餐桌

本例绘制如图 4-26 所示的餐桌。操作步骤如下。

（1）单击"默认"选项卡"绘图"面板中的"圆"按钮 ⊙，绘制半径为 750 的圆作为圆桌，如图 4-27 所示。

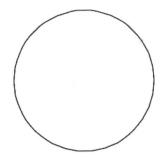

图 4-26　餐桌　　　　　　　　　图 4-27　绘制圆桌

（2）右击状态栏中的"极轴追踪"按钮 ⊙，打开如图 4-28 所示的快捷菜单，选择"正在追踪设置"命令，打开"草图设置"对话框的"极轴追踪"选项卡，选中"启用极轴追踪"复选框，将增量角设置为 86°，如图 4-29 所示，单击"确定"按钮，返回绘图状态。

（3）单击"默认"选项卡"绘图"面板中的"直线"按钮 ╱，在追踪线的提示之下绘制斜线，输入斜线的长度值"376"，如图 4-30 所示。命令行提示与操作如下：

```
命令：LINE↙
指定第一个点：（在圆桌上方指定）
指定下一点或 [放弃(U)]：376↙
```

（4）单击"默认"选项卡"绘图"面板中的"直线"按钮 ╱，以第（3）步绘制的斜线的起点为本条直线的起点，绘制长度为 468 的水平直线，如图 4-31 所示。

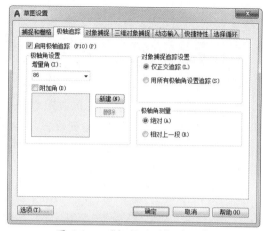

图 4-28　快捷菜单　　　　　　图 4-29　"极轴追踪"选项卡

（5）单击"默认"选项卡"修改"面板中的"镜像"按钮 ，以左侧的斜线为镜像对象，以经过水平直线中点的垂线为镜像线，将斜线镜像到右侧，然后单击"默认"选项卡"绘图"面板中的"圆弧"按钮，以两条斜线的起点为圆弧的两个端点，绘制以距离水平直线中点 450 的点为第二点的圆弧，结果如图 4-32 所示。

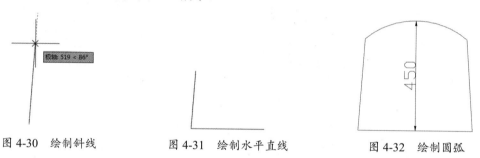

图 4-30　绘制斜线　　　　图 4-31　绘制水平直线　　　　图 4-32　绘制圆弧

（6）单击"默认"选项卡"修改"面板中的"偏移"按钮 ，指定偏移的距离为 15，向外侧偏移图形，结果如图 4-33 所示。

（7）单击"默认"选项卡"绘图"面板中的"圆弧"按钮，连接偏移的图形，如图 4-34 所示。

（8）单击"默认"选项卡"修改"面板中的"偏移"按钮 ，将圆弧向外侧偏移，距离分别为 50 和 20，如图 4-35 所示。

（9）单击"默认"选项卡"绘图"面板中的"直线"按钮 和"圆弧"按钮，连接偏移的圆弧，完善图形，如图 4-36 所示。

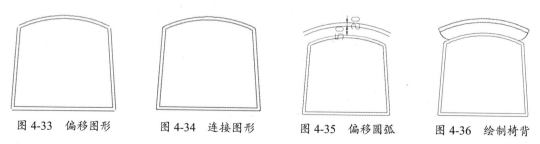

图 4-33　偏移图形　　图 4-34　连接图形　　图 4-35　偏移圆弧　　图 4-36　绘制椅背

（10）单击"默认"选项卡"修改"面板中的"环形阵列"按钮，根据命令行提示将已绘制的椅子选择为阵列对象，阵列的中心点为圆心，阵列的项目数为 8，进行环形阵列操作。

命令行提示与操作如下：

```
命令：ARRAYPOLAR↙
类型 = 极轴  关联 = 否↙
指定阵列的中心点或 [基点(B)/旋转轴(A)]：（指定圆心）
选择夹点以编辑阵列或 [关联(AS)/基点(B)/项目(I)/项目间角度(A)/填充角度(F)/行(ROW)/层(L)/旋转项目(ROT)/退出(X)] <退出>：I↙
输入阵列中的项目数或 [表达式(E)] <6>：8↙
选择夹点以编辑阵列或 [关联(AS)/基点(B)/项目(I)/项目间角度(A)/填充角度(F)/行(ROW)/层(L)/旋转项目(ROT)/退出(X)] <退出>：F↙
指定填充角度(+=逆时针、-=顺时针) 或 [表达式(EX)] <360>：360↙
```

结果如图 4-26 所示。

4.4 改变位置类命令

改变位置类命令的功能是按照指定要求改变当前图形或图形某部分的位置，主要包括"移动""旋转""缩放"等命令。

【预习重点】

- 了解改变位置类命令有几种。
- 练习"移动""旋转""缩放"命令的使用方法。

4.4.1 移动

【执行方式】

- 命令行：MOVE。
- 菜单栏：选择菜单栏中的"修改"→"移动"命令。
- 快捷菜单：选择要移动的对象，在绘图区右击，从弹出的快捷菜单中选择"移动"命令。
- 工具栏：单击"修改"工具栏中的"移动"按钮 ✥。
- 功能区：单击"默认"选项卡"修改"面板中的"移动"按钮 ✥。

【操作步骤】

命令行提示与操作如下：

```
命令：MOVE↙
选择对象：（用前面介绍的对象选择方法选择要移动的对象，按 Enter 键结束选择）
指定基点或<位移>：（指定基点或位移）
指定第二个点或 <使用第一个点作为位移>：
```

"移动"命令的功能与"复制"命令类似。

4.4.2 操作实践——绘制组合电视柜

本例绘制如图 4-37 所示的组合电视柜。操作步骤如下。

（1）单击快速访问工具栏中的"打开"按钮 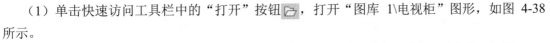，打开"图库 1\电视柜"图形，如图 4-38 所示。

（2）单击快速访问工具栏中的"打开"按钮 ，打开"图库 1\电视"图形，如图 4-39 所示。

图 4-37　组合电视柜　　　　图 4-38　电视柜　　　　图 4-39　电视

（3）选择菜单栏中的"编辑"→"全部选择"命令，选择电视。

（4）选择菜单栏中的"编辑"→"复制"命令，复制电视。

（5）选择菜单栏中的"窗口"→"电视柜"命令，打开"电视柜"文件。

（6）选择菜单栏中的"编辑"→"粘贴"命令，将电视粘贴到电视柜上。

（7）单击"默认"选项卡"修改"面板中的"移动"按钮 ✥，以电视外边的中点为基点，以电视柜外边的中点为第二点，将电视移动到电视柜上。命令行提示与操作如下：

```
命令：MOVE↙
选择对象：（选择电视）
指定基点或<位移>：（电视外边的中点）
指定第二个点或<使用第一个点作为位移>：（电视柜外边的中点）
```

最终绘制结果如图 4-37 所示。

4.4.3　旋转

【执行方式】

- 命令行：ROTATE。
- 菜单栏：选择菜单栏中的"修改"→"旋转"命令。
- 快捷菜单：选择要旋转的对象，在绘图区右击，从弹出的快捷菜单中选择"旋转"命令。
- 工具栏：单击"修改"工具栏中的"旋转"按钮 ↻。
- 功能区：单击"默认"选项卡"修改"面板中的"旋转"按钮 ↻。

【操作步骤】

命令行提示与操作如下：

```
命令：ROTATE↙
UCS 当前的正角方向：（ANGDIR=逆时针　ANGBASE=0）
选择对象：（选择要旋转的对象）
选择对象：
指定基点：（指定旋转基点，在对象内指定一个坐标点）
指定旋转角度，或 [复制(C)/参照(R)] <0>：（指定旋转角度或其他选项）
```

【选项说明】

（1）复制(C)：选择该选项，在旋转对象的同时保留源对象，如图 4-40 所示。

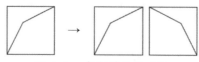

图 4-40　复制并旋转对象

（2）参照(R)：采用参照方式旋转对象时，命令行提示与操作如下：

```
指定参照角 <0>：（指定要参考的角度，默认值为 0）
指定新角度：（输入旋转后的角度值）
```

操作完毕后，对象被旋转至指定的角度位置。

高手支招：

可以用拖动鼠标的方法旋转对象。选择对象并指定基点后，从基点到当前光标位置会出现一条连线，用鼠标选择的对象会动态地随着该连线与水平方向的夹角的变化而旋转，按 Enter 键，确认旋转操作，如图 4-41 所示。

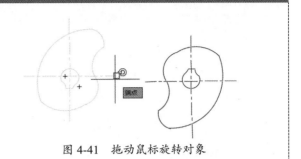

图 4-41 拖动鼠标旋转对象

4.4.4 操作实践——绘制书柜

本例绘制如图 4-42 所示的书柜。操作步骤如下。

（1）单击"默认"选项卡"绘图"面板中的"矩形"按钮 ▭，绘制书柜外轮廓，尺寸为 1200×400，如图 4-43 所示。

（2）单击"默认"选项卡"绘图"面板中的"矩形"按钮 ▭，以大矩形的左下角点为矩形的第一角点，绘制尺寸为 20×300 的矩形，作为书，如图 4-44 所示。

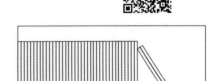

图 4-42 书柜

图 4-43 绘制书柜外轮廓

图 4-44 绘制书

（3）单击"默认"选项卡"修改"面板中的"矩形阵列"按钮 ▦，将矩形调整成阵列。命令行提示与操作如下：

```
命令：ARRAYRECT↙
选择对象：（选择矩形）
类型 = 矩形  关联 = 否
选择夹点以编辑阵列或 [关联(AS)/基点(B)/计数(COU)/间距(S)/列数(COL)/行数(R)/层数(L)/退出(X)]
<退出>：R↙
输入行数或 [表达式(E)] <3>：1↙
指定 行数 之间的距离或 [总计(T)/表达式(E)] <450>：
指定 行数 之间的标高增量或 [表达式(E)] <0>：
选择夹点以编辑阵列或 [关联(AS)/基点(B)/计数(COU)/间距(S)/列数(COL)/行数(R)/层数(L)/退出(X)]
<退出>：COL↙
输入列数或 [表达式(E)] <4>：40↙
指定 列数 之间的距离或 [总计(T)/表达式(E)] <30>：20↙
```

结果如图 4-45 所示。

（4）单击"默认"选项卡"修改"面板中的"旋转"按钮 ↻，旋转阵列中的最后两个矩形。命令行提示与操作如下：

```
命令：ROTATE↙
UCS 当前的正角方向：ANGDIR=逆时针  ANGBASE=0
选择对象：（选择两个矩形）
```

选择对象:
指定基点:(选择书的右上角点,如图 4-45 所示)
指定旋转角度,或 [复制(C)/参照(R)] <0>: 25↙

旋转结果如图 4-46 所示。

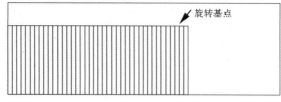
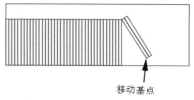

图 4-45 矩形阵列　　　　　图 4-46 旋转图形

(5)单击"默认"选项卡"修改"面板中的"移动"按钮✥,将旋转的图形向下方移动,基点为矩形的左下角点,如图 4-46 所示。命令行提示与操作如下:

命令:MOVE↙
选择对象:(选择最后两本书)
选择对象:
指定基点或 [位移(D)] <位移>:(矩形的左下角点)
指定第二个点或 <使用第一个点作为位移>:(打开正交模式,在追踪线的提示之下,选择追踪线和书柜的交点)

移动后的图形如图 4-42 所示。

4.4.5 缩放

【执行方式】

- 命令行:SCALE。
- 菜单栏:选择菜单栏中的"修改"→"缩放"命令。
- 快捷菜单:选择要缩放的对象,在绘图区右击,从弹出的快捷菜单中选择"缩放"命令。
- 工具栏:单击"修改"工具栏中的"缩放"按钮。
- 功能区:单击"默认"选项卡"修改"面板中的"缩放"按钮。

【操作步骤】

命令行提示与操作如下:

命令:SCALE↙
选择对象:(选择要缩放的对象)
选择对象:
指定基点:(指定缩放基点)
指定比例因子或 [复制(C)/参照(R)]:

【选项说明】

(1)参照(R):采用参照方式缩放对象时,命令行提示与操作如下:

指定参照长度 <1>:(指定参照长度值)
指定新的长度或 [点(P)] <1.0000>:(指定新长度值)

若新长度值大于参照长度值,则放大对象;否则,缩小对象。操作完毕后,系统以指定的基点按指定的比例因子缩放对象。如果选择"点(P)"选项,则指定两点来定义新的长度。

(2)指定比例因子:选择对象并指定基点后,从基点到当前光标位置会出现一条线段,线段的长度即缩放比例。用鼠标选择的对象会动态地随着该线段长度的变化而缩放,按 Enter 键,确认缩放操作。

（3）复制(C)：选择该选项时，可以复制缩放对象，即缩放对象时保留源对象，如图 4-47 所示。

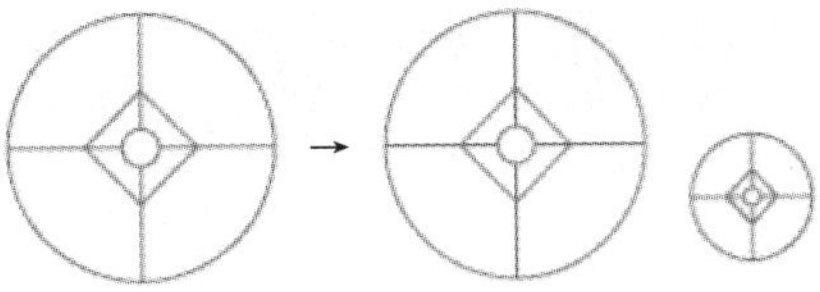

图 4-47　复制缩放对象

4.4.6　操作实践——绘制门联窗

本例绘制如图 4-48 所示的门联窗。操作步骤如下。

绘制门联窗

（1）单击"默认"选项卡"绘图"面板中的"矩形"按钮 ▭，绘制尺寸为 1500×2400 的矩形，如图 4-49 所示。

（2）单击"默认"选项卡"修改"面板中的"偏移"按钮 ⫘，将矩形向内偏移 150。

（3）单击"默认"选项卡"绘图"面板中的"直线"按钮 ⁄，绘制一条水平直线，作为偏移的源对象，直线的两个端点与小矩形的上侧边重合，如图 4-50 所示。

图 4-48　门联窗

（4）单击"默认"选项卡"修改"面板中的"偏移"按钮 ⫘，将直线依次向下偏移 20、910、20、200、20 和 910。

（5）单击"默认"选项卡"绘图"面板中的"直线"按钮 ⁄，绘制两条竖直直线，直线的两个端点如图 4-51 所示，作为偏移的源对象。

图 4-49　绘制矩形

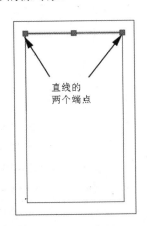
图 4-50　偏移矩形

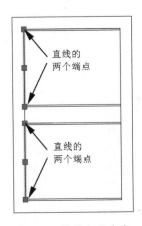
图 4-51　偏移水平直线

（6）单击"默认"选项卡"修改"面板中的"偏移"按钮 ⫘，将两条竖直直线分别依次向右侧偏移 20 和 1160，如图 4-52 所示。

（7）利用夹点编辑功能调整直线的长度，然后单击"默认"选项卡"绘图"面板中的"直线"按钮 ⁄，连接直线的角点，绘制多条斜线，如图 4-53 所示。

（8）单击"默认"选项卡"修改"面板中的"复制"按钮 ⸚，复制门。命令行提示与操作如下：

```
命令：COPY↙
选择对象：（选择门）
选择对象：
当前设置：复制模式 = 多个
```

指定基点或 [位移(D)/模式(O)] <位移>:（选择矩形的左下角点，如图 4-54 所示）
指定第二个点或 [阵列(A)] <使用第一个点作为位移>:（选择矩形的右下角点，如图 4-54 所示）
指定第二个点或 [阵列(A)/退出(E)/放弃(U)] <退出>:

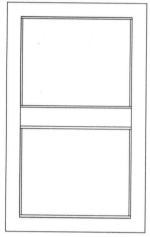
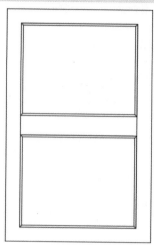
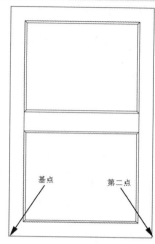

图 4-52 偏移竖直直线　　　图 4-53 绘制斜线　　　图 4-54 指定点

结果如图 4-55 所示。

（9）单击"默认"选项卡"修改"面板中的"缩放"按钮 ,对门进行缩放操作，绘制窗户。命令行提示与操作如下：

命令：SCALE↙
选择对象：（框选门）
指定基点：（指定门的右上角点）
指定比例因子或 [复制(C)/参照(R)]: 0.5↙

结果如图 4-56 所示。

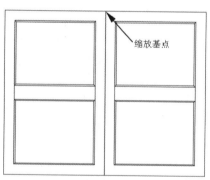
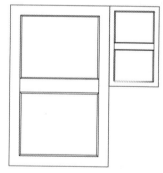

图 4-55 复制图形　　　图 4-56 缩放图形

（10）单击"默认"选项卡"修改"面板中的"镜像"按钮 ,对右侧的窗户进行镜像操作，得到左侧的窗户。命令行提示与操作如下：

命令：MIRROR↙
选择对象：（选择右侧的窗户）
选择对象：
指定镜像线的第一点：（门水平直线的中点）
指定镜像线的第二点：（经过门水平直线中点的垂线上的一点）
要删除源对象吗？[是(Y)/否(N)] <否>:（按 Enter 键）

最终结果如图 4-48 所示。

4.5 改变几何特性类命令

改变几何特性类命令在对指定对象进行编辑后，使编辑对象的几何特性发生改变，主要包括"圆角""倒角""修剪""延伸""拉伸""拉长""打断""打断于点"等命令。

【预习重点】

- 了解改变几何特性类命令有几种。
- 比较使用"圆角""倒角"命令。
- 比较使用"修剪""延伸"命令。
- 比较使用"拉伸""拉长"命令。
- 比较使用"打断""打断于点"命令。
- 比较分解、合并前后对象的属性。

4.5.1 圆角

"圆角"命令的作用是用以指定的半径确定的一段平滑的圆弧连接两个对象。系统规定可以用圆角连接一对直线段、非圆弧的多段线、样条曲线、双向无限长线、射线、圆、圆弧和椭圆；可以在任何时刻用圆角连接非圆弧的多段线的每个节点。

【执行方式】

- 命令行：FILLET。
- 菜单栏：选择菜单栏中的"修改"→"圆角"命令。
- 工具栏：单击"修改"工具栏中的"圆角"按钮 。
- 功能区：单击"默认"选项卡"修改"面板中的"圆角"按钮 。

【操作步骤】

命令行提示与操作如下：

```
命令：FILLET↙
当前设置：模式 = 修剪，半径 = 0.0000
选择第一个对象或[放弃(U)/多段线(P)/半径(R)/修剪(T)/多个(M)]：(选择第一个对象或别的选项)
选择第二个对象，或按住 Shift 键选择对象以应用角点或 [半径(R)]：(选择第二个对象)
```

【选项说明】

（1）多段线(P)：在一条二维多段线的两段直线段的节点处插入圆滑的弧。选择多段线后，系统会根据指定的圆弧半径把多段线各顶点用圆滑的弧线连接起来。

（2）修剪(T)：决定在用圆角连接两条边时，是否修剪这两条边，如图 4-57 所示。

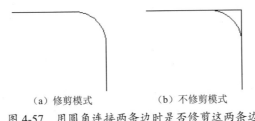

(a) 修剪模式　　　(b) 不修剪模式

图 4-57　用圆角连接两条边时是否修剪这两条边

（3）多个(M)：可以同时对多个对象进行圆角编辑，而不必重新启用命令。

（4）按住 Shift 键并选择两条直线，可以快速创建零距离倒角或零半径圆角。

4.5.2 操作实践——绘制坐便器

本例绘制如图 4-58 所示的坐便器。操作步骤如下。

绘制坐便器

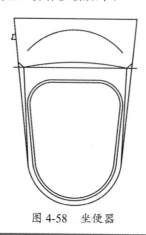

图 4-58 坐便器

贴心小帮手：

将 AutoCAD 中的"对象捕捉"工具栏激活，如图 4-59 所示，以便在绘图过程中使用。

图 4-59 "对象捕捉"工具栏

（1）单击"绘图"工具栏中的"直线"按钮，绘制一条长度为 50 的水平直线，重复执行"直线"命令，单击"对象捕捉"工具栏中的"捕捉到中点"按钮，此时水平直线的中点处会出现一个黄色的小三角提示，单击水平直线的中点，绘制一条垂直直线，并移动到合适的位置，作为绘图的辅助线，如图 4-60 所示。

（2）单击"默认"选项卡"绘图"面板中的"直线"按钮，单击水平直线的左端点，输入"@6,-60"绘制斜线，如图 4-61 所示。

（3）单击"默认"选项卡"修改"面板中的"镜像"按钮，以垂直直线为镜像线，将刚刚绘制的斜线镜像到另外一侧，如图 4-62 所示。

图 4-60 绘制辅助线　　　图 4-61 绘制斜线　　　图 4-62 镜像斜线

（4）单击"默认"选项卡"绘图"面板中的"圆弧"按钮，以斜线下端的端点为起点，如图 4-63 所示，以垂直辅助线上的一点为第二点，以右侧斜线的端点为端点，绘制圆弧，如图 4-64 所示。

(5)选中水平直线,然后单击"默认"选项卡"修改"面板中的"复制"按钮,选择其与垂直直线的交点为基点,然后输入"@0,-20",再次复制水平直线,输入"@0,-25",如图 4-65 所示。

图 4-63 确定圆弧各点

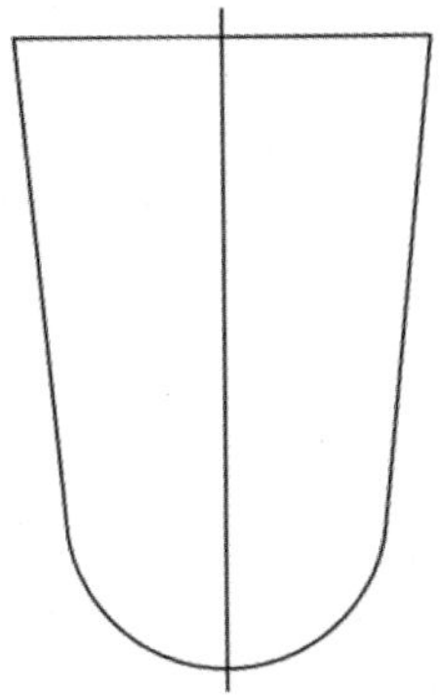

图 4-64 绘制圆弧

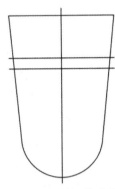
图 4-65 增加辅助线

(6)单击"默认"选项卡"修改"面板中的"偏移"按钮,将右侧斜线向左偏移 2,如图 4-66 所示。重复执行"偏移"命令,将圆弧和左侧斜线复制到内侧,如图 4-67 所示。

(7)单击"默认"选项卡"绘图"面板中的"直线"按钮,将中间的水平直线与内侧斜线的交点和外侧斜线的下端点连接起来,如图 4-68 所示。

(8)单击"默认"选项卡"修改"面板中的"圆角"按钮,指定圆角半径均为 10。命令行提示与操作如下:

```
命令:FILLET↙
当前设置:模式 = 修剪,半径 = 0.0000
选择第一个对象或 [放弃(U)/多段线(P)/半径(R)/修剪(T)/多个(M)]:
选择第二个对象,或按住 Shift 键选择对象以应用角点或 [半径(R)]:R↙
指定圆角半径 <0.0000>: 10↙
选择第二个对象,或按住 Shift 键选择对象以应用角点或 [半径(R)]:
```

(9)单击"默认"选项卡"修改"面板中的"偏移"按钮,将椭圆部分向内侧偏移 1,如图 4-69 所示。

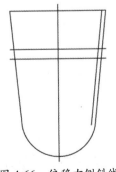
图 4-66 偏移右侧斜线

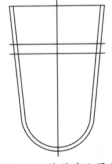
图 4-67 偏移其他图形

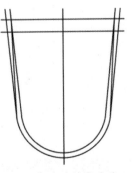
图 4-68 连接成直线

图 4-69 向内侧偏移椭圆

(10)在上侧添加圆弧和斜线,再在左侧添加冲水按钮,即完成坐便器的绘制,如图 4-58 所示。

4.5.3 倒角

"倒角"命令的作用是用斜线连接两个不平行的线型对象。可以用斜线连接直线段、双向无限长线、射线和多段线。

【执行方式】

- 命令行：CHAMFER。
- 菜单栏：选择菜单栏中的"修改"→"倒角"命令。
- 工具栏：单击"修改"工具栏中的"倒角"按钮 。
- 功能区：单击"默认"选项卡"修改"面板中的"倒角"按钮 。

【操作步骤】

命令行提示与操作如下：

```
命令：CHAMFER✓
("不修剪"模式) 当前倒角距离 1 = 0.0000, 距离 2 = 0.0000
选择第一条直线或 [放弃(U)/多段线(P)/距离(D)/角度(A)/修剪(T)/方式(E)/多个(M)]：(选择第一条直线或别的选项)
选择第二条直线, 或按住 Shift 键选择直线以应用角点或 [距离(D)/角度(A)/方法(M)]：(选择第二条直线)
```

【选项说明】

（1）距离(D)：选择倒角的两个斜线距离。斜线距离是指从被连接的对象与斜线的交点到被连接的两个对象的可能交点的距离，如图4-70所示。这两个斜线距离可以相同也可以不相同，若二者均为0，则系统不绘制连接的斜线，而是把两个对象延伸至相交，并修剪超出的部分。

（2）角度(A)：选择第一条直线的斜线距离和角度。采用这种方法连接对象时，需要输入两个参数：斜线与一个对象的斜线距离，以及斜线与该对象的夹角，如图4-71所示。

（3）多段线(P)：对多段线的各个交叉点进行倒角编辑。为了得到最好的连接效果，一般将斜线设置为相等的值。系统根据指定的斜线距离把多段线的每个交叉点都作为斜线上的点进行连接，连接的斜线成为多段线新的构成部分，如图4-72所示。

  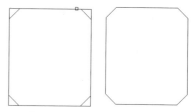

图4-70 斜线距离　　图4-71 斜线距离与夹角　　图4-72 用斜线连接多段线

（4）修剪(T)：与"圆角"命令的该选项作用相同，该选项决定连接对象后是否剪切源对象。

（5）方式(E)：决定是采用"距离"方式还是"角度"方式来倒角。

（6）多个(M)：同时对多个对象进行倒角编辑。

> **高手支招：**
> 有时用户在执行"圆角"和"倒角"命令时，发现命令不执行或执行后没什么变化，那是因为系统默认圆角半径和斜线距离均为0，如果不事先设定圆角半径或斜线距离，系统就以默认值执行命令，所以看起来没有变化。

4.5.4 操作实践——绘制电视机

绘制电视机

本例绘制如图 4-73 所示的电视机。操作步骤如下。

（1）选择菜单栏中的"格式"→"图形界限"命令，设置图幅为 297×210。

（2）单击"默认"选项卡"绘图"面板中的"直线"按钮 /，绘制直线，结果如图 4-74 所示。命令行提示与操作如下：

```
命令：LINE↙
指定第一个点：0,0↙
指定下一点或 [放弃(U)]：1000,0↙
指定下一点或 [退出(E)/放弃(U)]：@0,-850↙
指定下一点或 [关闭(C)/退出(X)/放弃(U)]：@-1000,0↙
指定下一点或 [关闭(C)/退出(X)/放弃(U)]：C↙
命令：LINE↙
指定第一个点：0,-900
指定下一点或 [放弃(U)]：@1000,0↙
指定下一点或 [退出(E)/放弃(U)]：@0,-80↙
指定下一点或 [关闭(C)/退出(X)/放弃(U)]：@-1000,0↙
指定下一点或 [关闭(C)/退出(X)/放弃(U)]：C↙
```

（3）单击"默认"选项卡"修改"面板中的"偏移"按钮 ⊂，将上半部分的直线分别向内侧偏移，偏移的距离为 50，结果如图 4-75 所示。

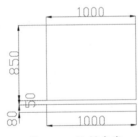

图 4-73　电视机　　　　　图 4-74　绘制直线　　　　　图 4-75　偏移处理

（4）单击"默认"选项卡"修改"面板中的"圆角"按钮 ⌒，指定圆角半径为 30，对外部矩形的 4 个角均进行圆角处理，结果如图 4-76 所示。

（5）单击"默认"选项卡"绘图"面板中的"矩形"按钮 ▢，绘制电视机开关，角点坐标为{(485,-930)、(515,-950)}，如图 4-77 所示。

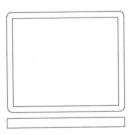

图 4-76　圆角处理　　　　　图 4-77　绘制开关

（6）单击"默认"选项卡"修改"面板中的"倒角"按钮 ⌒，对开关进行倒角处理。命令行提示与操作如下：

```
命令：CHAMFER↙
（"修剪"模式）当前倒角距离 1 = 0.0000，距离 2 = 0.0000
```

选择第一条直线或[放弃(U)/多段线(P)/距离(D)/角度(A)/修剪(T)/方式(E)/多个(M)]: D✓
指定第一个倒角距离 <0.0000>: 2✓
指定第二个倒角距离 <6.0000>:✓
选择第一条直线或[放弃(U)/多段线(P)/距离(D)/角度(A)/修剪(T)/方式(E)/多个(M)]: (选择最右侧的直线)
选择第二条直线,或按住 Shift 键选择直线以应用角点或[距离(D)/角度(A)/方法(M)]: (选择最下方的水平直线)

重复执行"倒角"命令,对其他相交处进行倒角处理,结果如图 4-73 所示。

4.5.5 修剪

【执行方式】

- 命令行:TRIM。
- 菜单栏:选择菜单栏中的"修改"→"修剪"命令。
- 工具栏:单击"修改"工具栏中的"修剪"按钮 。
- 功能区:单击"默认"选项卡"修改"面板中的"修剪"按钮 。

【操作步骤】

命令行提示与操作如下:

命令:TRIM✓
当前设置: 投影=UCS,边=无
选择剪切边…
选择对象或 <全部选择>: (选择需要修剪边界的对象,按 Enter 键结束对象选择)
选择要修剪的对象,或按住 Shift 键选择要延伸的对象,或者[栏选(F)/窗交(C)/投影(P)/边(E)/删除(R)]:

【选项说明】

(1)按住 Shift 键:在选择对象时,如果按住 Shift 键,系统就自动将"修剪"命令转换成"延伸"命令。"延伸"命令将在第 4.5.7 节介绍。

(2)栏选(F):选择此选项时,系统以"栏选"方式选择要修剪的对象,如图 4-78 所示。

(a)选择剪切边

(b)使用"栏选"方式选择要修剪的对象

(c)剪切结果

图 4-78 "栏选"方式

(3)窗交(C):选择此选项时,系统以"窗交"方式选择要修剪的对象,如图 4-79 所示。被选择的对象可以互为边界和被修剪对象,此时系统会在选择的对象中自动判断边界。

(a)选择剪切边

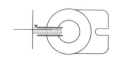
(b)使用"窗交"方式选择要修剪的对象

(c)剪切结果

图 4-79 "窗交"方式

(4)边(E):选择此选项时,可以选择对象的修剪方式,即延伸和不延伸。

①延伸(E):延伸边界进行修剪。在此方式下,如果剪切边没有与要修剪的对象相交,系统会延伸剪切边,直至与要修剪的对象相交,然后修剪,如图4-80所示。

 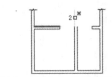

(a)选择剪切边　　　　　(b)使用"延伸"方式选择要修剪的对象　　　　(c)剪切结果

图4-80　"延伸"方式

②不延伸(N):不延伸边界修剪对象。只修剪与剪切边相交的对象。

4.5.6　操作实践——绘制单人床

本例绘制如图4-81所示的单人床。操作步骤如下。

(1)单击"默认"选项卡"绘图"面板中的"矩形"按钮 ▭,绘制角点坐标为(0,0)和(@1000,2000)的矩形,如图4-82所示。

(2)单击"默认"选项卡"绘图"面板中的"直线"按钮 ╱,绘制坐标点分别为{(125,1000)、(125,1900)、(875,1900)、(875,1000)}、{(155,1000)、(155,1870)、(845,1870)、(845,1000)}的多条直线。

(3)单击"默认"选项卡"绘图"面板中的"直线"按钮 ╱,绘制坐标点为(0,280)和(@1000,0)的直线,绘制结果如图4-83所示。

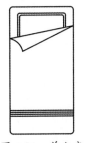 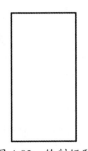 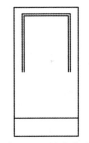

图4-81　单人床　　　　　图4-82　绘制矩形　　　　　图4-83　绘制多条直线

(4)单击"默认"选项卡"修改"面板中的"矩形阵列"按钮 ▦,对象为最近绘制的直线,行数为4,列数为1,行间距为30,绘制结果如图4-84所示。

(5)单击"默认"选项卡"修改"面板中的"圆角"按钮 ⌒,将外轮廓线的圆角半径设置为50,将内部线的圆角半径设置为40,绘制结果如图4-85所示。

(6)单击"默认"选项卡"绘图"面板中的"直线"按钮 ╱,绘制坐标点为(0,1500)、(@1000,200)和(@-800,-400)的直线。

(7)单击"默认"选项卡"绘图"面板中的"圆弧"按钮 ⌒,绘制起点为(200,1300)、第二点为(130,1430)、圆弧端点为(0,1500)的圆弧,绘制结果如图4-86所示。

(8)单击"默认"选项卡"修改"面板中的"修剪"按钮 ⌒,修剪多余图线,修剪结果如图4-81所示。命令行提示与操作如下:

```
命令:TRIM↙
当前设置:投影=UCS,边=无
选择剪切边…
```

选择对象或 <全部选择>:
选择要修剪的对象，或按住 Shift 键选择要延伸的对象，或[栏选(F)/窗交(C)/投影(P)/边(E)/删除(R)/放弃(U)]:（选择需要修剪的多余图线）

图 4-84　阵列处理　　　　图 4-85　圆角处理　　　　图 4-86　绘制直线与圆弧

4.5.7　延伸

"延伸"命令的作用是延伸选中的对象，直至另一个对象的边界线为止，如图 4-87 所示。

图 4-87　延伸对象

【执行方式】

- 命令行：EXTEND。
- 菜单栏：选择菜单栏中的"修改"→"延伸"命令。
- 工具栏：单击"修改"工具栏中的"延伸"按钮 —|。
- 功能区：单击"默认"选项卡"修改"面板"修剪"下拉按钮组中的"延伸"按钮 —|。

【操作步骤】

命令行提示与操作如下：

命令：EXTEND↙
当前设置：投影=UCS，边=无
选择边界的边…
选择对象或 <全部选择>：(选择边界对象)

此时可以选择对象来定义边界，若直接按 Enter 键，则选择所有对象作为可能的边界对象。
系统规定可以作为边界对象的对象有：直线段、射线、双向无限长线、圆弧、圆、椭圆、二维/三维多义线、样条曲线、文字、浮动的视口、区域。如果选择二维多义线作为边界对象，系统会忽略其宽度而把对象延伸至多义线的中心线。

选择边界对象后，命令行提示与操作如下：

选择要延伸的对象，或按住 Shift 键选择要修剪的对象，或[栏选(F)/窗交(C)/投影(P)/边(E)/放弃(U)]:

4.5.8 操作实践——绘制镜子

绘制镜子

本例绘制如图 4-88 所示的镜子。操作步骤如下。

(1) 单击"默认"选项卡"绘图"面板中的"椭圆"按钮○,中心点在坐标原点,通过指定轴的端点和另一条半轴的长度绘制椭圆。命令行提示与操作如下:

```
命令: ELLIPSE↙
指定椭圆的轴端点或 [圆弧(A)/中心点(C)]: C↙
指定椭圆的中心点: 0,0↙
指定轴的端点: 300↙
指定另一条半轴长度或 [旋转(R)]: 520↙
```

结果如图 4-89 所示。

(2) 单击"默认"选项卡"修改"面板中的"偏移"按钮 ⊆,向内偏移椭圆,偏移的距离为 20,连续偏移两次,如图 4-90 所示。

图 4-88 镜子　　　　　图 4-89 绘制椭圆　　　　　图 4-90 偏移椭圆

(3) 单击快速访问工具栏中的"打开"按钮 ,将源文件中的镜子雕花图形打开,然后单击"默认"选项卡"修改"面板中的"复制"按钮 ,将图形复制到当前的图形中,如图 4-91 所示。

(4) 单击"默认"选项卡"修改"面板中的"复制"按钮 ,将第(3)步绘制的样条曲线向右侧复制,复制的间距为 10。

(5) 单击"默认"选项卡"修改"面板中的"镜像"按钮 △,对绘制的样条曲线进行镜像,镜像线为椭圆的中心点连线,结果如图 4-92 所示。

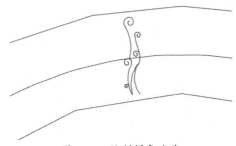
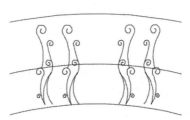

图 4-91 绘制样条曲线　　　　　图 4-92 绘制装饰

(6) 单击"默认"选项卡"修改"面板中的"延伸"按钮 ,对图形进行细部操作。命令行提示与操作如下:

```
命令: EXTEND↙
当前设置: 投影=UCS, 边=无
选择边界的边…
选择对象或<全部选择>: (选择椭圆)
```

选择对象：
选择要延伸的对象或按住 Shift 键选择要修剪的对象或[栏选(F)/窗交(C)/投影(P)/边(E)]:（选择如图 4-92 所示的样条曲线的下部位置，将样条曲线延伸至椭圆的边上）
选择要延伸的对象或按住 Shift 键选择要修剪的对象或[栏选(F)/窗交(C)/投影(P)/边(E)]:

结果如图 4-93 所示。

（7）单击"默认"选项卡"修改"面板中的"复制"按钮 %、"旋转"按钮 ↻、"移动"按钮 ✥ 和"镜像"按钮 ⚠，对绘制的样条曲线进行镜像和复制，如图 4-94 所示。

（8）单击"默认"选项卡"绘图"面板中的"直线"按钮 ╱，绘制直线（长度可以自行指定，不必跟实例完全一样），完善图形，绘制结果如图 4-95 所示。

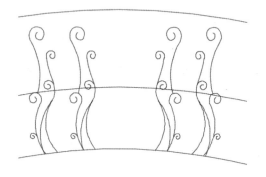
图 4-93 延伸图形

图 4-94 绘制装饰

图 4-95 完善图形

4.5.9 拉伸

"拉伸"命令的作用是拖动选择的对象，且使对象形状发生改变。拉伸对象时，应指定拉伸的基点和移至点。利用一些辅助工具（如捕捉、夹点编辑、相对坐标等）可以提高拉伸的精度。

【执行方式】

- 命令行：STRETCH。
- 菜单栏：选择菜单栏中的"修改"→"拉伸"命令。
- 工具栏：单击"修改"工具栏中的"拉伸"按钮 ▣。
- 功能区：单击"默认"选项卡"修改"面板中的"拉伸"按钮 ▣。

【操作步骤】

命令行提示与操作如下：

```
命令：STRETCH↙
以交叉窗口或交叉多边形选择要拉伸的对象…
选择对象：C↙
指定第一个角点：指定对角点：找到 2 个：（采用交叉窗口的方式选择要拉伸的对象）
选择对象：
指定基点或 [位移(D)] <位移>：（指定拉伸的基点）
指定第二个点或 <使用第一个点作为位移>：（指定拉伸的移至点）
```

【选项说明】

（1）必须采用"窗交(C)"方式选择拉伸对象。

（2）拉伸对象时，指定第一个点后，若指定第二个点，系统将根据这两点决定矢量拉伸对象；若直接按 Enter 键，系统会把第一个点作为 X 轴和 Y 轴的分量值。

> **高手支招：**
> "拉伸"命令将使完全包含在交叉窗口内的对象被移动（不被拉伸），部分包含在交叉窗口内的对象被拉伸。

4.5.10 操作实践——绘制手柄

本例绘制如图 4-96 所示的手柄。操作步骤如下。

（1）设置图层。单击"默认"选项卡"图层"面板中的"图层特性"按钮，弹出"图层特性管理器"选项板，新建两个图层。

① 将第一个图层命名为"轮廓线"，线宽属性为 0.30mm，其余属性默认。

② 将第二个图层命名为"中心线"，颜色为红色，线型为 CENTER，其余属性默认。

（2）将"中心线"图层设置为当前图层。单击"默认"选项卡"绘图"面板中的"直线"按钮，绘制坐标为(150,150)和(@120,0)的直线，如图 4-97 所示。

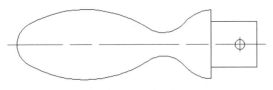

图 4-96 手柄   图 4-97 绘制直线

（3）将"轮廓线"图层设置为当前图层。单击"默认"选项卡"绘图"面板中的"圆"按钮，以(160,150)为圆心，绘制半径为 10 的圆。重复执行"圆"命令，以(235,150)为圆心，绘制半径为 15 的圆。再绘制半径为 50 的圆，并使之与前两个圆相切，结果如图 4-98 所示。

（4）单击"默认"选项卡"绘图"面板中的"直线"按钮，绘制坐标为(250,150)、(@10<90)和(@15<180)的两条直线。重复执行"直线"命令，绘制坐标为(235,165)和(235,150)的直线，结果如图 4-99 所示。

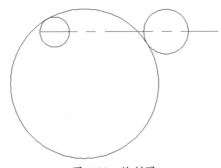
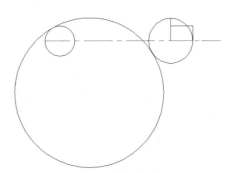

图 4-98 绘制圆   图 4-99 绘制直线

（5）单击"默认"选项卡"修改"面板中的"修剪"按钮，进行修剪处理，结果如图 4-100 所示。

（6）单击"默认"选项卡"绘图"面板中的"圆"按钮，绘制半径为 12 且与圆弧 1 和圆弧 2 相切的圆，结果如图 4-101 所示。

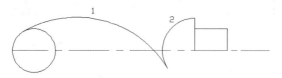

图 4-100 修剪处理

图 4-101 绘制圆

（7）单击"默认"选项卡"修改"面板中的"修剪"按钮 ，对多余的圆弧进行修剪，结果如图 4-102 所示。

图 4-102 修剪处理

（8）单击"默认"选项卡"修改"面板中的"镜像"按钮 ，以水平中心线为镜像线对图形进行镜像处理，结果如图 4-103 所示。

（9）单击"默认"选项卡"修改"面板中的"修剪"按钮 ，进行修剪处理，结果如图 4-104 所示。

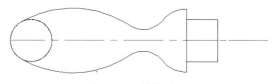

图 4-103 镜像处理

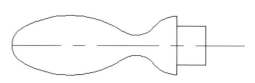

图 4-104 修剪处理

（10）将"中心线"图层设置为当前图层。单击"默认"选项卡"绘图"面板中的"直线"按钮 ，在把手接头处中间位置绘制适当长度的竖直线段，作为销孔定位中心线，如图 4-105 所示。

（11）将"轮廓线"图层设置为当前图层。单击"默认"选项卡"绘图"面板中的"圆"按钮 ，以中心线交点为圆心绘制适当半径的圆，作为销孔，如图 4-106 所示。

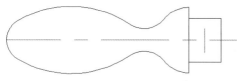

图 4-105 绘制销孔定位中心线

图 4-106 绘制销孔

（12）单击"默认"选项卡"修改"面板中的"拉伸"按钮 ，向右拉伸接头，长度为5。命令行提示与操作如下：

```
命令：STRETCH↙
以交叉窗口或交叉多边形选择要拉伸的对象…
选择对象：C↙
指定第一个角点：（框选手柄接头部分）
指定对角点：
指定基点或 [位移(D)] <位移>：100,100↙
指定第二个点或 <使用第一个点作为位移>：105,100↙
```

结果如图 4-96 所示。

4.5.11 拉长

【执行方式】

- 命令行：LENGTHEN。
- 菜单栏：选择菜单栏中的"修改"→"拉长"命令。
- 功能区：单击"默认"选项卡"修改"面板中的"拉长"按钮 。

【操作步骤】

命令行提示与操作如下：

```
命令：LENGTHEN↙
选择要测量的对象或 [增量(DE)/百分比(P)/总计(T)/动态(DY)] <增量(DE)>：DE↙（选择拉长或缩短的方
式为增量方式）
输入长度增量或 [角度(A)] <0.0000>：10↙（在此输入长度增量数值。如果选择圆弧段，则可输入"A"，给
定角度增量）
选择要修改的对象或 [放弃(U)]：（选择要修改的对象，进行拉长操作）
选择要修改的对象或 [放弃(U)]：（继续选择，或按Enter键结束命令）
```

【选项说明】

（1）增量(DE)：用指定增加量的方法改变对象的长度或角度。
（2）百分比(P)：用指定要修改对象的长度占总长度的百分比的方法改变圆弧或直线段的长度。
（3）总计(T)：用指定新的总长度或总角度值的方法改变对象的长度或角度。
（4）动态(DY)：在该模式下，可以使用拖动鼠标的方法动态地改变对象的长度或角度。

4.5.12 操作实践——绘制手表及包装盒

绘制手表及包装盒

本例绘制如图4-107所示的手表及包装盒。操作步骤如下。

（1）单击"默认"选项卡"绘图"面板中的"直线"按钮 ，绘制手表的包装盒，坐标为{(0,0)、(73,0)、(108,42)、(108,70)、(35,70)、(0,29)、(0,0)}和{(108,70)、(119,77)、(119,125)、(108,119)、(108,70)}，如图4-108所示。

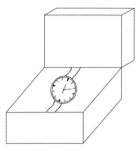

图4-107 手表及包装盒

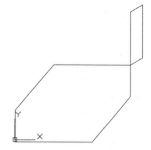

图4-108 绘制直线

（2）单击"默认"选项卡"修改"面板中的"复制"按钮 ，选择需要复制的直线，如图4-109所示，进行复制。命令行提示与操作如下：

```
命令：COPY↙
选择对象：（选择需要复制的直线）
当前设置：复制模式 = 多个
指定基点或 [位移(D)/模式(O)] <位移>：（选择坐标原点）
指定第二个点或 [阵列(A)] <使用第一个点作为位移>：（指定距离为72或者单击水平直线的端点）
指定第二个点或 [阵列(A)/退出(E)/放弃(U)]<退出>：
```

(3) 使用相同的方法将上侧的图形也进行复制操作,复制的间距也是 72,结果如图 4-110 所示。

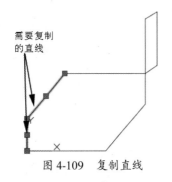
图 4-109　复制直线

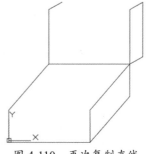
图 4-110　再次复制直线

(4) 单击"默认"选项卡"绘图"面板中的"直线"按钮 ⁄,补全图形,完成对手表包装盒的绘制,结果如图 4-111 所示。

(5) 单击"默认"选项卡"绘图"面板中的"椭圆"命令 ⊙,以平行四边形的重心为椭圆的圆心,半轴长度分别为 11 和 10,绘制椭圆,然后单击"默认"选项卡"修改"面板中的"偏移"按钮 ⊆,将椭圆向内侧偏移 0.5,如图 4-112 所示。

图 4-111　补全图形

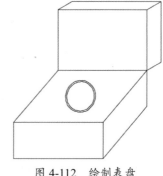
图 4-112　绘制表盘

(6) 单击"默认"选项卡"绘图"面板中的"直线"按钮 ⁄,绘制直线,长度为 3,然后单击"默认"选项卡"修改"面板中的"环形阵列"按钮,阵列的项目数为 12,角度为 360°,作为时间刻度,如图 4-113 所示。

(7) 单击"默认"选项卡"修改"面板中的"修剪"按钮,修剪掉表盘上两个椭圆之间的多余直线,如图 4-114 所示。

(8) 单击"默认"选项卡"绘图"面板中的"圆环"按钮 ◎,内径为 0,外径为 0.3,绘制圆环,如图 4-115 所示。

(9) 单击"默认"选项卡"绘图"面板中的"椭圆"按钮 ⊙,绘制中心点在平行四边形的重心、半轴长度为 4 的椭圆,如图 4-116 所示。

(10) 单击"默认"选项卡"绘图"面板中的"直线"按钮 ⁄,以椭圆的中心点和椭圆上的一点为两点,绘制时针(不要求直线之间的角度)。这里需要绘制 3 条直线,分别作为时针、分针和秒针,如图 4-117 所示。

(11) 单击"默认"选项卡"修改"面板中的"偏移"按钮 ⊆,将椭圆依次向外偏移 2 和 3,如图 4-118 所示。

图 4-113　绘制时间刻度

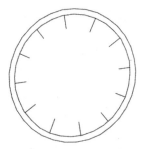
图 4-114　修剪直线

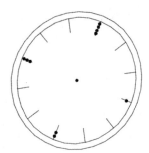
图 4-115　绘制圆环

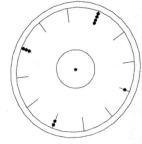
图 4-116　绘制椭圆

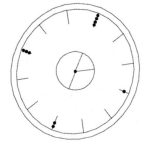
图 4-117　绘制时针、分针和秒针

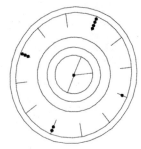
图 4-118　偏移椭圆

（12）单击"默认"选项卡"修改"面板中的"拉长"按钮，将分针拉长至第一次偏移的椭圆的边上。命令行提示与操作如下：

```
命令：LENGTHEN↙
选择要测量的对象或 [增量(DE)/百分比(P)/总计(T)/动态(DY)] <总计(T)>：T↙
当前长度：3.4836↙
指定总长度或 [角度(A)] <5.0697>：（选择分针的起点）
指定第二点：（选择第一次偏移的椭圆上的点）
```

使用相同的方法，将右侧的秒针也进行拉长，结果如图 4-119 所示。

（13）单击"默认"选项卡"修改"面板中的"删除"按钮，删除绘制的辅助椭圆。命令行提示与操作如下：

```
命令：ERASE↙
选择对象：（选择绘制的辅助椭圆，按 Enter 键删除）
```

结果如图 4-120 所示。

（14）单击"默认"选项卡"绘图"面板中的"样条曲线拟合"按钮，绘制表带，如图 4-121 所示。

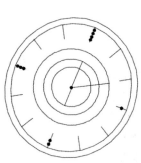
图 4-119　拉长秒针

图 4-120　删除辅助椭圆

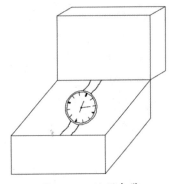
图 4-121　绘制表带

4.5.13 打断

【执行方式】

- 命令行：BREAK。
- 菜单栏：选择菜单栏中的"修改"→"打断"命令。
- 工具栏：单击"修改"工具栏中的"打断"按钮 。
- 功能区：单击"默认"选项卡"修改"面板中的"打断"按钮 。

【操作步骤】

命令行提示与操作如下：

```
命令：BREAK↙
选择对象：（选择要打断的对象）
指定第二个打断点或 ［第一点(F)］：（指定第二个打断点或输入"F"）
```

【选项说明】

如果选择"第一点(F)"选项，系统将丢弃前面的第一个选择点，重新提示用户指定两个打断点。

4.5.14 打断于点

"打断于点"命令的作用是在对象上指定一点，在此点把对象拆分成两部分。该命令与"打断"命令类似。

【执行方式】

- 工具栏：单击"修改"工具栏中的"打断于点"按钮 。
- 功能区：单击"默认"选项卡"修改"面板中的"打断于点"按钮 。

【操作步骤】

命令行提示与操作如下：

```
命令：BREAK↙
选择对象：（选择要打断的对象）
指定第二个打断点或 ［第一点(F)］：F↙（执行"第一点(F)"选项）
指定第一个打断点：（选择打断点）
指定第二个打断点：@（系统自动忽略此提示）
```

4.5.15 分解

【执行方式】

- 命令行：EXPLODE。
- 菜单栏：选择菜单栏中的"修改"→"分解"命令。
- 工具栏：单击"修改"工具栏中的"分解"按钮 。
- 功能区：单击"默认"选项卡"修改"面板中的"分解"按钮 。

【操作步骤】

命令行提示与操作如下：

```
命令：EXPLODE↙
选择对象：（选择要分解的对象）
```

选择一个对象后,该对象会被分解。系统继续提示该行信息,允许分解多个对象。

4.5.16 操作实践——绘制欧式书桌

绘制欧式书桌

本例绘制如图 4-122 所示的欧式书桌。操作步骤如下。

(1)单击"默认"选项卡"绘图"面板中的"矩形"按钮 ▭,绘制矩形桌面,尺寸为 900×25,如图 4-123 所示。

(2)单击"默认"选项卡"修改"面板中的"分解"按钮 ,将矩形分解。命令行提示与操作如下:

命令:EXPLODE↙
选择对象:(选择矩形)

(3)单击"默认"选项卡"修改"面板中的"复制"按钮 ,将下边的水平直线向下复制,复制的间距分别为 150 和 300,结果如图 4-124 所示。

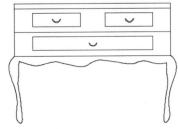

图 4-122 欧式书桌

图 4-123 绘制矩形桌面　　　　图 4-124 复制直线

(4)单击"默认"选项卡"绘图"面板中的"直线"按钮 ,连接第(3)步复制的直线,如图 4-125 所示。

(5)单击"默认"选项卡"绘图"面板中的"矩形"按钮 ▭,绘制矩形,作为桌子的抽屉,首先绘制左上方的抽屉,如图 4-126 所示。命令行提示与操作如下:

命令:RECTANG↙
指定第一个角点或 [倒角(C)/标高(E)/圆角(F)/厚度(T)/宽度(W)]:FROM↙
基点:(选择矩形的左下角点)<偏移>:@150,-37.5↙
指定另一个角点或 [面积(A)/尺寸(D)/旋转(R)]:D↙
指定矩形的长度 <900>:250↙
指定矩形的宽度 <25>:75↙
指定另一个角点或 [面积(A)/尺寸(D)/旋转(R)]:

图 4-125 连接直线　　　　图 4-126 绘制矩形

(6)单击"默认"选项卡"修改"面板中的"镜像"按钮 ,选择第(5)步绘制的矩形,以第(1)步绘制的矩形的中点和第(3)步复制的水平直线的中点的连线为镜像线,对矩形进行镜像操作。

(7)单击"默认"选项卡"绘图"面板中的"矩形"按钮 ▭,以如图 4-127 所示的点为基点,相对偏移量为@150,-187.5,绘制长度为 600、宽度为 75 的矩形,如图 4-127 所示。

(8)单击"默认"选项卡"绘图"面板中的"直线"按钮 ,绘制抽屉上的把手,如图 4-128 所示。命令行提示与操作如下:

命令:LINE↙

指定第一个点：FROM↙
基点：(如图 4-128 所示)<偏移>: @113,-37↙
指定下一点或 [放弃(U)]:10↙（利用极轴追踪将增量角设置为-45°，在追踪线的提示之下指定直线的长度）
指定下一点或 [放弃(U)]:10↙（指定水平直线的长度，此时可以打开正交模式）
指定下一点或 [放弃(U)]:10↙（关闭正交模式，利用极轴追踪将增量角设置为 45°，在追踪线的提示之下指定直线的长度）

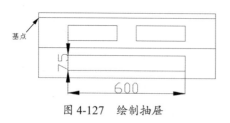

图 4-127　绘制抽屉

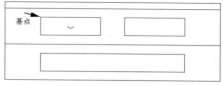

图 4-128　绘制把手

（9）单击"默认"选项卡"绘图"面板中的"圆弧"按钮，指定圆弧的 3 个点，继续完善抽屉上的把手，如图 4-129 所示。

（10）单击"默认"选项卡"修改"面板中的"复制"按钮，以矩形的中点为基点，将绘制的把手作为复制的对象，第二点为另外两个矩形的中点，进行两次复制，绘制其余位置的把手，结果如图 4-130 所示。

（11）单击"默认"选项卡"绘图"面板中的"样条曲线拟合"按钮，绘制桌子腿儿（这里的长度可以自行指定，不必跟实例完全一样），如图 4-130 所示。

图 4-129　完善把手

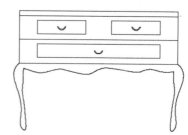

图 4-130　绘制桌子腿儿

4.5.17　合并

"合并"命令的作用是将直线、圆弧、椭圆弧、样条曲线等独立的对象合并为一个对象。

【执行方式】

- 命令行：JOIN。
- 菜单栏：选择菜单栏中的"修改"→"合并"命令。
- 工具栏：单击"修改"工具栏中的"合并"按钮。
- 功能区：单击"默认"选项卡"修改"面板中的"合并"按钮。

【操作步骤】

命令行提示与操作如下：

命令：JOIN↙
选择源对象或要一次合并的多个对象：(选择一个对象)
找到 1 个
选择要合并的对象：(选择另一个对象)
找到 1 个，总计 2 个

选择要合并的对象：
2 个对象已合并为 1 条多段线

4.5.18 修改对象属性

【执行方式】

- 命令行：DDMODIFY（或 PROPERTIES）。
- 菜单栏：选择菜单栏中的"修改"→"特性"命令或"工具"→"选项板"→"特性"命令。
- 工具栏：单击"标准"工具栏中的"特性"按钮 。
- 快捷键：Ctrl+1。
- 功能区：单击"视图"选项卡"选项板"面板中的"特性"按钮 （如图 4-131 所示），或单击"默认"选项卡"特性"面板中的"对话框启动器"按钮 。

图 4-131 "特性"按钮

【操作步骤】

执行上述操作后，AutoCAD 打开"特性"选项板，如图 4-132 所示。在该选项板中可以方便地设置或修改对象的各种属性。不同对象的属性种类和值不同，修改属性值，则对象改变为新的属性。

图 4-132 "特性"选项板

4.5.19 特性匹配

利用特性匹配功能可以将目标对象的属性与源对象的属性进行匹配，使目标对象的属性与源对象的属性相同。利用特性匹配功能可以使用户方便、快捷地修改对象的属性，并保持不同对象的属性相同。

【执行方式】

- 命令行：MATCHPROP。
- 菜单栏：选择菜单栏中的"修改"→"特性匹配"命令。
- 工具栏：单击"标准"工具栏中的"特性匹配"按钮 。
- 功能区：单击"默认"选项卡"特性"面板中的"特性匹配"按钮 。

【操作步骤】

命令行提示与操作如下：

```
命令：MATCHPROP↙
选择源对象：（选择源对象）
选择目标对象或［设置(S)］：（选择目标对象）
```

如图4-133（a）所示为两个属性不同的对象，以左边的圆为源对象，对右边的矩形进行特性匹配，结果如图4-133（b）所示。

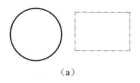 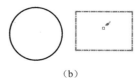

(a)　　　　　　　　　　　　(b)

图4-133　特性匹配

4.6 综合演练——绘制转角沙发和石栏杆

本节通过两个不同类型的实例，帮助读者体验使用二维绘图命令绘图的技巧；使用不同的命令和方法，练习绘制转角沙发和石栏杆。

4.6.1 绘制转角沙发

本例绘制的转角沙发如图4-134所示。操作步骤如下。

贴心小帮手：
由图4-134可知，转角沙发由两个三人沙发和一个转角组成，可以通过"矩形""定数等分""分解""偏移""复制""旋转""移动"等命令来绘制。

（1）单击"默认"选项卡"图层"面板中的"图层"按钮 ，设置两个图层："1"图层，颜色为蓝色，其余属性默认；"2"图层，颜色为绿色，其余属性默认。

（2）单击"默认"选项卡"图层"面板中的"图层"按钮 ，系统打开"图层特性管理器"选项板，在其中进行图层设置，如图4-135所示。

（3）单击"默认"选项卡"绘图"面板中的"矩形"按钮 ，绘制适当尺寸的3个矩形，如图4-136所示。

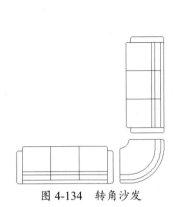

图 4-134　转角沙发

图 4-135　图层设置

（4）单击"默认"选项卡"修改"面板中的"分解"按钮，分解第（3）步绘制的 3 个矩形。命令行提示与操作如下：

命令：EXPLODE ✓
选择对象：（选择 3 个矩形）

（5）在菜单栏中选择"绘图"→"点"→"定数等分"命令，将中间矩形上部线段等分为 3 部分。命令行提示与操作如下：

命令：DIVIDE ✓
选择要定数等分的对象：（选择中间矩形上部线段）
输入线段数目或 [块(B)]：3 ✓

（6）在"默认"选项卡"图层"面板的"图层"下拉列表框中选择"2"，转换到"2"图层。

（7）单击"默认"选项卡"修改"面板中的"偏移"按钮，将中间矩形下部线段向上偏移 3 次，取适当的偏移值。

（8）打开状态栏中的"对象捕捉"开关和"正交模式"开关，捕捉中间矩形上部线段的等分点，向下绘制两条线段，下端点为第一次偏移的线段的垂足，结果如图 4-137 所示。

图 4-136　绘制矩形

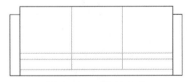

图 4-137　绘制直线

（9）转换到"1"图层，单击"默认"选项卡"绘图"面板中的"直线"按钮和"圆弧"按钮，绘制沙发转角部分，如图 4-138 所示。

（10）单击"默认"选项卡"修改"面板中的"偏移"按钮，将图 4-138 的中下部圆弧向上偏移两次，取适当的偏移值。

（11）选择偏移后的圆弧，在"图层"工具栏的"图层"下拉列表中选择"2"，将这两条圆弧转换到"2"图层，如图 4-139 所示。

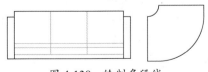

图 4-138　绘制多段线

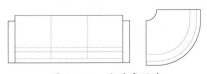

图 4-139　偏移多段线

（12）圆角处理。单击"默认"选项卡"修改"面板中的"圆角"按钮⌒，对沙发进行圆角处理。命令行提示与操作如下：

```
命令：FILLET↵
当前设置：模式 = 修剪，半径 = 0.0000
选择第一个对象或 [多段线(P)/半径(R)/修剪(T)/多个(U)]：R↵
指定圆角半径 <0.0000>：(输入适当值)
选择第一个对象或 [多段线(P)/半径(R)/修剪(T)/多个(U)]：(选择第一个对象)
选择第二个对象：(选择第二个对象)
```

对各个转角处进行圆角处理后的效果如图 4-140 所示。

（13）单击"默认"选项卡"修改"面板中的"复制"按钮%，将左侧沙发复制到右上角，如图 4-141 所示。

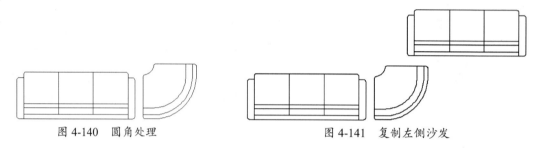

图 4-140　圆角处理　　　　　图 4-141　复制左侧沙发

（14）单击"默认"选项卡"修改"面板中的"旋转"按钮⟳ 和"移动"按钮✥，旋转并移动复制后的沙发，最终效果如图 4-134 所示。

4.6.2　绘制石栏杆

本例绘制的石栏杆如图 4-142 所示。操作步骤如下。

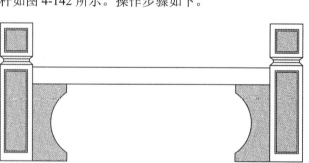

图 4-142　石栏杆

> **贴心小帮手：**
> 由图 4-142 可知，石栏杆是一个对称图形，可以通过"矩形""直线""镜像""复制""修剪""偏移""图案填充"等命令来绘制。

（1）绘制矩形。单击"默认"选项卡"绘图"面板中的"矩形"按钮▭，绘制适当尺寸的 5 个矩形，注意上下两个嵌套的矩形的宽度大约相等，结果如图 4-143 所示。

（2）偏移处理。单击"默认"选项卡"修改"面板中的"偏移"按钮⊆，选择嵌套在内的两个矩形，适当设置偏移距离，偏移方向为矩形内侧，结果如图 4-144 所示。

（3）绘制直线。单击"默认"选项卡"绘图"面板中的"直线"按钮╱，将中间小矩形的 4 个角点与上下两个矩形的对应角点连接，结果如图 4-145 所示。

（4）绘制直线。单击"默认"选项卡"绘图"面板中的"直线"按钮，绘制 3 条直线，结果如图 4-146 所示。

图 4-143　绘制矩形　　图 4-144　偏移处理　　图 4-145　绘制直线　　图 4-146　绘制 3 条直线

（5）绘制圆弧。单击"默认"选项卡"绘图"面板中的"圆弧"按钮，绘制适当大小的圆弧，结果如图 4-147 所示。

（6）复制直线。单击"默认"选项卡"修改"面板中的"复制"按钮，将右上方的水平直线复制到上方适当位置，结果如图 4-148 所示。

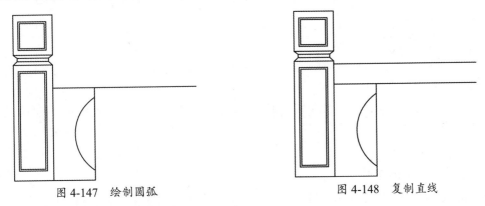

图 4-147　绘制圆弧　　　　　　　　　图 4-148　复制直线

（7）修剪直线。单击"默认"选项卡"修改"面板中的"修剪"按钮，将圆弧右侧的直线段修剪掉，结果如图 4-149 所示。

（8）图案填充。单击"默认"选项卡"绘图"面板中的"图案填充"按钮，填充材料为 AR-SAND，填充比例为 5，按图 4-150 所示对相应区域进行填充。

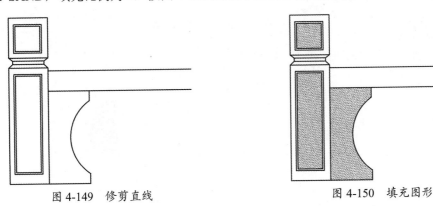

图 4-149　修剪直线　　　　　　　　　图 4-150　填充图形

（9）镜像处理。单击"默认"选项卡"修改"面板中的"镜像"按钮 ⚠️ ，以最右侧两条直线中点的连线为镜像线，对所有图形进行镜像处理。绘制结果如图 4-142 所示。

4.7　名师点拨——绘图学一学

1．把多条直线合并为一条

（1）方法 1：在命令行窗口中输入"GROUP"，选择直线。
（2）方法 2：执行"合并"命令，选择直线。
（3）方法 3：在命令行窗口中输入"PEDIT"，选择直线。
（4）方法 4：执行"创建块"命令，选择直线。

2．对圆进行打断操作时的方向问题

AutoCAD 会沿逆时针方向将圆上第一断点与第二断点之间的圆弧删除。

3．"旋转"命令的操作技巧

可以用拖动鼠标的方法旋转对象。选择对象并指定基点后，从基点到当前光标位置会出现一条连线，拖动鼠标，选择的对象会动态地随着该连线与水平方向的夹角的变化而旋转，按 Enter 键会确认旋转操作。

4．"镜像"命令的操作技巧

"镜像"命令对创建对称的图样非常有用。利用该命令可以快速地绘制半个对象，然后将其镜像，而不必绘制整个对象。

默认情况下，镜像文字、属性及属性定义时，所得图像不会反转或倒置。文字的对齐和对正方式在镜像图样前后保持一致。如果制图时确实需要反转文字，可将 MIRRTEXT 系统变量的默认值 0 改为 1。

5．"偏移"命令的作用

在 AutoCAD 中，可以使用"偏移"命令对指定的直线、圆弧、圆等对象进行偏移。在实际应用中，常利用"偏移"命令的特性创建平行线或等距离分布图。

4.8　上机实验

【练习 1】绘制如图 4-151 所示的床头柜。
【练习 2】绘制如图 4-152 所示的电视机侧面。

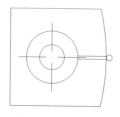

图 4-151　床头柜

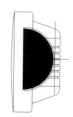

图 4-152　电视机侧面

【练习 3】绘制如图 4-153 所示的卡座一角。

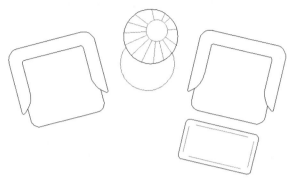

图 4-153　卡座一角

4.9　模拟考试

1. 有一根直线原来在"0"图层中，颜色为 ByLayer，通过偏移，（　　）。
   A．该直线一定仍在"0"图层中，颜色不变
   B．该直线一定在其他图层中，颜色不变
   C．该直线可能在其他图层中，颜色与所在图层一致
   D．相当于只进行了复制
2. 如果误删除了某个图形对象，接着又绘制了一些图形对象，现在想恢复被误删除的图形对象，该如何做？（　　）
   A．单击"放弃"按钮　　　　　　　　B．输入"U"
   C．输入"OOPS"　　　　　　　　　D．按 Ctrl+Z 组合键
3. 移动圆心在(30,30)处的圆，移动中指定圆心的第二个点时，在动态文本框中输入"10,20"，其结果是（　　）。
   A．圆心坐标为(10,20)　　　　　　　B．圆心坐标为(30,30)
   C．圆心坐标为(40,50)　　　　　　　D．圆心坐标为(20,10)
4. 无法使用"打断于点"命令的对象是（　　）。
   A．直线　　　　B．开放的多段线　　　C．圆弧　　　　D．圆
5. 对一个多段线对象中的所有角点进行圆角处理，可以使用"圆角"命令的（　　）选项。
   A．多段线(P)　　B．修剪(T)　　　C．多个(U)　　　D．半径(R)
6. 已有一个画好的圆，绘制一组同心圆可以用（　　）命令来实现。
   A．"伸展"（STRETCH）　　　　　　B．"偏移"（OFFSET）
   C．"延伸"（EXTEND）　　　　　　　D．"移动"（MOVE）
7. 关于偏移，下面的说法中错误的是（　　）。
   A．偏移值为 30
   B．偏移值为-30
   C．偏移圆弧时，既可以创建更大的圆弧，也可以创建更小的圆弧
   D．可以偏移的对象类型包含样条曲线

8. 如果对图 4-154 中的正方形沿两个点打断，打断之后的长度为（   ）。

A．150　　　　　B．100　　　　　C．150 或 50　　　　　D．随机

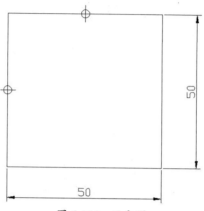

图 4-154　正方形

9. 关于"分解"（EXPLODE）命令的描述正确的是（   ）。

　　A．对象被分解后颜色、线型和线宽不会改变
　　B．图案被分解后图案与边界的关联性仍然存在
　　C．多行文字被分解后将变为单行文字
　　D．构造线被分解后可得到两条射线

10．绘制如图 4-155 所示的图形 1。

11．绘制如图 4-156 所示的图形 2。

图 4-155　图形 1

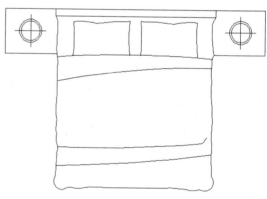

图 4-156　图形 2

第 5 章 复杂二维绘图命令

复杂二维绘图命令有助于用户完成一些复杂的绘图，如多段线、样条曲线、多线绘制和图案填充等。本章详细讲述 AutoCAD 提供的这些命令，帮助读者准确、简捷地完成复杂二维图形的绘制。

【内容要点】
- 多段线
- 样条曲线
- 图案填充
- 多线

【案例欣赏】

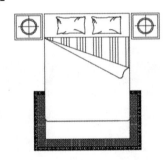
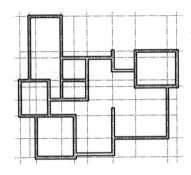

5.1 多段线

多段线是一种由线段和圆弧组合而成的不同线宽的多线。这种线由于其组合形式的多样和线宽的不同，弥补了直线或圆弧功能的不足，适合绘制各种复杂的图形轮廓，因而得到了广泛的应用。

【预习重点】
- 比较多段线与直线、圆弧组合体的差异。
- 了解"多段线"命令行选项的含义。
- 了解如何编辑多段线。

5.1.1 绘制多段线

【执行方式】
- 命令行：PLINE（快捷命令：PL）。
- 菜单栏：选择菜单栏中的"绘图"→"多段线"命令。
- 工具栏：单击"绘图"工具栏中的"多段线"按钮 。
- 功能区：单击"默认"选项卡"绘图"面板中的"多段线"按钮 。

【操作步骤】

命令行提示与操作如下：

命令：PLINE↙
指定起点：(指定多段线的起点)
当前线宽为 0.0000
指定下一个点或 [圆弧(A)/半宽(H)/长度(L)/放弃(U)/宽度(W)]：(指定多段线的下一个点)

【选项说明】

（1）圆弧(A)：使用"PLINE"命令由绘制直线方式变为绘制圆弧方式，并给出绘制圆弧的提示，命令行提示与操作如下：

指定圆弧的端点或 [角度(A)/圆心(CE)/闭合(CL)/方向(D)/半宽(H)/直线(L)/半径(R)/第二个点(S)/放弃(U)/宽度(W)]：

其中，"闭合(CL)"选项是指系统从当前点到多段线的起点以当前宽度画一条直线，构成封闭的多段线，并结束"PLINE"命令的执行。

（2）半宽(H)：用来确定多段线的半宽。

（3）长度(L)：确定多段线的长度。

（4）放弃(U)：可以删除多段线中刚画出的直线段（或圆弧段）。

（5）宽度(W)：确定多段线的宽度，操作方法与"半宽(H)"选项类似。

高手支招：

执行"多段线"命令时，如坐标输入错误，不必退出命令，可重新绘制，具体如下：

指定下一点或 [圆弧(A)/闭合(C)/半宽(H)/长度(L)/放弃(U)/宽度(W)]：0,600↙（操作出错，但已按 Enter 键，出现下一行命令）
指定下一点或 [圆弧(A)/闭合(C)/半宽(H)/长度(L)/放弃(U)/宽度(W)]：U↙（放弃，表示上一步操作出错）
指定下一点或 [圆弧(A)/闭合(C)/半宽(H)/长度(L)/放弃(U)/宽度(W)]：@0,600↙（输入正确坐标，继续进行下一步操作）

5.1.2 编辑多段线

【执行方式】

- 命令行：PEDIT（快捷命令：PE）。
- 菜单栏：选择菜单栏中的"修改"→"对象"→"多段线"命令。
- 工具栏：单击"修改Ⅱ"工具栏中的"编辑多段线"按钮 。
- 快捷菜单：选择要编辑的多段线，在绘图区右击，从弹出的快捷菜单中选择"多段线"→"编辑多段线"命令。
- 功能区：单击"默认"选项卡"修改"面板中的"编辑多段线"按钮 。

【操作步骤】

命令行提示与操作如下：

命令：PEDIT↙
选择多段线或 [多条(M)]：(选择一条要编辑的多段线)
输入选项 [打开(O)/合并(J)/宽度(W)/编辑顶点(E)/拟合(F)/样条曲线(S)/非曲线化(D)/线型生成(L)/反转(R)/放弃(U)]：

【选项说明】

"编辑多段线"命令的选项可帮助用户进行移动、插入顶点、修改任意两点连线的线宽等操作，具体含义如下。

(1) 合并(J)：以选中的多段线为主体，合并其他直线段、圆弧或多段线，使其成为一条多段线。能合并的条件是各段线的端点首尾相连，如图5-1所示。

(2) 宽度(W)：修改整条多段线的线宽，使其具有同一线宽，如图5-2所示。

图 5-1 合并多段线　　　　　　　　图 5-2 修改整条多段线的线宽

(3) 编辑顶点(E)：选择该选项后，在多段线起点处出现一个斜的十字叉号"×"，为当前顶点的标记。命令行提示与操作如下：

[下一个(N)/上一个(P)/打断(B)/插入(I)/移动(M)/重生成(R)/拉直(S)/切向(T)/宽度(W)/退出(X)] <N>：

这些选项允许用户进行移动、插入顶点、修改任意两点连线的线宽等操作。

(4) 拟合(F)：从指定的多段线生成由光滑圆弧连接而成的圆弧拟合曲线，该曲线经过多段线的各顶点，如图5-3所示。

(5) 样条曲线(S)：以指定的多段线的各顶点作为控制点生成B样条曲线，如图5-4所示。

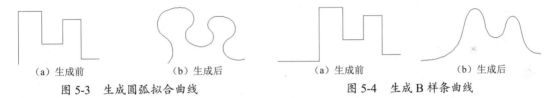

图 5-3 生成圆弧拟合曲线　　　　　　图 5-4 生成B样条曲线

(6) 非曲线化(D)：用直线代替指定的多段线中的圆弧。对于选择"拟合(F)"选项或"样条曲线(S)"选项后生成的圆弧拟合曲线或B样条曲线，则删去其生成曲线时新插入的顶点，恢复成由直线段组成的多段线，如图5-5所示。

(7) 线型生成(L)：当多段线的线型为点划线时，控制多段线的线型生成方式开关。选择该选项，命令行提示与操作如下：

输入多段线线型生成选项 [开(ON)/关(OFF)] <关>：

选择"开(ON)"时，将在每个顶点处允许以短划线开始或结束生成线型；选择"关(OFF)"时，将在每个顶点处允许以长划线开始或结束生成线型。"线型生成(L)"不能用于包含有宽度线段的多段线，如图5-6所示。

图 5-5 生成直线段　　　　　　图 5-6 控制多段线的线型（线型为点划线时）

5.1.3 操作实践——绘制圈椅

绘制圈椅

本例绘制如图 5-7 所示的圈椅。操作步骤如下。

（1）单击"默认"选项卡"绘图"面板中的"多段线"按钮，绘制外部轮廓。命令行提示与操作如下：

```
命令：PLINE↙
指定起点：(适当指定一点)
当前线宽为 0.0000
指定下一个点或 [圆弧(A)/半宽(H)/长度(L)/放弃(U)/宽度(W)]：@0,-600↙
指定下一点或 [圆弧(A)/闭合(C)/半宽(H)/长度(L)/放弃(U)/宽度(W)]：@150,0↙
指定下一点或 [圆弧(A)/闭合(C)/半宽(H)/长度(L)/放弃(U)/宽度(W)]：@0,600↙
指定下一点或 [圆弧(A)/闭合(C)/半宽(H)/长度(L)/放弃(U)/宽度(W)]：A↙
指定圆弧的端点(按住 Ctrl 键以切换方向)或 [角度(A)/圆心(CE)/闭合(CL)/方向(D)/半宽(H)/直线(L)/半径(R)/第二个点(S)/放弃(U)/宽度(W)]：R↙
指定圆弧的半径：750↙
指定圆弧的端点(按住 Ctrl 键以切换方向)或 [角度(A)]：A↙
指定夹角：180↙
指定圆弧的弦方向(按住 Ctrl 键以切换方向)<90>：180↙
指定圆弧的端点(按住 Ctrl 键以切换方向)或 [角度(A)/圆心(CE)/闭合(CL)/方向(D)/半宽(H)/直线(L)/半径(R)/第二个点(S)/放弃(U)/宽度(W)]：L↙
指定下一点或 [圆弧(A)/闭合(C)/半宽(H)/长度(L)/放弃(U)/宽度(W)]：@0,-600↙
指定下一点或 [圆弧(A)/闭合(C)/半宽(H)/长度(L)/放弃(U)/宽度(W)]：@150,0↙
指定下一点或 [圆弧(A)/闭合(C)/半宽(H)/长度(L)/放弃(U)/宽度(W)]：@0,600↙
指定下一点或 [圆弧(A)/闭合(C)/半宽(H)/长度(L)/放弃(U)/宽度(W)]：
```

绘制结果如图 5-8 所示。

（2）单击"默认"选项卡"绘图"面板中的"圆弧"按钮，单击状态栏中的"对象捕捉"按钮，绘制内圈。命令行提示与操作如下：

```
命令：ARC↙
指定圆弧的起点或 [圆心(C)]：(捕捉图 5-8 左侧竖线顶点为起点)
指定圆弧的第二个点或 [圆心(C)/端点(E)]：E↙
指定圆弧的端点：(捕捉图 5-8 右侧竖线顶点为端点)
指定圆弧的中心点(按住 Ctrl 键以切换方向)或 [角度(A)/方向(D)/半径(R)]：D↙
指定圆弧起点的相切方向(按住 Ctrl 键以切换方向)：90↙
```

绘制结果如图 5-9 所示。

 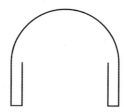 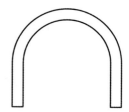

图 5-7 圈椅　　　　　图 5-8 绘制外部轮廓　　　　　图 5-9 绘制内圈

（3）选择菜单栏中的"修改"→"对象"→"多段线"命令，合并多段线与圆弧。命令行提示与操作如下：

```
命令：PEDIT↙
选择多段线或 [多条(M)]：M↙
选择对象：(选择多段线和圆弧)
是否将直线、圆弧和样条曲线转换为多段线？[是(Y)/否(N)]？<Y>：Y↙
输入选项 [闭合(C)/打开(O)/合并(J)/宽度(W)/拟合(F)/样条曲线(S)/非曲线化(D)/线型生成(L)/反转(R)/放弃(U)]：J↙
合并类型 = 延伸
```

输入模糊距离或 [合并类型(J)] <0.0000>: *取消*✓
多段线已增加 1 条线段

> **注意:**
> 系统将圆弧和原来的多段线合并成一个新的多段线后,选择该多段线,可以看出所有线条都被选中,说明已经合并为一体了,如图 5-10 所示。
>
>
>
> 图 5-10　合并多段线后

(4) 单击状态栏中的"对象捕捉"按钮，单击"默认"选项卡"绘图"面板中的"圆弧"按钮，绘制椅垫。命令行提示与操作如下:

```
命令: ARC✓
指定圆弧的起点或 [圆心(C)]: (捕捉多段线左边竖线上的适当一点)
指定圆弧的第二个点或 [圆心(C)/端点(E)]: (在右上方适当位置指定一点)
指定圆弧的端点: (捕捉多段线右边竖线上的适当一点,与左边点位置大约平齐)
```

绘制结果如图 5-11 所示。

(5) 单击"默认"选项卡"绘图"面板中的"直线"按钮，捕捉适当的点为端点,绘制一条水平直线,最终结果如图 5-7 所示。

图 5-11　绘制椅垫

5.2　样条曲线

AutoCAD 使用一种称为非一致有理 B 样条（NURBS）曲线的特殊样条曲线类型。NURBS 曲线在控制点之间产生一条光滑的样条曲线,如图 5-12 所示。样条曲线可用于创建形状不规则的曲线,例如,在设计地理信息系统（GIS）或汽车时绘制轮廓线。

【预习重点】

- 观察绘制的样条曲线。
- 了解"样条曲线"命令行中选项的含义。
- 练习样条曲线的应用。

【执行方式】

- 命令行：SPLINE。
- 菜单栏：选择菜单栏中的"绘图"→"样条曲线"命令。
- 工具栏：单击"绘图"工具栏中的"样条曲线"按钮。
- 功能区：单击"默认"选项卡"绘图"面板（如图 5-13 所示）中的"样条曲线拟合"按钮或"样条曲线控制点"按钮。

【操作步骤】

命令行提示与操作如下:

命令: SPLINE✓

```
当前设置：方式=拟合    节点=弦
指定第一个点或 [方式(M)/节点(K)/对象(O)]：（指定一点或选择"对象(O)"选项）
输入下一个点或 [起点切向(T)/公差(L)]：
输入下一个点或 [端点相切(T)/公差(L)/放弃(U)]：
输入下一个点或 [端点相切(T)/公差(L)/放弃(U)/闭合(C)]：
```

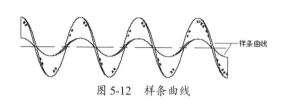

图 5-12 样条曲线

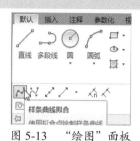

图 5-13 "绘图"面板

【选项说明】

（1）对象(O)：将二维或三维的二次或三次样条曲线的拟合多段线转换为等价的样条曲线，然后（根据 DELOBJ 系统变量的设置）删除该拟合多段线。

（2）闭合(C)：将最后一点定义为与第一点一致，并使它在连接处与样条曲线相切，这样可以闭合样条曲线。选择该选项，系统继续提示：

```
指定切向：（指定点或按 Enter 键）
```

用户可以指定一点来定义切向矢量，也可以使用"切点"和"垂足"对象捕捉模式使样条曲线与现有对象相切或垂直。

（3）公差(L)：使用新的公差值将样条曲线重新拟合至现有的拟合点。

（4）起点切向(T)：定义样条曲线第一点和最后一点的切向。

如果在样条曲线的两端都指定切向，那么可以通过输入一个点或者使用"切点"和"垂足"对象捕捉模式使样条曲线与现有对象相切或垂直。如果按 Enter 键，AutoCAD 将计算默认切向。

5.3 图案填充

当用户需要用一个图案（Pattern）重复填充一个区域时，可以使用"BHATCH"命令，创建一个相关联的填充阴影对象，即所谓的图案填充。

【预习重点】

- 观察图案填充结果。
- 了解填充样例对应的含义。
- 确定边界选择要求。
- 了解"图案填充创建"选项卡中参数的含义。

5.3.1 基本概念

1. 填充边界

当进行图案填充时，首先要确定填充边界。定义边界的对象只能是直线、双向射线、单向射线、多义线、样条曲线、圆弧、圆、椭圆、椭圆弧、面域等对象或用这些对象定义的块，而且作为边界的对象在当前图层上必须全部可见。

2. 孤岛

在进行图案填充时，一般把位于总填充区域内的封闭区域称为孤岛，如图 5-14 所示。在使用"BHATCH"命令进行填充时，AutoCAD 允许用户以拾取点的方式确定填充边界，即在希望填充的区域内任意拾取一点，系统会自动确定出填充边界，同时确定出该边界内的孤岛。如果用户以选择对象的方式确定填充边界，则必须确切地选取这些孤岛。

3. 填充方式

在进行图案填充时，需要控制填充的范围，AutoCAD 为用户设置了以下 3 种填充方式，以实现对填充范围的控制。

（1）普通方式。如图 5-15（a）所示，该方式从边界开始，从每条填充线或每个填充符号的两端向里填充，遇到内部对象与之相交时，填充线或符号断开，直到遇到下一次相交时再继续填充。采用这种填充方式时，要避免剖面线或符号与内部对象的相交次数为奇数。该方式为系统默认方式。

（2）最外层方式。如图 5-15（b）所示，该方式从边界向里填充，只要在边界内与对象相交，填充线或符号就会断开，而不再继续填充。

（3）忽略方式。如图 5-15（c）所示，该方式忽略边界内的对象，所有内部结构都被填充线或符号覆盖。

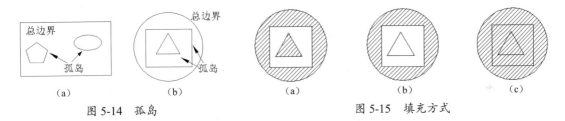

图 5-14　孤岛　　　　　　　　　图 5-15　填充方式

5.3.2　添加图案填充

【执行方式】

- 命令行：BHATCH（快捷命令：BH）。
- 菜单栏：选择菜单栏中的"绘图"→"图案填充"命令。
- 工具栏：单击"绘图"工具栏中的"图案填充"按钮▨。
- 功能区：单击"默认"选项卡"绘图"面板中的"图案填充"按钮▨。

【操作步骤】

执行上述命令后，系统打开如图 5-16 所示的"图案填充创建"选项卡。

图 5-16　"图案填充创建"选项卡

【选项说明】

1. "边界"面板

（1）拾取点：通过选择由一个或多个对象形成的封闭区域内的点，确定图案填充边界（如图 5-17 所示）。指定内部点时，可以随时在绘图区右击，以显示包含多个命令的快捷菜单。

（a）选择一点　　　　　　　（b）填充区域　　　　　　　（c）填充结果

图 5-17　通过拾取点确定边界

（2）选择边界对象：指定基于选定对象的图案填充边界。使用该选项时，不会自动检测内部对象，必须选择选定边界内的对象，以按照当前的孤岛检测样式填充这些对象（如图 5-18 所示）。

（a）原始图形　　　　　　　（b）选取边界对象　　　　　（c）填充结果

图 5-18　选择边界对象

（3）删除边界对象：从边界定义中删除之前添加的任何对象（如图 5-19 所示）。

 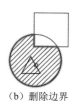

（a）选取边界对象　　　　　（b）删除边界　　　　　　　（c）填充结果

图 5-19　删除边界对象

（4）重新创建边界：围绕选定的图案填充或填充对象创建多段线或面域，并使其与图案填充对象相关联（可选）。

（5）显示边界对象：选择构成选定关联图案填充对象的边界的对象，使用显示的夹点可修改图案填充边界。

（6）保留边界对象：指定如何处理图案填充边界对象（仅在图案填充创建期间可用），包括以下 3 个选项。

①不保留边界：不创建独立的图案填充边界对象。

②保留边界-多段线：创建封闭的图案填充对象的多段线。

③保留边界-面域：创建封闭的图案填充对象的面域对象。

（7）选择新边界集：指定对象的有限集（称为边界集），以便通过创建图案填充时的拾取点进行计算。

2. "图案"面板

"图案"面板中显示所有预定义和自定义图案的预览图像。

3．"特性"面板

（1）图案填充类型：指定是使用纯色、渐变色、图案还是用户定义的填充。

（2）图案填充颜色：替代实体填充和填充图案的当前颜色。

（3）背景色：指定填充图案的背景颜色。

（4）图案填充透明度：指定新图案填充或填充的透明度，替代当前对象的透明度。

（5）图案填充角度：指定图案填充或填充的角度。

（6）填充图案比例：放大或缩小预定义或自定义填充图案。

（7）相对图纸空间：（仅在布局中可用）相对于图纸空间单位缩放填充图案。使用该选项，可以很容易地做到以适合于布局的比例显示填充图案。

（8）双向：（仅当"图案填充类型"为"用户定义"时可用）将绘制第二组直线，与原始直线呈90°角，从而构成交叉线。

（9）ISO 笔宽：（仅对于预定义的 ISO 图案可用）基于选定的笔宽缩放 ISO 图案。

4．"原点"面板

（1）设定原点：直接指定新的图案填充原点。

（2）左下：将图案填充原点设定在图案填充边界矩形范围的左下角。

（3）右下：将图案填充原点设定在图案填充边界矩形范围的右下角。

（4）左上：将图案填充原点设定在图案填充边界矩形范围的左上角。

（5）右上：将图案填充原点设定在图案填充边界矩形范围的右上角。

（6）中心：将图案填充原点设定在图案填充边界矩形范围的中心。

（7）使用当前原点：将图案填充原点设定在 HPORIGIN 系统变量中存储的默认位置。

（8）存储为默认原点：将新图案填充原点的值存储在 HPORIGIN 系统变量中。

5．"选项"面板

（1）关联：指定图案填充或填充为关联图案填充。关联的图案填充或填充在用户修改其边界对象时将会更新。

（2）注释性：指定图案填充为注释性。此特性会自动完成缩放注释过程，从而使注释能够以正确的大小在图纸上打印或显示。

（3）特性匹配。

①使用当前原点：使用选定的图案填充对象（除图案填充原点外）设定图案填充的特性。

②使用源图案填充的原点：使用选定的图案填充对象（包括图案填充原点）设定图案填充的特性。

（4）允许的间隙：设定对象作为图案填充边界时可以忽略的最大间隙，默认值为 0，此值指定对象必须是封闭区域而没有间隙。

（5）创建独立的图案填充：控制当指定了几个单独的闭合边界时，是创建单个图案填充对象还是创建多个图案填充对象。

（6）孤岛检测。

①普通孤岛检测：从外部边界向内填充，如果遇到内部孤岛，填充将关闭，直到遇到孤岛中的另一个孤岛。

②外部孤岛检测：从外部边界向内填充。该选项仅填充指定的区域，不会影响内部孤岛。

③忽略孤岛检测：忽略所有内部的对象，填充图案时将通过这些对象。

（7）绘图次序：为图案填充或填充指定绘图次序。选项包括"不更改""后置""前置""置于边界之后"和"置于边界之前"。

6."关闭"面板

关闭图案填充创建：退出"HATCH"命令并关闭上下文选项卡。也可以按 Enter 键或 Esc 键退出"HATCH"命令。

5.3.3 渐变色的操作

【执行方式】

- 命令行：GRADIENT。
- 菜单栏：选择菜单栏中的"绘图"→"渐变色"命令。
- 工具栏：单击"绘图"工具栏中的"渐变色"按钮 。
- 功能区：单击"默认"选项卡"绘图"面板"图案填充"下拉按钮组中的"渐变色"按钮 。

【操作步骤】

执行上述命令后系统打开如图 5-20 所示的"图案填充创建"选项卡，各面板中的按钮含义与图案填充的类似，这里不再赘述。

图 5-20 "图案填充创建"选项卡

5.3.4 边界的操作

【执行方式】

- 命令行：BOUNDARY。
- 功能区：单击"默认"选项卡"绘图"面板"图案填充"下拉按钮组中的"边界"按钮 。

【操作步骤】

执行上述命令后系统打开如图 5-21 所示的"边界创建"对话框。

图 5-21 "边界创建"对话框

【选项说明】

（1）拾取点：根据围绕指定点构成封闭区域的现有对象来确定边界。

（2）孤岛检测：控制"BOUNDARY"命令是否检测内部闭合边界，该边界称为孤岛。

（3）对象类型：控制新边界对象的类型。"BOUNDARY"命令将边界作为面域或多段线对象创建。

（4）边界集：定义通过指定点定义边界时，"BOUNDARY"命令要分析的对象集。

5.3.5 编辑图案填充

利用"HATCHEDIT"命令可以编辑已经填充的图案。

【执行方式】

- 命令行：HATCHEDIT（快捷命令：HE）。
- 菜单栏：选择菜单栏中的"修改"→"对象"→"图案填充"命令。
- 工具栏：单击"修改Ⅱ"工具栏中的"编辑图案填充"按钮 。
- 功能区：单击"默认"选项卡"修改"面板中的"编辑图案填充"按钮 。
- 快捷方法：直接双击填充图案，打开"图案填充编辑器"选项卡（如图 5-22 所示）。

图 5-22 "图案填充编辑器"选项卡

5.3.6 操作实践——绘制双人床

本例绘制如图 5-23 所示的双人床。操作步骤如下。

（1）单击"默认"选项卡"绘图"面板中的"直线"按钮 ，绘制双人床的 4 条边，其中水平直线的长度为 1500，竖直直线的长度为 1850，如图 5-24 所示。

```
命令：LINE↙
指定第一个点：0,0↙
指定下一点或 [放弃(U)]：1500,0↙
指定下一点或 [退出(E)/放弃(U)]：1500,-1850↙
指定下一点或 [关闭(C)/退出(X)/放弃(U)]：0,-1850↙
指定下一点或 [关闭(C)/退出(X)/放弃(U)]：C↙
```

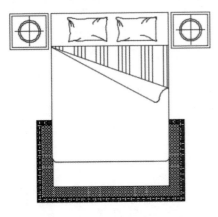

图 5-23 双人床

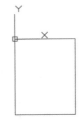

图 5-24 绘制双人床的 4 条边

> 提示：
> 使用"LINE"命令绘制双人床的 4 条边，注意其相对位置和长度的关系。

（2）单击"默认"选项卡"修改"面板中的"圆角"按钮 ，将圆角半径设置为 50，对双人床床尾进行圆角处理，结果如图 5-25 所示。

（3）单击"默认"选项卡"绘图"面板中的"直线"按钮 ╱ 和"圆弧"按钮 ╭，绘制被子的折角，其中直线的坐标分别为{(0,-300)、(1500,-300)}、{(0,-300)、(1500,-793)}和{(0,-300)、(1211.69,-968.77)}，两段圆弧的坐标分别为{(1211.69,-968.77)、(1286.02,-945.58)、(1318.12,-893.77)}和{(1318.12,-893.77)、(1400.36,-809.09)、(1500,-793)}，如图 5-26 所示。

（4）单击快速访问工具栏中的"打开"按钮 ⌯，将源文件中的枕头图形打开，然后单击"默认"选项卡"修改"面板中的"复制"按钮 ⌯，将枕头图形复制到当前图形中，如图 5-27 所示。

图 5-25　圆角处理

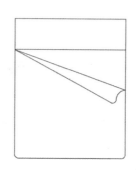
图 5-26　绘制被子折角

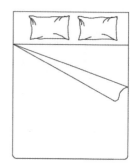
图 5-27　导入枕头

（5）单击"默认"选项卡"绘图"面板中的"矩形"按钮 ▭（坐标分别为{(-10,0)、(-310,-300)}和{(-30,-20)、(-290,-280)}）、"圆"按钮 ⊙（圆心为(-160,-150)，半径分别为 80 和 65）和"直线"按钮 ╱（坐标分别为{(-160,-30)、(-160,-270)}和{(-60,-150)、(-260,-150)}），绘制床头柜，如图 5-28 所示。

（6）单击"默认"选项卡"修改"面板中的"镜像"按钮 ⚠，以大矩形短边两个中点的连线为镜像线，将绘制的床头柜镜像到另一侧，如图 5-29 所示。

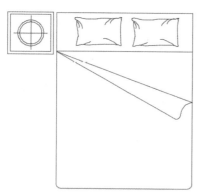
图 5-28　绘制床头柜

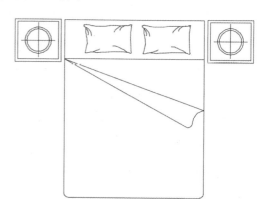
图 5-29　创建另一侧的床头柜

（7）单击"默认"选项卡"绘图"面板中的"矩形"按钮 ▭，绘制地毯的矩形轮廓，角点坐标为{(-200,-1300)、(1700,-2300)}，如图 5-30 所示。

（8）单击"默认"选项卡"修改"面板中的"偏移"按钮 ⌯，将矩形依次向内侧偏移 50 和 150，如图 5-31 所示。

（9）单击"默认"选项卡"绘图"面板中的"图案填充"按钮 ▨，打开"图案填充创建"选项卡，如图 5-32 所示，选择"CROSS"填充图案，填充的角度为 0°，填充比例为 2，单击拾取点，进行填充，结果如图 5-33 所示。

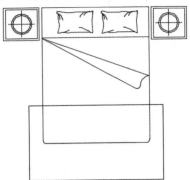

图 5-30　绘制矩形

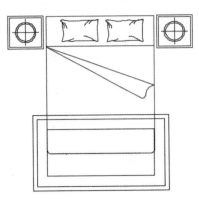

图 5-31　偏移矩形

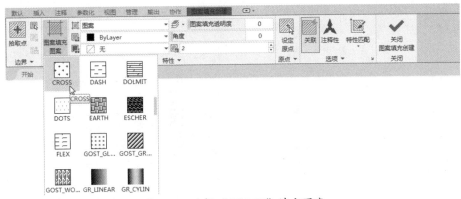

图 5-32　选择"GROSS"填充图案

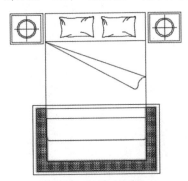

图 5-33　填充图案

（10）单击"默认"选项卡"绘图"面板中的"图案填充"按钮，打开"图案填充创建"选项卡，如图 5-34 所示，选择"EARTH"填充图案，填充的角度为 0°，填充比例为 5，单击拾取点，进行填充，结果如图 5-35 所示。

（11）单击"默认"选项卡"绘图"面板中的"图案填充"按钮，打开"图案填充创建"选项卡，如图 5-36 所示，选择"ANSI34"填充图案，填充的角度为 45°，填充比例为 15，单击拾取点，进行填充，结果如图 5-37 所示。

（12）单击"默认"选项卡"修改"面板中的"修剪"按钮，修剪多余的直线，结果如图 5-23 所示。

图 5-34 选择"EARTH"填充图案

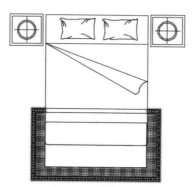

图 5-35 填充图案

图 5-36 选择"ANSI34"填充图案

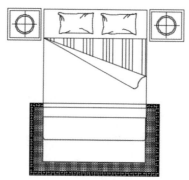

图 5-37 填充图案

5.4 多线

多线是一种复合线,由连续的直线段复合组成。多线的一个突出优点是能够提高绘图效率,保证图线之间的统一性。

【预习重点】

- 观察绘制的多线。
- 了解多线的不同样式。
- 了解如何编辑多线。

5.4.1 绘制多线

【执行方式】

- 命令行:MLINE。
- 菜单栏:选择菜单栏中的"绘图"→"多线"命令。

【操作步骤】

命令行提示与操作如下:

```
命令:MLINE↙
当前设置:对正 = 上,比例 = 20.00,样式 = STANDARD
指定起点或 [对正(J)/比例(S)/样式(ST)]:(指定起点)
指定下一点:(指定下一点)
指定下一点或 [放弃(U)]:(继续指定下一点绘制线段。输入"U",则放弃前一段的绘制;右击或按 Enter 键结束命令)
指定下一点或 [闭合(C)/放弃(U)]:(继续指定下一点绘制线段。输入"C",则闭合线段,结束命令)
```

【选项说明】

(1)对正(J):用于给定绘制多线的基准,共有"上""无"和"下"3 种对正类型。其中,"上"表示以多线上侧的线为基准,其余类推。

(2)比例(S):选择该选项,要求用户设置平行线的间距。输入值为 0 时,平行线重合;输入值为负数时,多线的排列倒置。

(3)样式(ST):用于设置当前使用的多线样式。

5.4.2 定义多线样式

【执行方式】

- 命令行:MLSTYLE。
- 菜单栏:选择菜单栏中的"格式"→"多线样式"命令。

5.4.3 编辑多线

【执行方式】

- 命令行:MLEDIT。
- 菜单栏:选择菜单栏中的"修改"→"对象→"多线"命令。

【操作步骤】

- 执行该命令后，弹出"多线编辑工具"对话框，如图 5-38 所示。

图 5-38 "多线编辑工具"对话框

5.4.4 操作实践——绘制墙体

绘制墙体

本例绘制如图 5-39 所示的墙体。操作步骤如下。

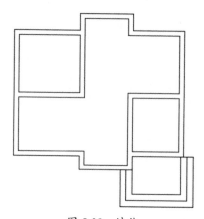

图 5-39 墙体

（1）单击"默认"选项卡"绘图"面板中的"构造线"按钮，绘制一条水平构造线，指定通过点的间距依次为 900、3900、4200 和 1500。命令行提示与操作如下：

```
命令：XLINE↙
指定点或 [水平(H)/垂直(V)/角度(A)/二等分(B)/偏移(O)]：H↙
指定通过点：(指定构造线的位置)
命令：XLINE↙
指定点或 [水平(H)/垂直(V)/角度(A)/二等分(B)/偏移(O)]：O↙
指定偏移距离或 [通过(T)] <通过>：900↙
选择直线对象：(选择上一步绘制的构造线)
指定向哪侧偏移：(在构造线的上侧指定一点)
...
```

结果如图 5-40 所示。

（2）单击"默认"选项卡"绘图"面板中的"构造线"按钮，绘制一条垂直构造线，将垂直构造线依次向右偏移 3300、2400 和 2535，结果如图 5-41 所示。

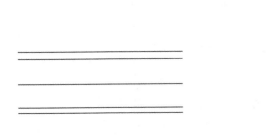
图 5-40　绘制水平构造线

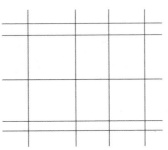
图 5-41　绘制辅助线网格

（3）选择菜单栏中的"格式"→"多线样式"命令，系统打开"多线样式"对话框，如图 5-42 所示，在该对话框中单击"新建"按钮，系统打开"创建新的多线样式"对话框，如图 5-43 所示，在该对话框的"新样式名"文本框中输入"240 墙"，单击"继续"按钮。

图 5-42　"多线样式"对话框

图 5-43　"创建新的多线样式"对话框

（4）系统打开"新建多线样式:240 墙"对话框，进行如图 5-44 所示的设置，将偏移量设置为 120 和-120，单击"确定"按钮，返回"多线样式"对话框，单击"置为当前"按钮后单击"确定"按钮即可。

（5）选择菜单栏中的"绘图"→"多线"命令，绘制多线墙体。命令行提示与操作如下：

命令：MLINE↙
当前设置：对正 = 上，比例 = 240.00，样式 = 240 墙

图 5-44　"新建多线样式:240 墙"对话框

```
指定起点或 [对正(J)/比例(S)/样式(ST)]: J↙
输入对正类型 [上(T)/无(Z)/下(B)] <无>: Z↙
当前设置: 对正 = 无, 比例 = 240.00, 样式 = 240 墙
指定起点或 [对正(J)/比例(S)/样式(ST)]: S↙
输入多线比例 <240.00>: 1↙
当前设置: 对正 = 无, 比例 = 1.00, 样式 = 240 墙
指定起点或 [对正(J)/比例(S)/样式(ST)]:
指定下一点:↙
```

根据辅助线网格,用相同的方法绘制多线,绘制结果如图 5-45 所示。

(6) 编辑多线。选择菜单栏中的"修改"→"对象"→"多线"命令,系统打开"多线编辑工具"对话框,如图 5-46 所示。选择其中的"T形合并"选项,单击"关闭"按钮。命令行提示与操作如下:

```
命令: MLEDIT↙
选择第一条多线: (选择多线)
选择第二条多线: (选择多线)
选择第一条多线或 [放弃(U)]:
```

图 5-45　所有多线绘制结果

图 5-46　"多线编辑工具"对话框

继续进行多线编辑。编辑的最终结果如图 5-47 所示。

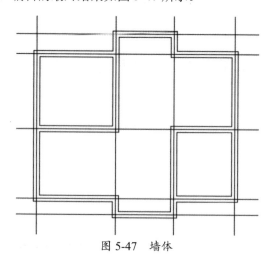

图 5-47　墙体

(7) 选择菜单栏中的"格式"→"多线样式"命令,系统打开"多线样式"对话框,新建"台阶"的多线样式,在"新建多线样式:台阶"对话框中,将偏移量设置为 300、0 和-300,并将其置为当前,用来绘制台阶。

（8）选择菜单栏中的"绘图"→"多线"命令，将对正方式设置为上，将比例设置为 1，绘制台阶。

（9）单击"默认"选项卡"绘图"面板中的"直线"按钮，将右侧的台阶补全，结果如图 5-48 所示。

（10）按 Delete 键，删除绘制的构造线，结果如图 5-49 所示。

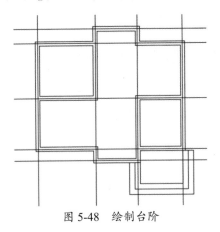

图 5-48　绘制台阶

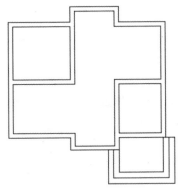

图 5-49　删除构造线

5.5　名师点拨——灵活应用复杂绘图命令

1．如何画曲线

在绘制图样时，经常遇到画截交线、相贯线及其他曲线的情况。手工绘制很麻烦，要找特殊点和一定数量的一般点，且连出的曲线误差大。

方法 1：用"多段线"或"3DPOLY"命令画 2D、3D 图形上通过特殊点的折线，经"PEDIT"（编辑多段线）命令中的"拟合(F)"或"样条曲线(S)"选项，可变成光滑的平面、空间曲线。

方法 2：用"SOLIDS"命令创建三维基本实体（长方体、圆柱体、圆锥体、球体等），再经"布尔"组合运算（交、并、差）和干涉等获得各种复杂实体，然后利用菜单栏中的"视图"→"三维视图"→"视点"命令选择不同视点来产生标准视图，得到曲线的不同视图投影。

2．填充无效时怎么办

填充无效时可以通过下面两个操作进行检查。

（1）系统变量。

（2）选择菜单栏中的"工具"→"选项"命令，弹出"选项"对话框，选择"显示"选项卡，在右侧的"显示性能"选项组中选中"应用实体填充"复选框。

5.6　上机实验

【练习 1】绘制如图 5-50 所示的小房子。

图 5-50 小房子

【练习 2】绘制如图 5-51 所示的马桶。

【练习 3】绘制如图 5-52 所示的壁灯。

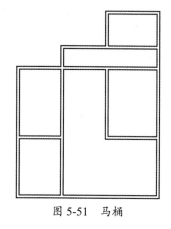

图 5-51 马桶

图 5-52 壁灯

5.7 模拟考试

1. 同时填充多个区域，如果想修改一个区域的填充图案而不影响其他区域，则可（　　）。

    A. 将图案分解

    B. 在创建图案填充时选择"关联"

    C. 删除图案，重新对该区域进行填充

    D. 在创建图案填充时设置为"创建独立的图案填充"

2. 若需要编辑已知多段线，使用"编辑多段线"命令的（　　）选项可以创建宽度不等的对象。

    A. 样条曲线(S)　　B. 锥形(T)　　C. 宽度(W)　　D. 编辑顶点(E)

3. 根据图案填充创建边界时，边界类型不可能是以下（　　）选项。

    A. 多段线　　B. 样条曲线　　C. 三维多段线　　D. 螺旋线

4. 可以有宽度的线有（　　）。

    A. 构造线　　B. 多段线　　C. 直线　　D. 样条曲线

5. 绘制如图 5-53 所示的图形 1。

6. 绘制如图 5-54 所示的图形 2。

第 5 章　复杂二维绘图命令

图 5-53　图形 1

图 5-54　图形 2

133

第 6 章 文字、表格与尺寸

文字与尺寸标注是图形中很重要的一部分内容，进行各种设计时，通常不仅要绘制出图形，还要在图形中标注尺寸与添加文字注释（如技术要求、注释说明等）对图形对象加以解释。AutoCAD 提供了多种写入文字的方法，本章将介绍文字注释和编辑功能。图表在 AutoCAD 图形绘制中也有大量的应用，如明细表、参数表、标题栏等，对此本章也有相关介绍。

【内容要点】
- 文字样式
- 文字标注
- 文字编辑
- 表格
- 尺寸

【案例欣赏】

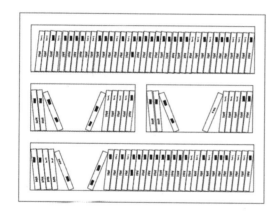 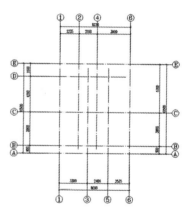

6.1 文字样式

所有 AutoCAD 图形中的文字都有与其相对应的文字样式。当输入文字对象时，AutoCAD 使用当前设置的文字样式。文字样式是用来控制文字基本形状的一组设置。

【预习重点】
- 打开"文字样式"对话框。
- 设置新样式参数。

【执行方式】
- 命令行：STYLE（或 DDSTYLE；快捷命令：ST）。
- 菜单栏：选择菜单栏中的"格式"→"文字样式"命令。

- 工具栏：单击"文字"工具栏中的"文字样式"按钮 。
- 功能区：单击"默认"选项卡"注释"面板中的"文字样式"按钮 （如图 6-1 所示），或者选择"注释"选项卡"文字"面板"文字样式"下拉列表框中的"管理文字样式"选项（如图 6-2 所示），或者单击"注释"选项卡"文字"面板中的"对话框启动器"按钮 。

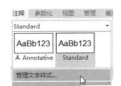

图 6-1　"文字样式"按钮　　　　　图 6-2　"管理文字样式"选项

【操作步骤】

执行上述操作后，系统打开"文字样式"对话框，如图 6-3 所示。

图 6-3　"文字样式"对话框

【选项说明】

（1）"样式"列表框：列出所有已设定的文字样式名或对已有样式名进行相关操作。单击"新建"按钮，系统打开如图 6-4 所示的"新建文字样式"对话框。在该对话框中可以为新建的文字样式输入名称。从"样式"列表框中选中要改名的文字样式，右击，在弹出的快捷菜单中选择"重命名"命令，如图 6-5 所示，可以为所选文字样式更改名称。

（2）"字体"选项组：用于确定字体样式。文字的字体确定字符的形状，在 AutoCAD 中，除了它固有的 SHX 形状字体外，还可以使用 TrueType 字体（如宋体、楷体等）。用一种字体可以设置不同的效果，从而被多种文字样式使用。如图 6-6 所示就是同一种字体（宋体）的不同样式。

图 6-4　"新建文字样式"对话框　　图 6-5　"重命名"命令　　图 6-6　同一种字体的不同样式

（3）"大小"选项组："注释性"复选框用于指定文字是否为注释性，注释性对象和样式用于控制对象显示的尺寸和比例。"高度"文本框用于设置创建文字时的固定字高，在用"TEXT"命令输入文字时，AutoCAD 不再提示输入字高参数。如果在此文本框中设置字高为 0，则系统会在每一次创建文字时提示输入字高，所以，如果不想固定字高，就可以把"高度"文本框中的数值设置为 0。

（4）"效果"选项组。

① "颠倒"复选框：选中该复选框，表示将文字倒置标注，如图 6-7（a）所示。

② "反向"复选框：确定是否将文字反向标注。选中表示反向，如图 6-7（b）所示。

③ "垂直"复选框：确定文字是水平标注还是垂直标注。选中该复选框时为垂直标注，否则为水平标注。垂直标注如图 6-8 所示。

图 6-7 文字倒置标注与反向标注

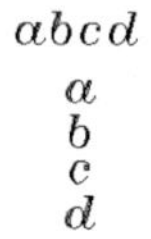

图 6-8 垂直标注

④ "宽度因子"文本框：设置宽度系数，确定文字的宽高比。当系数为 1 时，表示将按字体文件中定义的宽高比标注文字。当此系数小于 1 时，文字会变窄，反之变宽。如图 6-6 所示，是在不同系数下标注的文字。

⑤ "倾斜角度"文本框：用于确定文字的倾斜角度。角度为 0 时不倾斜，为正数时向右倾斜，为负数时向左倾斜，效果如图 6-6 所示。

（5）"应用"按钮：确认对文字样式的设置。当创建新的文字样式或对现有文字样式的某些特征进行修改后，都需要单击该按钮，系统才会确认所做的改动。

6.2 文字标注

在绘制图形的过程中，文字传递了很多设计信息，它可能是一个很复杂的说明，也可能是一个简短的信息。当需要标注的文字信息不太长时，可以利用"TEXT"命令创建单行文字；当需要标注的文字信息很长、很复杂时，可以利用"MTEXT"命令创建多行文字。

【预习重点】

- 对比单行与多行文字的区别。
- 练习多行文字的应用。

6.2.1 单行文字标注

【执行方式】

- 命令行：TEXT。
- 菜单栏：选择菜单栏中的"绘图"→"文字"→"单行文字"命令。
- 工具栏：单击"文字"工具栏中的"单行文字"按钮 A。
- 功能区：单击"默认"选项卡"注释"面板中的"单行文字"按钮 A 或单击"注释"选项卡"文字"面板中的"单行文字"按钮 A。

【操作步骤】

命令行提示与操作如下:

命令：TEXT↙
当前文字样式："Standard" 文字高度：2.5000 注释性：否 对正：左
指定文字的起点或 [对正(J)/样式(S)]：

【选项说明】

（1）指定文字的起点：在此提示下直接在绘图区选择一点作为输入文字的起始点，执行上述命令后，即可在指定位置输入文字，输入后按 Enter 键，文字另起一行，可继续输入文字，待全部输入完后按两次 Enter 键，退出"TEXT"命令。可见，使用"TEXT"命令也可创建多行文字，只是这种多行文字的每一行都是一个对象，不能同时对多行文字进行操作。

> 注意：
> 只有当前文字样式中设置的字符高度为 0，在使用"TEXT"命令时，系统才会出现要求用户确定字符高度的提示。AutoCAD 允许将文字行倾斜排列，如图 6-9 所示为倾斜角度分别是 0°、45°和–45°时的排列效果。可在"指定文字的旋转角度 <0>"提示下输入文字行的倾斜角度或在绘图区拉出一条直线来指定倾斜角度。

图 6-9 文字行倾斜排列的效果

（2）对正(J)：在"指定文字的起点或[对正(J)/样式(S)]"提示下输入"J"，用来确定文字的对齐方式，对齐方式决定文字的哪个部分与所选插入点对齐。执行该选项，命令行提示与操作如下：

输入选项 [左(L)/居中(C)/右(R)/对齐(A)/中间(M)/布满(F)/左上(TL)/中上(TC)/右上(TR)/左中(ML)/正中(MC)/右中(MR)/左下(BL)/中下(BC)/右下(BR)]：

在此提示下选择一个选项作为文字的对齐方式。当文字水平排列时，AutoCAD 定义了如图 6-10 所示的底线、基线、中线和顶线，各种对齐方式如图 6-11 所示，图中大写字母对应上述提示中的各个命令。

图 6-10 底线、基线、中线和顶线   图 6-11 文字的对齐方式

选择"对齐(A)"选项，要求用户指定文字基线的起点与终点位置，命令行提示与操作如下：

指定文字基线的第一个端点：（指定文字基线的起点位置）
指定文字基线的第二个端点：（指定文字基线的终点位置）
输入文字：（输入一行文字后按 Enter 键）
输入文字：（继续输入文字或直接按 Enter 键结束命令）

输入的文字均匀地分布在指定的两点之间，如果两点之间的连线不是水平的，则文字倾斜放置，倾斜角度由两点之间的连线与 X 轴的夹角确定；字高、字宽根据两点之间的距离、字符的多少以及文字样式中设置的宽度因子自动确定。指定了两点之后，每行输入的字符越多，字宽和字高越小。

其他选项与"对齐(A)"类似，此处不再赘述。

实际绘图时，有时需要标注一些特殊字符，如直径符号、上划线或下划线、温度符号等，由于这些符号不能直接通过键盘输入，因此 AutoCAD 提供了一些控制码，用来实现这些要求。控制码用两个百分号（%%）加一个字符构成。常用的控制码及其功能如表 6-1 所示。

表 6-1　AutoCAD 常用控制码及其功能

控制码	标注的特殊字符	控制码	标注的特殊字符
%%o	上划线	\U+0394	差值
%%u	下划线	\U+0278	电相角
%%d	度数（°）	\U+E101	流线
%%p	正/负（±）	\U+2261	恒等于
%%c	直径（Φ）	\U+E102	界碑线
%%%	百分号（%）	\U+2260	不相等（≠）
\U+2248	几乎相等（≈）	\U+2126	欧姆（Ω）
\U+2220	角度（∠）	\U+214A	地界线
\U+E100	边界线	\U+2082	下标 2
\U+2104	中心线	\U+00B2	平方

其中，%%o 和%%u 分别是上划线和下划线的开关，第一次出现此符号开始画上划线和下划线，第二次出现此符号，上划线和下划线终止。例如输入 "I want to %%u go to Beijing%%u."，则得到如图 6-12 所示的第一行文字，输入 "50%%d+%%c75%%p12"，则得到如图 6-12 所示的第二行文字。

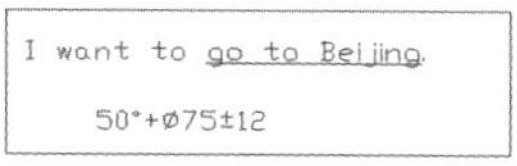

图 6-12　创建文字

高手支招：

使用 "TEXT" 命令时，在命令行窗口中输入的文字同时显示在绘图区，而且在创建过程中可以随时改变文字的位置，只要将光标移动到新的位置后单击，则当前行结束，随后输入的文字在新的位置出现。用这种方法可以把多行文字标注到绘图区的不同位置。

6.2.2　多行文字标注

【执行方式】

- 命令行：MTEXT（快捷命令：T 或 MT）。
- 菜单栏：选择菜单栏中的 "绘图" → "文字" → "多行文字" 命令。
- 工具栏：单击 "绘图" 工具栏中的 "多行文字" 按钮 A 或单击 "文字" 工具栏中的 "多行文字" 按钮 A。
- 功能区：单击 "默认" 选项卡 "注释" 面板中的 "多行文字" 按钮 A 或单击 "注释" 选项卡 "文字" 面板中的 "多行文字" 按钮 A。

【操作步骤】

命令行提示与操作如下：

```
命令：MTEXT✓
当前文字样式："Standard"　文字高度：1571.5998　注释性：否
指定第一角点：（指定矩形框的第一个角点）
指定对角点或 [高度(H)/对正(J)/行距(L)/旋转(R)/样式(S)/宽度(W)/栏(C)]：
```

【选项说明】

（1）指定对角点：在绘图区选择两个点作为矩形框的两个角点，AutoCAD 以这两个点为对角点构成一个矩形区域，其宽度作为将来要标注的多行文字的宽度，第一个点作为第一行文字顶线的起点。响应后,AutoCAD 打开"文字编辑器"选项卡和多行文字编辑器,可利用此编辑器输入多行文字并对其格式进行设置。关于该对话框中各项的含义及编辑器的功能,稍后再详细介绍。

(2)对正(J):用于确定所标注文字的对齐方式。选择该选项,命令行提示与操作如下:

输入对正方式 [左上(TL)/中上(TC)/右上(TR)/左中(ML)/正中(MC)/右中(MR)/左下(BL)/中下(BC)/右下(BR)] <左上(TL)>:

这些对齐方式与"TEXT"命令中的各对齐方式相同。选择一种对齐方式后按 Enter 键,系统回到上一级提示。

(3)行距(L):用于确定多行文字的行间距。这里所说的行间距是指相邻两个文字行基线之间的垂直距离。选择该选项,命令行提示与操作如下:

输入行距类型 [至少(A)/精确(E)] <至少(A)>:

在此提示下有"至少"和"精确"两种方式确定行间距。
①在"至少"方式下,系统根据每行文字中最大的字符自动调整行间距。
②在"精确"方式下,系统为多行文字赋予一个固定的行间距,可以直接输入一个确切的间距值,也可以以"nx"的形式输入。

其中 n 是一个具体数,表示将行间距设置为单行文字高度的 n 倍,而单行文字高度是本行文字高度的 1.66 倍。

(4)旋转(R):用于确定文字行的倾斜角度。选择该选项,命令行提示与操作如下:

指定旋转角度 <0>:(输入倾斜角度)

输入角度值后按 Enter 键,系统回到"指定对角点或[高度(H)/对正(J)/行距(L)/旋转(R)/样式(S)/宽度(W)/栏(C)]:"的提示。

(5)样式(S):用于确定当前的文字样式。

(6)宽度(W):用于指定多行文字的宽度。可以在绘图区选择一点,与前面确定的第一个角点组成一个矩形框,将其宽度作为多行文字的宽度;也可以输入一个数值,精确设置多行文字的宽度。

高手支招:

在创建多行文字时,指定了文字行的起始点和宽度后,AutoCAD 就会打开"文字编辑器"选项卡和多行文字编辑器,如图 6-13 和图 6-14 所示。该编辑器与 Microsoft Word 编辑器界面相似,在某些功能上也趋于一致,这样既能实现多行文字的编辑功能,又能使用户更熟悉,方便使用。

图 6-13 "文字编辑器"选项卡

图 6-14 多行文字编辑器

(7)栏(C):根据栏宽、栏间距和栏高组成矩形框。

(8)"文字编辑器"选项卡:用来控制文字的显示特性。可以在输入文字前设置文字的显示特性,也可以改变已输入文字的显示特性。要改变已有文字的显示特性,首先应选择要修改的文字。选择文字的方式有以下 3 种。

①将光标定位到文字开始处,按住鼠标左键,拖动到文字末尾处。

②双击某个文字，则该文字被选中。

③单击鼠标 3 次，则选中全部内容。

下面介绍选项卡中部分选项的功能。

①"文字高度"下拉列表框：用于确定文字高度，可以输入新的高度值，也可以从此下拉列表框中选择设定过的高度值。

标准基础教程
(a)

标准基础教程
(b)

标准基础教程
(c)

标准基础教程
(d)

标准基础教程
(e)

图 6-15 文字样式

②"加粗" **B** 和 "斜体" *I* 按钮：用于设置文字的加粗或斜体效果，但这两个按钮只对 TrueType 字体有效。加粗效果如图 6-15（a）所示，斜体效果如图 6-15（b）所示。

③"删除线"按钮：用于在文字上设置或取消水平删除线，效果如图 6-15（c）所示。

④"下划线" **U** 和 "上划线" **O** 按钮：用于设置或取消文字的上划线或下划线。下划线效果如图 6-15（d）所示，上划线效果如图 6-15（e）所示。

⑤"堆叠"按钮：用于堆叠或不堆叠所选的文字，也就是创建或取消分数形式。当文字中某处出现 "/" "^" 或 "#" 3 种堆叠符号之一时，选中需堆叠的文字，才可堆叠，二者缺一不可。符号左边的文字作为分子、右边的文字作为分母进行堆叠。

AutoCAD 提供了 3 种分数形式。

- 如果选中 "abcd/efgh" 后单击该按钮，则得到如图 6-16（a）所示的分数形式。
- 如果选中 "abcd^efgh" 后单击该按钮，则得到如图 6-16（b）所示的形式，此形式多用于标注极限偏差。

abcd　　abcd　　abcd/
efgh　　efgh　　　efgh
(a)　　　(b)　　　(c)

图 6-16 文字堆叠

- 如果选中 "abcd#efgh" 后单击该按钮，则创建斜排的分数形式，如图 6-16（c）所示。

如果选中已经堆叠的文字对象后单击该按钮，则恢复到不堆叠形式。

⑥"倾斜角度"（0/）文本框：用于设置文字的倾斜角度。

> **举一反三：**
>
> 倾斜角度与斜体是两个不同的概念，前者可以设置任意倾斜角度，后者是在任意倾斜角度的基础上设置斜体效果，如图 6-17 所示，第一行倾斜角度为 0°，非斜体效果；第二行倾斜角度为 12°，非斜体效果；第三行倾斜角度为 12°，斜体效果。
>
> 都市农夫
> *都市农夫*
> *都市农夫*
>
> 图 6-17 倾斜角度与斜体

⑦"符号"按钮@：用于输入各种符号。单击该按钮，系统打开符号列表，如图 6-18 所示，可以从中选择符号进行输入。

⑧"字段"按钮：用于插入一些常用或预设字段。单击该按钮，系统打开"字段"对话框，如图 6-19 所示，可以从中选择字段进行插入。

⑨"追踪"下拉列表框：用于增大或减小选定文字之间的距离。值为 1.0 表示常规间距，大于 1.0 表示增大间距，小于 1.0 表示减小间距。

⑩"宽度因子"下拉列表框：用于扩展或收缩选定的文字。值为 1.0 表示此字体中字母的常规宽度，可以增大或减小该宽度。

⑪"上标"按钮 x^2：将选定文字转换为上标，即在输入线的上方设置稍小的文字。

图 6-18 符号列表

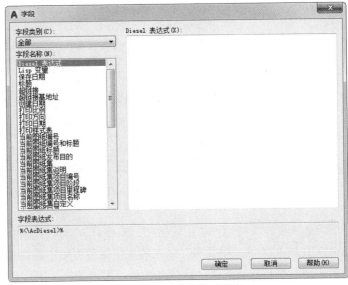

图 6-19 "字段"对话框

⑫ "下标"按钮 X：将选定文字转换为下标，即在输入线的下方设置稍小的文字。

⑬ "清除格式"下拉列表框：删除选定文字的字符格式，或删除选定段落的段落格式，或删除选定段落中的所有格式。

⑭ "项目符号和编号"下拉列表框：显示用于创建列表的选项。

- 关闭：如果选择该选项，将从应用了列表格式的选定文字中删除数字、字母和项目符号；不更改缩进状态。
- 以数字标记：将带有句点的数字列表格式应用于列表中的项。
- 以字母标记：将带有句点的字母列表格式应用于列表中的项。如果列表中的项多于字母中含有的字母，可以使用双字母继续序列。
- 以项目符号标记：将项目符号应用于列表中的项。
- 起点：在列表格式中启动新的字母或数字序列。如果选定的项位于列表中间，则选定项下面的未选定项也将成为新列表的一部分。
- 连续：将选定的段落添加到上面最后一个列表然后继续序列。如果选择了列表项而非段落，选定项下面的未选定项将继续序列。
- 允许自动项目符号和编号：在输入时应用列表格式。以下字符可以作为字母和数字后的标点，但不能作为项目符号：句点（.）、逗号（,）、右括号（)）、右尖括号（>）、右方括号（]）和右花括号（}）。
- 允许项目符号和列表：如果选择该选项，列表格式将应用于外观类似列表的多行文字对象中的所有纯文字。

⑮ "拼写检查"按钮：确定输入时拼写检查是处于打开状态还是处于关闭状态。

⑯ "编辑词典"按钮：显示"词典"对话框，从中可添加或删除在拼写检查过程中使用的自定义词典。

⑰ "标尺"按钮：在编辑器顶部显示标尺。拖动标尺末尾的箭头可更改文字对象的宽度。

⑱ "'段落'对话框启动器"按钮：为段落和段落的第一行设置缩进。在"段落"对话框中可指定制表位和缩进，控制段落对齐方式、段落间距和段落行距，如图 6-20 所示。

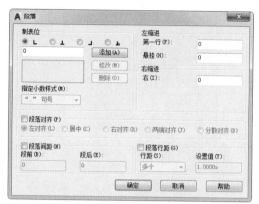

图 6-20 "段落"对话框

⑲ "输入文字"按钮：单击该按钮，系统打开"选择文件"对话框，如图 6-21 所示，选择任意 ASCII 或 RTF 格式的文件。输入的文字保留原始字符格式和样式特性，但可以在多行文字编辑器中进行编辑和格式化。选择文件后，可以替换其中选定的文字或全部文字，或在文字边界内将插入的文字附加到选定的文字中。输入文字的文件必须小于 32KB。

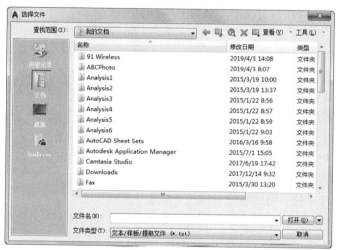

图 6-21 "选择文件"对话框

⑳ "编辑器设置"命令：显示"文字格式"工具栏的选项列表。有关详细信息可参见编辑器设置。

高手支招：

多行文字是由任意数目的文字行或段落组成的，可以布满指定的宽度，还可以沿垂直方向无限延伸。多行文字中，无论行数是多少，单个编辑任务中创建的每个段落集将构成单个对象；用户可对其进行移动、旋转、删除、复制、镜像或缩放操作。

6.2.3 操作实践——绘制多层书柜

绘制多层书柜

本例绘制如图 6-22 所示的多层书柜。操作步骤如下。

（1）单击"默认"选项卡"绘图"面板中的"矩形"按钮 □，绘制书柜，指定矩形的右下角点为(0,0)，长度为 1260，宽度为 960，在原点的左上方单击鼠标一次，确定矩形的方向，如图 6-23 所示。

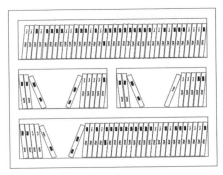
图 6-22　多层书柜

图 6-23　绘制外框

（2）单击"默认"选项卡"修改"面板中的"分解"按钮 🗗，将矩形分解。

（3）单击"默认"选项卡"修改"面板中的"偏移"按钮 ⊆，将上侧的水平直线依次向下偏移 60、240、60、240、60、240，将左侧的竖直直线依次向右偏移 60、540、60、540，如图 6-24 所示。

（4）单击"默认"选项卡"修改"面板中的"修剪"按钮 ⊬，进行修剪操作，结果如图 6-25 所示。

（5）单击"默认"选项卡"绘图"面板中的"直线"按钮 ╱，绘制直线，作为书，坐标分别为{(-1199,264.67)、(-1172.35,269.45)、(-1134.41,63.19)、(-1162.70,60)、(-1199,264.67)}，如图 6-26 所示。

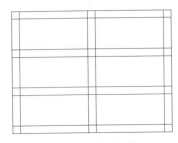
图 6-24　偏移直线

图 6-25　修剪图形

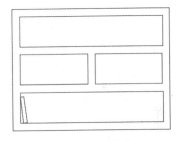
图 6-26　绘制书

（6）多行文字标注。单击"默认"选项卡"注释"面板中的"多行文字"按钮 𝐀，打开"文字编辑器"选项卡，用鼠标在书中合适位置拉出一个矩形框，输入文字"BOOK"，将文字的高度设置为 10，单击"关闭"按钮，然后单击"默认"选项卡"修改"面板中的"旋转"按钮 ↻，调整文字的方向，结果如图 6-27 所示。

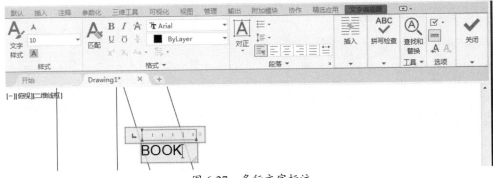
图 6-27　多行文字标注

（7）继续单击"默认"选项卡"注释"面板中的"多行文字"按钮 A，用鼠标在书中合适位置拉出一个矩形框，输入文字"book"，文字的高度也是 10，单击"关闭"按钮，然后单击"默认"选项卡"修改"面板中的"旋转"按钮，调整文字的方向，如图 6-28 所示。

（8）分别单击"默认"选项卡"修改"面板中的"复制"按钮、"旋转"按钮和"移动"按钮，绘制其余位置的书，如图 6-29 所示。

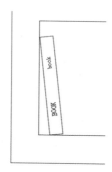

图 6-28　添加文字

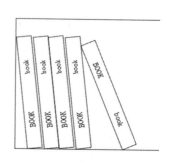

图 6-29　绘制其余位置的书

（9）绘制其余图形，结果如图 6-30 所示。

6.3　文字编辑

AutoCAD 2020 提供了文字编辑器，通过这个编辑器可以方便、直观地设置需要的文字样式，或是对已有文字样式进行修改。

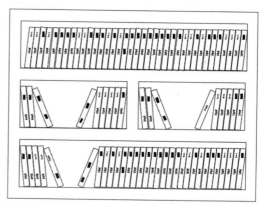

图 6-30　绘制其余图形

【预习重点】

- 了解文字编辑的适用范围。
- 利用不同方法打开文字编辑器。
- 了解文字编辑器中不同参数的含义。

【执行方式】

- 命令行：TEXTEDIT（快捷命令：ED）。
- 菜单栏：选择菜单栏中的"修改"→"对象"→"文字"→"编辑"命令。
- 工具栏：单击"文字"工具栏中的"编辑"按钮。

【操作步骤】

命令行提示与操作如下：

```
命令：TEXTEDIT↙
当前设置：编辑模式 = Multiple
选择注释对象或 [放弃(U)/模式(M)]：
```

要求选择想要修改的文字，同时光标变为拾取框。用拾取框选择对象时有两种不同情况。

（1）如果选择的文字是用"TEXT"命令创建的单行文字，则深显该文字，可对其进行修改。

（2）如果选择的文字是用"MTEXT"命令创建的多行文字，选择对象后则打开"文字编辑器"选项卡和多行文字编辑器，可根据前面的介绍对各项设置或内容进行修改。

6.4 表格

在以前的AutoCAD版本中，要绘制表格必须借助绘制图线或结合"偏移""复制"等编辑命令来完成，这样的操作过程烦琐而复杂，不利于提高绘图效率。自从AutoCAD 2020新增加了"表格"绘图功能之后，创建表格就变得非常容易了，用户可以直接插入设置好样式的表格。同时，随着版本的不断升级，表格功能也在日趋完善、精益求精。

【预习重点】
- 练习如何定义表格样式。
- 观察"插入表格"对话框中选项卡的设置。
- 练习插入表格文字。

6.4.1 定义表格样式

和文字样式一样，所有AutoCAD图形中的表格都有与其相对应的表格样式。当插入表格对象时，系统使用当前设置的表格样式。表格样式是用来控制表格基本形状和间距的一组设置。模板文件acad.dwt和acadiso.dwt中定义了名为Standard的默认表格样式。

【执行方式】
- 命令行：TABLESTYLE。
- 菜单栏：选择菜单栏中的"格式"→"表格样式"命令。
- 工具栏：单击"样式"工具栏中的"表格样式管理器"按钮 。
- 功能区：单击"默认"选项卡"注释"面板中的"表格样式"按钮 （如图6-31所示）或选择"注释"选项卡"表格"面板"表格样式"下拉列表框中的"管理表格样式"选项（如图6-32所示）或单击"注释"选项卡"表格"面板中的"对话框启动器"按钮 。

图6-31 "表格样式"按钮

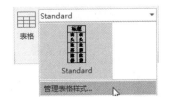

图6-32 "管理表格样式"选项

【操作步骤】

执行上述操作后，系统打开"表格样式"对话框，如图6-33所示。

【选项说明】

（1）"新建"按钮：单击该按钮，系统打开"创建新的表格样式"对话框，如图6-34所示。输入新的表格样式名（如"Standard副本"）后，单击"继续"按钮，系统打开"新建表格样式：Standard副本"对话框，如图6-35所示，从中可以定义新的表格样式。

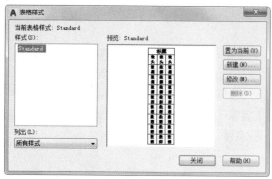

图 6-33 “表格样式”对话框

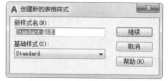

图 6-34 “创建新的表格样式”对话框

其中，“单元样式”下拉列表框中有 3 个重要的选项：“数据”“表头”和“标题”，分别控制表格中数据、列标题和总标题的有关参数，如图 6-36 所示。对话框中有 3 个重要的选项卡，分别介绍如下。

①“常规”选项卡：用于控制数据栏与标题栏的上下位置关系。

②“文字”选项卡：用于设置文字属性。选择该选项卡，在“文字样式”下拉列表框中可以选择已定义的文字样式并应用于数据文字，也可以单击右侧的...按钮重新定义文字样式。其中“文字高度”“文字颜色”和“文字角度”各选项设定的相应参数格式可供用户选择。

③“边框”选项卡：用于设置表格的边框属性。下面的边框线按钮控制数据边框线的各种形式，如绘制所有数据边框线、只绘制数据边框外部边框线、只绘制数据边框内部边框线、无边框线、只绘制底部边框线等。选项卡中的“线宽”“线型”和“颜色”下拉列表框则分别控制边框线的线宽、线型和颜色；选项卡中的“间距”文本框用于控制单元边界和内容之间的间距。

如图 6-37 所示，“数据”文字样式为 Standard，文字高度为 4.5，文字颜色为“红色”，对齐方式为“右上”；“标题”文字样式为 Standard，文字高度为 6，文字颜色为“蓝色”，对齐方式为“正中”；表格方向为“向下”，水平单元边距和垂直单元边距都为 1.5。

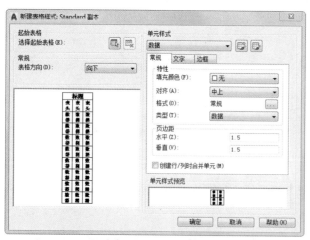

图 6-35 “新建表格样式:Standard 副本”对话框

标题		
表头	表头	表头
数据	数据	数据
数据	数据	数据
数据	数据	数据
数据	数据	数据
数据	数据	数据
数据	数据	数据

图 6-36 表格样式

标题		
数据	数据	数据
数据	数据	数据
数据	数据	数据
数据	数据	数据
数据	数据	数据
数据	数据	数据
数据	数据	数据
数据	数据	数据

图 6-37 表格示例

（2）“修改”按钮：用于对当前表格样式进行修改，方式与新建表格样式相同。

6.4.2 创建表格

设置好表格样式后,用户可以利用"TABLE"命令创建表格。

【执行方式】

- 命令行:TABLE。
- 菜单栏:选择菜单栏中的"绘图"→"表格"命令。
- 工具栏:单击"绘图"工具栏中的"表格"按钮 ▦。
- 功能区:单击"默认"选项卡"注释"面板中的"表格"按钮 ▦ 或单击"注释"选项卡"表格"面板中的"表格"按钮 ▦。

【操作步骤】

执行上述操作后,系统打开"插入表格"对话框,如图6-38所示。

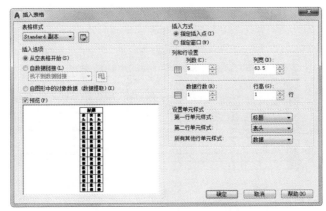

图6-38 "插入表格"对话框

【选项说明】

(1)"表格样式"选项组:可以在"表格样式"下拉列表框中选择一种表格样式,也可以通过单击后面的 按钮来新建或修改表格样式。

(2)"插入选项"选项组:指定插入表格的方式。

①"从空表格开始"单选按钮:创建可以手动填充数据的空表格。

②"自数据链接"单选按钮:通过启动"数据链接管理器"对话框来创建表格。

③"自图形中的对象数据(数据提取)"单选按钮:通过启动"数据提取"向导来创建表格。

(3)"插入方式"选项组。

①"指定插入点"单选按钮:指定表格左上角的位置,可以使用定点设备,也可以在命令行窗口中输入坐标值。如果在表格样式中将"表格方向"设置为"向上",则插入点位于表格左下角。

②"指定窗口"单选按钮:指定表格的大小和位置,可以使用定点设备,也可以在命令行窗口中输入坐标值。选中该单选按钮时,行数、列数、列宽和行高取决于指定窗口的大小以及列和行设置。

(4)"列和行设置"选项组:指定列和数据行的数目以及列宽与行高。

(5)"设置单元样式"选项组:指定"第一行单元样式""第二行单元样式"和"所有其他行单元样式"是标题、表头还是数据。

高手支招：
在"插入方式"选项组中选中"指定窗口"单选按钮后，列和行设置的两个参数中只能指定一个，另外一个由指定窗口的大小自动等分来确定。

在"插入表格"对话框中进行相应设置后，单击"确定"按钮，系统在指定的插入点或窗口自动插入一个空表格，并显示"文字编辑器"选项卡，用户可以逐行、逐列输入相应的文字或数据，如图 6-39 所示。

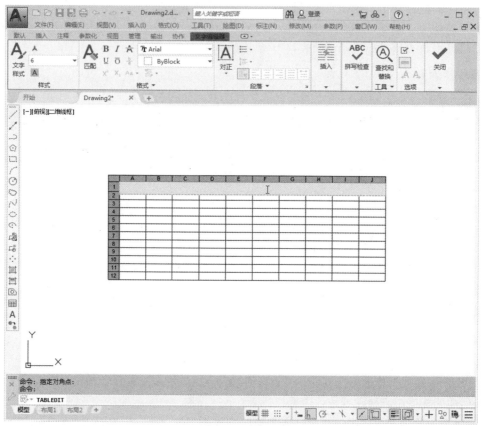

图 6-39　插入空表格

举一反三：
在插入的表格中选择某个单元格，单击后出现夹点，如图 6-40 所示，通过移动夹点可以改变单元格大小。

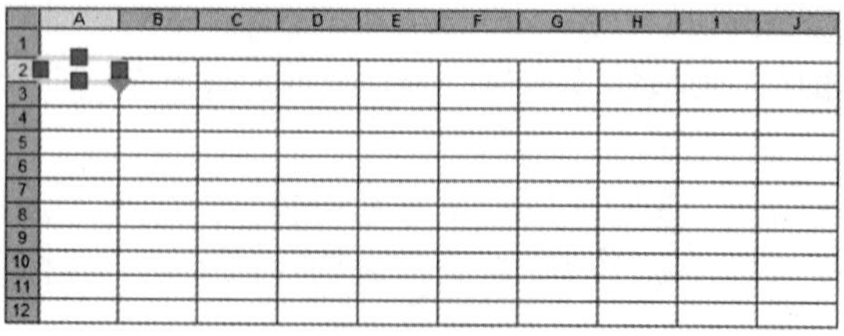

图 6-40　夹点

6.4.3 编辑表格文字

【执行方式】

- 命令行：TABLEDIT。
- 快捷菜单：选择表格和一个或多个单元格后右击，在弹出的快捷菜单中选择"编辑文字"命令。
- 定点设备：在表格的单元格内双击。

6.4.4 操作实践——绘制 A2 图框

本例绘制如图 6-41 所示的 A2 图框。操作步骤如下。

（1）打开 AutoCAD 软件，系统自动建立新图形文件。

（2）选择菜单栏中的"格式"→"单位"命令，系统打开"图形单位"对话框，如图 6-42 所示。设置"长度"的"类型"为"小数"，"精度"为 0.0000；"角度"的"类型"为"十进制度数"，"精度"为 0，系统默认逆时针方向为正，单击"确定"按钮。

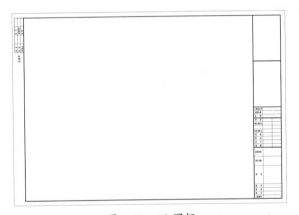

图 6-41　A2 图框

图 6-42　"图形单位"对话框

（3）设置图形边界。国标对图纸的幅面大小有严格规定，在这里，不妨按国标 A2 图纸幅面设置图形边界。A2 图纸的幅面为 594mm×420mm，选择菜单栏中的"格式"→"图形界限"命令。命令行提示与操作如下：

```
命令：LIMITS✓
重新设置模型空间界限：
指定左下角点或 [开(ON)/关(OFF)] <0.0000,0.0000>：✓
指定右上角点 <12.0000,9.0000>：59400,42000✓
```

（4）设置文字样式。选择菜单栏中的"格式"→"文字样式"命令，打开"文字样式"对话框，如图 6-43 所示，单击"新建"按钮，打开"新建文字样式"对话框，如图 6-44 所示。对字体和高度进行设置。

（5）绘制图框。单击"默认"选项卡"绘图"面板中的"多段线"按钮 ，将线宽设置为 100，绘制长为 56000、宽为 40000 的矩形，如图 6-45 所示。

高手支招：
国家标准规定 A2 图纸的幅面大小是 594mm×420mm，这里留出了带装订边的图框到图纸边界的距离。

图 6-43　"文字样式"对话框　　　　图 6-44　"新建文字样式"对话框

（6）单击"默认"选项卡"修改"面板中的"偏移"按钮 ⊂，将右侧的竖直直线向左偏移，偏移距离为 6000，如图 6-46 所示。

图 6-45　绘制矩形　　　　　　　　图 6-46　偏移竖直直线

（7）单击"默认"选项卡"修改"面板中的"偏移"按钮 ⊂，将上侧的水平直线依次向下偏移，偏移距离为 9950、10050、800、800、800、800、800、800、800、800、800、800、2000、2000、4000、800、800 和 800，然后单击"默认"选项卡"绘图"面板中的"直线"按钮 ／、"修改"面板中的"分解"按钮 和"修剪"按钮 ，绘制竖直直线，并对部分多段线进行分解和修剪，如图 6-47 所示。

（8）单击"默认"选项卡"绘图"面板中的"多行文字"按钮 A，在合适位置绘制文字，如图 6-48 所示。

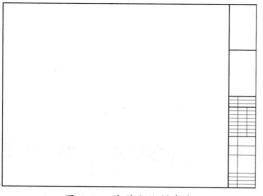

图 6-47　偏移和绘制直线　　　　　　图 6-48　绘制文字

（9）绘制会签栏。单击"默认"选项卡"绘图"面板中的"多段线"按钮，绘制长为 7500、宽为 2100 的矩形，如图 6-49 所示。

（10）单击"默认"选项卡"修改"面板中的"偏移"按钮，将左侧的竖直直线依次向右偏移 1875、1875 和 1875，将上侧的水平直线依次向下偏移 700 和 700，单击"默认"选项卡"修改"面板中的"分解"按钮，将偏移的多段线分解，如图 6-50 所示。

图 6-49 绘制多段线 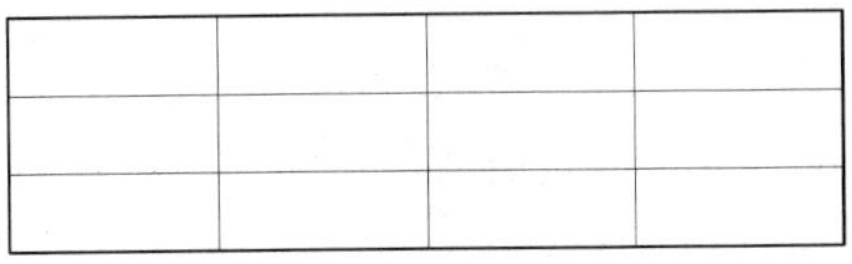　　　　　　　　图 6-50 偏移直线

（11）单击"默认"选项卡"绘图"面板中的"多行文字"按钮，在表格内输入文字，如图 6-51 所示。

图 6-51 输入文字

（12）单击"默认"选项卡"修改"面板中的"旋转"按钮和"移动"按钮，布置会签栏，如图 6-52 所示。

图 6-52 布置会签栏

（13）单击"默认"选项卡"绘图"面板中的"矩形"按钮 ▭，以大矩形的左上角点为基点，相对偏移量为@-2500,1000，绘制长度为59400、宽度为42000的矩形，结果如图6-41所示。

6.5 尺寸

组成尺寸标注的尺寸线、尺寸界线、尺寸文字和尺寸箭头有多种形式，尺寸标注以什么形态出现，取决于当前所采用的尺寸标注样式。尺寸标注样式决定尺寸标注的形式，包括尺寸线、尺寸界线、尺寸箭头、中心标记的形式，以及尺寸文字的位置和特性等。在AutoCAD 2020中，用户可以利用"标注样式管理器"对话框方便地设置自己需要的尺寸标注样式。

【预习重点】
- 了解如何设置尺寸标注样式。
- 了解如何设置尺寸标注样式参数。

6.5.1 尺寸标注样式

在进行尺寸标注之前，最好建立尺寸标注样式。如果用户不建立尺寸标注样式而直接进行标注，则系统使用默认的名称为 Standard 的样式。用户如果认为使用的标注样式有某些设置不合适，也可以修改标注样式。

【执行方式】
- 命令行：DIMSTYLE（快捷命令：D）。
- 菜单栏：选择菜单栏中的"格式"→"标注样式"命令或"标注"→"标注样式"命令。
- 工具栏：单击"标注"工具栏中的"标注样式"按钮 ╾。
- 功能区：选择"注释"选项卡"标注"面板"标注样式"下拉列表框中的"管理标注样式"选项（如图6-53所示）或单击"注释"选项卡"标注"面板中的"对话框启动器"按钮 ⌐。

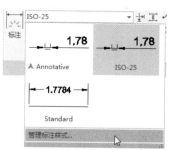

图6-53 "管理标注样式"选项

【操作步骤】

执行上述操作后，弹出"标注样式管理器"对话框，如图6-54所示。利用该对话框可方便、直观地设置和浏览尺寸标注样式，包括建立新的尺寸标注样式、修改已存在的尺寸标注样式、设置当前的尺寸标注样式、重命名尺寸标注样式、删除一个已存在的尺寸标注样式等。

【选项说明】

(1)"置为当前"按钮:单击该按钮,把在"样式"列表框中选中的样式设置为当前样式。

(2)"新建"按钮:定义一个新的尺寸标注样式。单击该按钮,弹出"创建新标注样式"对话框,如图 6-55 所示,利用该对话框可创建一个新的尺寸标注样式(如"副本 ISO-25")。

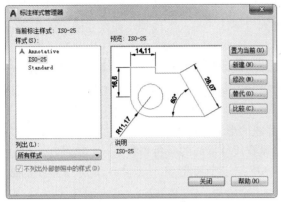

图 6-54 "标注样式管理器"对话框

图 6-55 "创建新标注样式"对话框

(3)"修改"按钮:修改一个已存在的尺寸标注样式。单击该按钮,弹出"修改标注样式"对话框,该对话框中的各选项与"创建新标注样式"对话框中的各选项完全相同,用户可以对已有标注样式进行修改。

(4)"替代"按钮:设置临时的尺寸标注样式,覆盖原来的尺寸标注样式。单击该按钮,弹出"新建标注样式:副本 ISO-25"对话框,如图 6-56 所示。用户可改变选项的设置,以覆盖原来的设置,但这种修改只对指定的尺寸标注起作用,而不影响当前尺寸变量的设置。

(5)"比较"按钮:比较两个尺寸标注样式在参数上的区别,或浏览一个尺寸标注样式的参数设置。单击该按钮,弹出"比较标注样式"对话框,如图 6-57 所示。可以把比较结果复制到剪贴板上,然后再粘贴到其他应用软件中。

图 6-56 "新建标注样式:副本 ISO-25"对话框

图 6-57 "比较标注样式"对话框

下面对图 6-56 所示的"新建标注样式:副本 ISO-25"对话框中的主要选项卡进行简要说明。

1. "线"选项卡

"线"选项卡用于设置尺寸线、尺寸界线的形式和特性。现对该选项卡中的各选项分别进行说明。

（1）"尺寸线"选项组：用于设置尺寸线的特性，其中各选项的含义如下。

① "颜色""线型"和"线宽"下拉列表框：用于设置尺寸线的颜色、线型和线宽。

② "超出标记"文本框：当尺寸箭头设置为短斜线、短波浪线等，或尺寸线上无箭头时，可利用该文本框设置尺寸线超出尺寸界线的距离。

③ "基线间距"文本框：设置以基线方式标注尺寸时，相邻两条尺寸线之间的距离。

④ "隐藏"复选框组：确定是否隐藏尺寸线及相应的箭头。选中"尺寸线1（2）"复选框，表示隐藏第一（二）条尺寸线。

（2）"尺寸界线"选项组：用于确定尺寸界线的形式，其中各选项的含义如下。

① "颜色"和"线宽"下拉列表框：用于设置尺寸界线的颜色和线宽。

② "尺寸界线 1（2）的线型"下拉列表框：用于设置第一（二）条尺寸界线的线型[DIMLTEX1（2）系统变量]。

③ "超出尺寸线"文本框：用于确定尺寸界线超出尺寸线的距离。

④ "起点偏移量"文本框：用于确定尺寸界线的实际起始点相对于指定尺寸界线起始点的偏移量。

⑤ "隐藏"复选框组：确定是否隐藏尺寸界线。

⑥ "固定长度的尺寸界线"复选框：选中该复选框，系统以固定长度的尺寸界线标注尺寸，可以在其下面的"长度"文本框中输入长度值。

（3）尺寸标注样式显示框：位于对话框的右上方，以样例的形式显示用户设置的尺寸标注样式。

2. "符号和箭头"选项卡

"符号和箭头"选项卡如图 6-58 所示。该选项卡用于设置箭头、圆心标记、折断标注、弧长符号、半径折弯标注、线性折弯标注的形式和特性。现对该选项卡中的各选项分别进行说明。

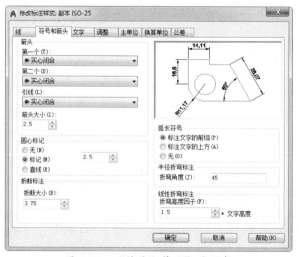

图 6-58 "符号和箭头"选项卡

(1)"箭头"选项组：用于设置箭头的形式。AutoCAD 提供了多种箭头形状，列在"第一个"和"第二个"下拉列表框中。另外，还允许采用用户自定义的箭头形状。两个箭头可以采用相同的形式，也可以采用不同的形式。

①"第一（二）个"下拉列表框：用于设置第一（二）个尺寸箭头的形式。此下拉列表框中列出了各类箭头的形状和名称。一旦选择了第一个箭头的类型，第二个箭头则自动与其匹配，要想第二个箭头取不同的形状，可在"第二个"下拉列表框中设定。

如果在下拉列表框中选择了"用户箭头"选项，则打开如图 6-59 所示的"选择自定义箭头块"对话框，可以事先把自定义的箭头存成一个图形块，在该对话框中输入该图形块名即可。

图 6-59　"选择自定义箭头块"对话框

②"引线"下拉列表框：确定引线箭头的形式，与"第一个"下拉列表框的设置类似。
③"箭头大小"文本框：用于设置箭头的大小。

(2)"圆心标记"选项组：用于设置半径标注、直径标注和中心标注中的中心标记和中心线形式。其中各选项含义如下。

①"无"单选按钮：选中该单选按钮，既不产生中心标记，也不产生中心线。
②"标记"单选按钮：选中该单选按钮，中心标记为一个点。
③"直线"单选按钮：选中该单选按钮，中心标记采用中心线的形式。
④"大小"文本框：用于设置中心标记和中心线的大小和粗细。

(3)"折断标注"选项组：用于控制折断标注的间距宽度。

(4)"弧长符号"选项组：用于控制弧长标注中圆弧符号的显示。其中各选项含义如下。

①"标注文字的前缀"单选按钮：选中该单选按钮，将弧长符号放在标注文字的左侧，如图 6-60（a）所示。
②"标注文字的上方"单选按钮：选中该单选按钮，将弧长符号放在标注文字的上方，如图 6-60（b）所示。
③"无"单选按钮：选中该单选按钮，不显示弧长符号，如图 6-60（c）所示。

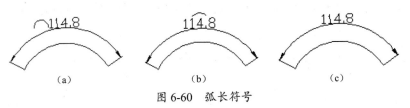

图 6-60　弧长符号

(5)"半径折弯标注"选项组：用于控制半径折弯（Z 字形）标注的显示。半径折弯标注通常在中心点位于页面外部时创建。在"折弯角度"文本框中可以输入连接半径折弯标注的尺寸界线和尺寸线的横向直线角度，如图 6-61 所示。

（6）"线性折弯标注"选项组：用于控制线性折弯标注的显示。当标注不能精确表示实际尺寸时，常将折弯线添加到线性标注中。通常，实际尺寸比所需值小。

3. "文字"选项卡

"文字"选项卡如图 6-62 所示。该选项卡用于设置尺寸标注文字的形式、布置、对齐方式等，现对该选项卡中的各选项分别进行说明。

图 6-61　折弯角度　　　　　　　图 6-62　"文字"选项卡

（1）"文字外观"选项组。

① "文字样式"下拉列表框：用于选择当前尺寸标注文字采用的文字样式。

② "文字颜色"下拉列表框：用于设置尺寸标注文字的颜色。

③ "填充颜色"下拉列表框：用于设置标注文字的背景颜色。

④ "文字高度"文本框：用于设置尺寸标注文字的高度。如果选用的文字样式中已设置了具体的文字高度（不是 0），则此处的设置无效；如果文字样式中设置的文字高度为 0，才以此处设置为准。

⑤ "分数高度比例"文本框：用于确定尺寸标注文字的比例系数。

⑥ "绘制文字边框"复选框：选中该复选框，AutoCAD 在尺寸标注文字的周围加上边框。

（2）"文字位置"选项组。

① "垂直"下拉列表框：用于确定尺寸标注文字相对于尺寸线在垂直方向的对齐方式，如图 6-63 所示。

(a) 上　　　　(b) 下　　　　(c) 居中　　　　(d) 外部　　　　(e) JIS（日本工业标准）

图 6-63　尺寸标注文字在垂直方向的对齐方式

② "水平"下拉列表框：用于确定尺寸标注文字相对于尺寸界线在水平方向的对齐方式。单击该下拉列表框，可从中选择的对齐方式有 5 种，如图 6-64 所示。

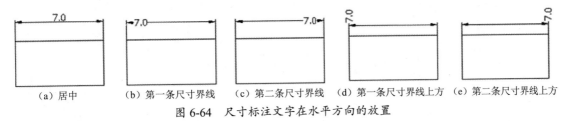

图 6-64 尺寸标注文字在水平方向的放置

③ "观察方向"下拉列表框：用于控制标注文字的观察方向（可用 DIMTXTDIRECTION 系统变量设置）。

④ "从尺寸线偏移"文本框：当尺寸标注文字放在断开的尺寸线中间时，该文本框用来设置尺寸标注文字与尺寸线之间的距离。

（3）"文字对齐"选项组：用于控制尺寸标注文字的排列方向。

① "水平"单选按钮：选中该单选按钮，尺寸标注文字沿水平方向放置。不论标注什么方向的尺寸，尺寸标注文字总保持水平。

② "与尺寸线对齐"单选按钮：选中该单选按钮，尺寸标注文字沿尺寸线方向放置。

③ "ISO 标准"单选按钮：选中该单选按钮，当尺寸标注文字在尺寸界线之间时，沿尺寸线方向放置；在尺寸界线之外时，沿水平方向放置。

6.5.2 标注尺寸

正确地进行尺寸标注是设计绘图工作中非常重要的一个环节，AutoCAD 2020 提供了方便、快捷的尺寸标注方法，可通过执行命令实现，也可利用菜单或工具按钮实现。本节将重点介绍如何对各种类型的尺寸进行标注。

【预习重点】

- 了解尺寸标注类型。
- 练习不同尺寸标注类型的应用。

1．线性标注

【执行方式】

- 命令行：DIMLINEAR（或 DIMLIN；快捷命令：DLI）。
- 菜单栏：选择菜单栏中的"标注"→"线性"命令。
- 工具栏：单击"标注"工具栏中的"线性"按钮。
- 功能区：单击"默认"选项卡"注释"面板中的"线性"按钮（如图 6-65 所示）或单击"注释"选项卡"标注"面板中的"线性"按钮（如图 6-66 所示）。

【操作步骤】

命令行提示与操作如下：

命令：DIMLINEAR✓
指定第一个尺寸界线原点或 <选择对象>：

在此提示下有两种选择，直接按 Enter 键选择要标注的对象或确定尺寸界线的起始点。按 Enter 键并选择要标注的对象或指定两条尺寸界线的起始点后，命令行提示与操作如下：

指定尺寸线位置或 [多行文字(M)/文字(T)/角度(A)/水平(H)/垂直(V)/旋转(R)]：

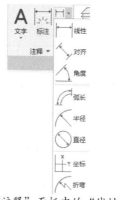
图 6-65 "注释"面板中的"线性"按钮

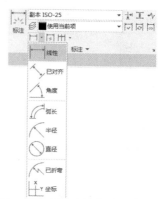
图 6-66 "标注"面板中的"线性"按钮

【选项说明】

(1) 指定尺寸线位置：用于确定尺寸线的位置。用户可移动鼠标选择合适的尺寸线位置，然后按 Enter 键或单击，AutoCAD 则自动测量要标注线段的长度并标注出相应的尺寸。

(2) 多行文字(M)：用多行文字编辑器确定尺寸标注文字。

(3) 文字(T)：用于在命令行提示下输入或编辑尺寸标注文字。选择该选项后，命令行提示与操作如下：

```
输入标注文字 <默认值>:
```

其中的默认值是 AutoCAD 自动测量得到的被标注线段的长度，直接按 Enter 键即可采用此长度值，也可输入其他数值代替默认值。当尺寸标注文字中包含默认值时，可使用尖括号"< >"表示默认值。

(4) 角度(A)：用于确定尺寸标注文字的倾斜角度。

(5) 水平(H)：水平标注尺寸，不论标注什么方向的线段，尺寸线总保持水平放置。

(6) 垂直(V)：垂直标注尺寸，不论标注什么方向的线段，尺寸线总保持垂直放置。

(7) 旋转(R)：输入尺寸线旋转的角度值，旋转标注尺寸。

2. 对齐标注

【执行方式】

- 命令行：DIMALIGNED（快捷命令：DAL）。
- 菜单栏：选择菜单栏中的"标注"→"对齐"命令。
- 工具栏：单击"标注"工具栏中的"对齐"按钮 。
- 功能区：单击"默认"选项卡"注释"面板中的"对齐"按钮 或单击"注释"选项卡"标注"面板中的"对齐"按钮 。

【操作步骤】

命令行提示与操作如下：

```
命令: DIMALIGNED↙
指定第一个尺寸界线原点或<选择对象>:
指定第二条尺寸界线原点:
指定尺寸线位置或 [多行文字(M)/文字(T)/角度(A)]:
```

使用这种命令标注的尺寸线与所标注轮廓线平行，标注起始点与终点之间的距离。

3．基线标注

基线标注用于产生一系列基于同一尺寸界线的尺寸标注，适用于长度、角度和坐标标注。在使用基线标注方式之前，应该先标注出一个相关的尺寸作为基线标准。

【执行方式】

- 命令行：DIMBASELINE（快捷命令：DBA）。
- 菜单栏：选择菜单栏中的"标注"→"基线"命令。
- 工具栏：单击"标注"工具栏中的"基线"按钮。
- 功能区：单击"注释"选项卡"标注"面板中的"基线"按钮。

【操作步骤】

命令行提示与操作如下：

命令：DIMBASELINE↙
指定第二个尺寸界线原点或 [选择(S)/放弃(U)] <选择>：

【选项说明】

（1）指定第二个尺寸界线原点：直接确定第二条尺寸界线的起点，AutoCAD 以上次标注的尺寸为基准标注，标注出相应尺寸。

（2）选择(S)：在上述提示下直接按 Enter 键，命令行提示与操作如下：

选择基准标注：（选取作为基准的尺寸标注）

4．连续标注

连续标注又称尺寸链标注，用于产生一系列连续的尺寸标注，后一个尺寸标注均把前一个尺寸标注的第二条尺寸界线作为它的第一条尺寸界线。此方式适用于长度、角度和坐标标注。在使用连续标注方式之前，应该先标注出一个相关的尺寸。

【执行方式】

- 命令行：DIMCONTINUE（快捷命令：DCO）。
- 菜单栏：选择菜单栏中的"标注"→"连续"命令。
- 工具栏：单击"标注"工具栏中的"连续"按钮。
- 功能区：单击"注释"选项卡"标注"面板中的"连续"按钮。

【操作步骤】

命令行提示与操作如下：

命令：DIMCONTINUE
指定第二个尺寸界线原点或 [选择(S)/放弃(U)] <选择>：

【选项说明】

此提示下的各选项与基线标注中的各选项完全相同，此处不再赘述。

高手支招：

AutoCAD 允许用户使用基线标注方式和连续标注方式进行角度标注，如图 6-67 所示。

(a) 基线标注　　　　　　(b) 连续标注

图 6-67　使用基线标注方式和连续标注方式进行角度标注

> **高手支招：**
> 使用对齐标注方式时，尺寸线将平行于两条尺寸界线原点的连线（想象或实际）。基线标注和连续标注是一系列基于线性标注的标注。连续标注是首尾相连的多个标注。在创建基线标注或连续标注之前，必须创建线性标注、对齐标注或角度标注。可从当前任务最近创建的标注中以增量方式创建基线标注。

5. 引线标注

利用"QLEADER"命令可快速生成指引线及注释。用户可通过"引线设置"对话框自定义该命令，由此消除不必要的命令行提示，取得较高的工作效率。

【执行方式】

- 命令行：QLEADER。

【操作步骤】

命令行提示与操作如下：

```
命令：QLEADER↙
指定第一个引线点或 [设置(S)] <设置>：
```

【选项说明】

（1）指定第一个引线点：在上面的提示下确定一点作为引线的第一点。命令行提示与操作如下：

```
指定下一点：(输入引线的第二点)
指定下一点：(输入引线的第三点)
```

AutoCAD 提示用户输入的点的数目由"引线设置"对话框（如图 6-68 所示）确定。输入完引线的点后，命令行提示与操作如下：

```
指定文字宽度 <0.0000>：(输入多行文字的宽度)
输入注释文字的第一行 <多行文字(M)>：
```

此时有两个选项，选项含义如下。

①输入注释文字的第一行：在命令行窗口中输入第一行文字。

②多行文字(M)：打开多行文字编辑器，输入并编辑多行文字。

直接按 Enter 键，结束"QLEADER"命令并把多行文字标注在引线的末端附近。

（2）设置(S)：直接按 Enter 键或输入"S"，打开如图 6-68 所示的"引线设置"对话框，允许对引线标注进行设置。该对话框包含"注释""引线和箭头"和"附着"3 个选项卡，下面分别进行介绍。

①"注释"选项卡（如图 6-68 所示）：用于设置引线标注中注释文字的类型、多行文字的格式并确定注释文字是否多次使用。

②"引线和箭头"选项卡（如图 6-69 所示）：用来设置引线标注中引线和箭头的形式。其中"点数"选项组设置执行"QLEADER"命令时 AutoCAD 提示用户输入的点的数目。例如，设置点数为 3，则执行"QLEADER"命令时，当用户在提示下指定 3 个点后，AutoCAD 自动提示用户输入注释文字。注意，设置的点数要比用户希望的引线的点数多 1，可利用文本框进行设置。如果选中"无限制"复选框，AutoCAD 会一直提示用户输入点直到连续两次按 Enter 键为止。"角度约束"选项组设置第一段和第二段引线的角度约束。

图 6-68 "引线设置"对话框的"注释"选项卡

图 6-69 "引线设置"对话框的"引线和箭头"选项卡

③ "附着"选项卡（如图 6-70 所示）：设置注释文字和引线的相对位置。如果最后一段引线指向右边，则系统自动把注释文字放在右侧；反之放在左侧。该选项卡中，左侧和右侧的单选按钮分别设置位于左侧和右侧的注释文字与最后一段引线的相对位置，二者可相同也可不同。

图 6-70 "引线设置"对话框的"附着"选项卡

6.6 综合演练——标注居室平面图尺寸

本例标注如图 6-71 所示的居室平面图尺寸。

6.6.1 设置绘图环境

（1）创建图形文件。启动 AutoCAD 2020 软件，选择菜单栏中的"格式"→"单位"命令，在打开的"图形单位"对话框中设置"角度"的"类型"为"十进制度数"，"精度"为 0，如图 6-72 所示。单击"方向"按钮，系统打开"方向控制"对话框。将"基准角度"设置为"东"，如图 6-73 所示。

（2）命名图形。单击快速访问工具栏中的"保存"按钮，打开"图形另存为"对话框，输入图形名称"建筑平面图"，如图 6-74 所示。单击"保存"按钮，完成对新建图形文件的保存。

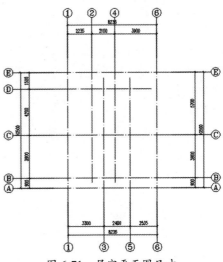
图 6-71 居室平面图尺寸

图 6-72 "图形单位"对话框

图 6-73 "方向控制"对话框

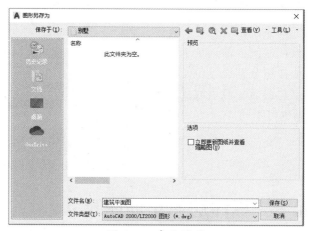

图 6-74 命名图形

（3）设置图层。单击"默认"选项卡"图层"面板中的"图层特性"按钮，打开"图层特性管理器"选项板，依次创建平面图中的基本图层，如"轴线""尺寸标注"等，如图 6-75 所示。

图 6-75 设置图层

6.6.2 绘制建筑轴线

（1）将"轴线"图层设置为当前图层。单击"默认"选项卡"绘图"面板中的"直线"按

钮 ，绘制长度为 10000 的水平直线和长度为 12000 的竖直直线，如图 6-76 所示。

（2）单击"默认"选项卡"修改"面板中的"复制"按钮，选择竖直直线，复制的距离分别为 2235、3300、4335、5700 和 8235；选择水平直线，复制的距离分别为 900、4800、9000 和 10500，如图 6-77 所示。

（3）利用夹点编辑功能调整轴线的长度，如图 6-78 所示。

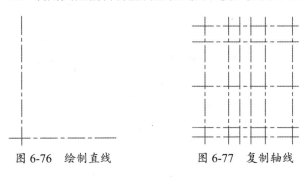
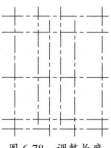

图 6-76　绘制直线　　　　　图 6-77　复制轴线　　　　　图 6-78　调整长度

6.6.3　标注尺寸

（1）将"尺寸标注"图层设置为当前图层。单击"默认"选项卡"注释"面板中的"标注样式"按钮，系统打开"标注样式管理器"对话框。单击"新建"按钮，在打开的"创建新标注样式"对话框中设置"新样式名"为"标注"，如图 6-79 所示；单击"继续"按钮，打开"新建标注样式:标注"对话框。选择"线"选项卡，在"基线间距"文本框中输入"200"，在"超出尺寸线"文本框中输入"200"，在"起点偏移量"文本框中输入"300"，如图 6-80 所示。

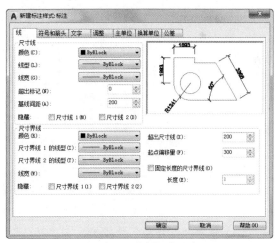

图 6-79　"创建新标注样式"对话框　　　　　图 6-80　"线"选项卡

（2）选择"符号和箭头"选项卡，在"箭头"选项组中的"第一个"和"第二个"下拉列表框中均选择"建筑标记"，在"引线"下拉列表框中选择"实心闭合"，在"箭头大小"文本框中输入"250"，如图 6-81 所示。

（3）选择"文字"选项卡，在"文字高度"文本框中输入"300"，如图 6-82 所示。

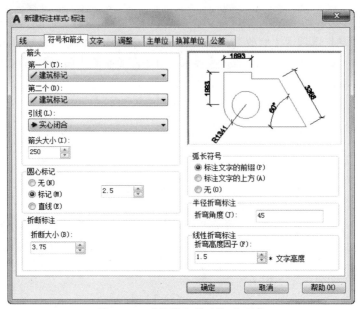

图 6-81 "符号和箭头"选项卡

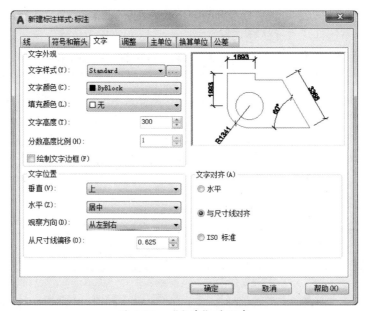

图 6-82 "文字"选项卡

（4）选择"主单位"选项卡，在"精度"下拉列表框中选择 0，其他选项为默认设置，如图 6-83 所示。

（5）单击"确定"按钮，返回"标注样式管理器"对话框。在"样式"列表框中激活"标注"标注样式，单击"置为当前"按钮，再单击"关闭"按钮，完成对标注样式的设置。

（6）单击"默认"选项卡"注释"面板中的"线性"按钮和"连续"按钮，标注相邻两条轴线之间的距离。

（7）单击"默认"选项卡"注释"面板中的"线性"按钮，在已绘制的尺寸标注的外侧，对建筑平面图横向和纵向的总长度进行尺寸标注，如图 6-84 所示。

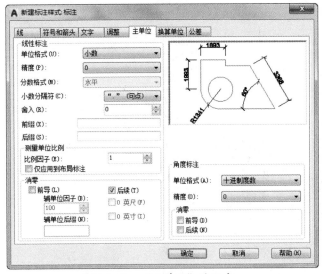

图 6-83 "主单位"选项卡

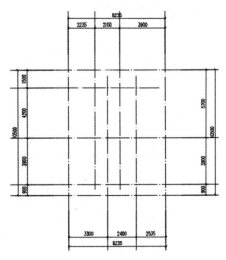

图 6-84 标注尺寸

6.6.4 标注轴号

（1）将"文字标注"图层设置为当前图层。单击"默认"选项卡"绘图"面板中的"直线"按钮 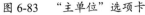，以轴线端点为绘制直线的起点，竖直向下绘制长为 3000 的短直线，完成第一条轴线延长线的绘制。

（2）单击"默认"选项卡"绘图"面板中的"圆"按钮，以已绘制的轴线延长线端点为圆心，绘制半径为 350 的圆。然后单击"默认"选项卡"修改"面板中的"移动"按钮，向下移动所绘制的圆，移动距离为 350，如图 6-85 所示。

（3）重复上述步骤，完成其他轴线延长线及编号圆的绘制。

（4）单击"默认"选项卡"注释"面板中的"多行文字"按钮 A，设置文字字体为"仿宋 GB2312"、文字高度为 300；在每个轴线端点处的圆内输入相应的轴线编号。

图 6-85 绘制第一条轴线延长线及编号圆

6.7 上机实验

【练习 1】绘制如图 6-86 所示的石壁。

【练习 2】绘制如图 6-87 所示的电梯厅。

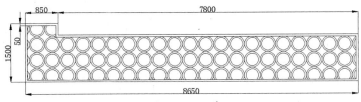

图 6-86 石壁

图 6-87 电梯厅

6.8 模拟考试

1. 尺寸公差中的上下偏差可以在线性标注的（　　）选项中堆叠起来。
   A．多行文字　　　　B．文字　　　　C．角度　　　　D．水平
2. 在表格中不能插入（　　）。
   A．块　　　　B．字段　　　　C．公式　　　　D．点
3. 在设置文字样式时设置了文字的高度，其效果是（　　）。
   A．在输入单行文字时，可以改变文字高度
   B．在输入单行文字时，不可以改变文字高度
   C．在输入多行文字时，不可以改变文字高度
   D．以上都可以改变文字高度
4. 在正常输入汉字时却显示"?"，是因为（　　）。
   A．文字样式没有设定好　　　　B．输入错误
   C．堆叠字符　　　　D．文字高度太大
5. 在插入字段的过程中，如果显示"####"，则表示该字段（　　）。
   A．没有值　　　　B．无效　　　　C．字段太长，溢出　　D．字段需要更新
6. 以下（　　）不是表格的单元格式数据类型。
   A．百分比　　　　B．时间　　　　C．货币　　　　D．点
7. 要将尺寸标注对象如尺寸线、尺寸界线、尺寸箭头和尺寸文字作为单一的对象，必须将（　　）尺寸标注变量设置为 ON。
   A．DIMASZ　　　　B．DIMASO　　　　C．DIMON　　　　D．DIMEXO
8. 试用 "MTEXT" 命令输入如图 6-88 所示的文字标注。
9. 输入如图 6-89 所示的说明。

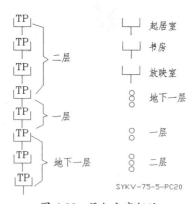

图 6-88　添加文字标注　　　　　　　　　　图 6-89　输入说明

第 7 章 辅 助 工 具

在绘图过程中，经常会遇到一些重复出现的图形（如建筑设计中的桌椅、门窗等），如果每次都重新绘制这些图形，不仅会造成大量的重复工作，而且存储这些图形及其信息也会占用相当大的磁盘空间。AutoCAD 图块与设计中心提供了模块化绘图方法，这样不仅避免了大量的重复工作，提高了绘图速度和工作效率，而且可以大大节省磁盘空间。本章主要介绍图块和设计中心的功能，主要内容包括查询工具、图块及其属性、设计中心与工具选项板等知识。

【内容要点】
- 查询工具
- 图块及其属性
- 设计中心与工具选项板

【案例欣赏】

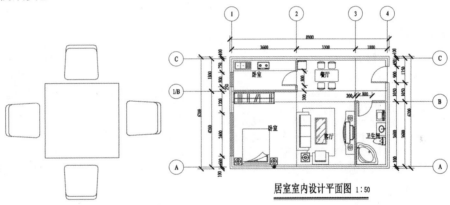

7.1 查询工具

为方便用户及时了解图形信息，AutoCAD 提供了很多查询工具，本节进行简要介绍。在绘制图形或阅读图形的过程中，有时需要即时查询图形对象的相关数据，如对象之间的距离、建筑平面图室内面积等。

【预习重点】
- 打开"查询"菜单。
- 练习查询距离命令。
- 练习其余查询命令。

7.1.1 查询距离

【执行方式】
- 命令行：MEASUREGEOM。

- 菜单栏：选择菜单栏中的"工具"→"查询"→"距离"命令。
- 工具栏：单击"查询"工具栏中的"距离"按钮 。
- 功能区：单击"默认"选项卡"实用工具"面板"测量"下拉按钮组中的"距离"按钮 （如图 7-1 所示）。

图 7-1 "距离"按钮

【操作步骤】

命令行提示与操作如下：

```
命令：MEASUREGEOM↙
移动光标或 [距离(D)/半径(R)/角度(A)/面积(AR)/体积(V)/快速(Q)/模式(M)/退出(X)] <退出>：D↙
指定第一点：(指定点)
指定第二点或 [多个点(M)]：(指定第二点或输入"M"表示多个点)
距离 = 1.2964, XY 平面中的倾角 = 0,   与 XY 平面的夹角 = 0
X 增量 = 1.2964, Y 增量 = 0.0000,   Z 增量 = 0.0000
输入一个选项 [距离(D)/半径(R)/角度(A)/面积(AR)/体积(V)/快速(Q)/模式(M)/退出(X)] <距离>：X↙
```

【选项说明】

（1）距离：两点之间的三维距离。

（2）XY 平面中的倾角：两点的连线在 XY 平面上的投影与 X 轴的夹角。

（3）与 XY 平面的夹角：两点的连线与 XY 平面的夹角。

（4）X 增量：第二点的 X 坐标相对于第一点的 X 坐标的增量。

（5）Y 增量：第二点的 Y 坐标相对于第一点的 Y 坐标的增量。

（6）Z 增量：第二点的 Z 坐标相对于第一点的 Z 坐标的增量。

7.1.2 查询对象状态

【执行方式】

- 命令行：STATUS。
- 菜单栏：选择菜单栏中的"工具"→"查询"→"状态"命令。

【操作步骤】

执行上述命令后，系统自动切换到文本窗口，显示当前文件的状态，包括文件中的各种参数状态以及文件在磁盘中的使用状态，如图 7-2 所示。

列表显示、点坐标、时间、系统变量等查询工具与查询对象状态的方法及功能相似，这里不再赘述。

7.2 图块及其属性

在 AutoCAD 软件中，可以将一组图形对象组合成图块加以保存，需要时将图块作为一个整体以任意比例和旋转角度插入图形中任意位置，这样不仅可避免大量的重复工作，提高绘图速度和工作效率，而且可大大节省磁盘空间。

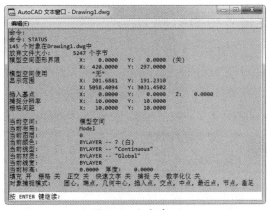

图 7-2 文本窗口

【预习重点】

- 了解图块定义。
- 练习图块应用操作。

7.2.1 图块操作

1. 定义图块

【执行方式】

- 命令行：BLOCK（快捷命令：B）。
- 菜单栏：选择菜单栏中的"绘图"→"块"→"创建"命令。
- 工具栏：单击"绘图"工具栏中的"创建块"按钮。
- 功能区：单击"插入"选项卡"定义块"面板中的"创建块"按钮。

【操作步骤】

执行上述操作后，系统打开"块定义"对话框，利用该对话框可定义图块并为之命名。

2. 保存图块

【执行方式】

- 命令行：WBLOCK（快捷命令：W）。

3. 插入图块

【执行方式】

- 命令行：INSERT（快捷命令：I）。
- 菜单栏：选择菜单栏中的"插入"→"块选项板"命令。
- 工具栏：单击"插入"工具栏中的"插入块"按钮或"绘图"工具栏中的"插入块"按钮。
- 功能区：选择"默认"选项卡"块"面板"插入"下拉列表框或"插入"选项卡"块"面板"插入"下拉列表框中的选项，如图 7-3 所示。

图 7-3 "插入"下拉列表框

7.2.2 图块属性

图块除了包含图形对象以外，还包含非图形信息。例如，把一个椅子图形定义为图块后，还可把椅子的号码、材料、质量、价格、说明等文字信息一并加入图块当中。图块的这些非图形信息即图块属性，它是图块的组成部分，与图形对象一起构成一个整体。在插入图块时，AutoCAD 把图形对象连同属性一起插入图形中。

1. 定义图块属性

【执行方式】

- 命令行：ATTDEF（快捷命令：ATT）。
- 菜单栏：选择菜单栏中的"绘图"→"块"→"定义属性"命令。
- 功能区：单击"插入"选项卡"块定义"面板中的"定义属性"按钮 。

【操作步骤】

执行上述操作后，打开"属性定义"对话框，如图 7-4 所示。

【选项说明】

（1）"模式"选项组：用于确定属性的模式。

① "不可见"复选框：选中该复选框，属性为不可见显示模式，即插入图块并输入属性值后，属性值并不在图中显示出来。

② "固定"复选框：选中该复选框，属性值为常量，即属性值在属性定义时给定，在插入图块时系统不再提示输入属性值。

图 7-4 "属性定义"对话框

③ "验证"复选框：选中该复选框，当插入图块时，系统重新显示属性值，提示用户验证该值是否正确。

④ "预设"复选框：选中该复选框，当插入图块时，系统自动把预先设置好的默认值赋予属性，而不再提示用户输入属性值。

⑤ "锁定位置"复选框：锁定图块参照中属性的位置。解锁后，属性可以相对于使用夹点编辑的图块的其他部分移动，并且可以调整多行文字属性的大小。

⑥ "多行"复选框：选中该复选框，可以指定属性值包含多行文字，也可以指定属性的边界宽度。

（2）"属性"选项组：用于设置属性值。在每个文本框中，AutoCAD 允许输入不超过 256 个字符。

① "标记"文本框：输入属性标签。属性标签可由除空格和感叹号以外的所有字符组成，系统会自动把小写字母改为大写字母。

② "提示"文本框：输入属性提示。属性提示是插入图块时系统要求输入属性值的提示，如果不在该文本框中输入文字，则将属性标签作为提示。如果在"模式"选项组中选中"固定"复选框，即设置属性为常量，则不需要设置属性提示。

③ "默认"文本框：设置默认的属性值。可将使用次数较多的属性值设置为默认值，也可不设置默认值。

(3)"插入点"选项组：用于确定属性文字的位置。可以在插入时由用户在图形中确定属性文字的位置，也可以在"X""Y""Z"文本框中直接输入属性文字的位置坐标。

(4)"文字设置"选项组：用于设置属性文字的对齐方式、文字样式、文字高度和旋转角度。

(5)"在上一个属性定义下对齐"复选框：选中该复选框，表示直接把属性标签放在前一个属性的下面，而且该属性继承前一个属性的文字样式、文字高度、旋转角度等特性。

2．修改属性定义

在定义图块之前，可以对属性的定义进行修改，不仅可以修改属性标签，还可以修改属性提示和属性默认值。

【执行方式】

- 命令行：TEXTEDIT（快捷命令：ED）。
- 菜单栏：选择菜单栏中的"修改"→"对象"→"文字"→"编辑"命令。

【操作步骤】

执行上述操作后，选择定义的图块，打开"编辑属性定义"对话框，如图7-5所示。该对话框中列出了属性的"标记""提示"及"默认"选项，可在各文本框中对各选项进行修改。

图7-5　"编辑属性定义"对话框

3．编辑图块属性

当属性被定义到图块，甚至图块被插入图形中之后，用户还可以对图块属性进行编辑。利用"ATTEDIT"命令可以通过对话框对指定图块的属性值进行修改。利用"ATTEDIT"命令不仅可以修改属性值，而且可以对属性的位置、文字等其他设置进行编辑。

【执行方式】

- 命令行：ATTEDIT（快捷命令：ATE）。
- 菜单栏：选择菜单栏中的"修改"→"对象"→"属性"→"单个"命令。
- 工具栏：单击"修改II"工具栏中的"编辑属性"按钮 。
- 功能区：单击"默认"选项卡"块"面板中的"编辑属性"按钮 。

【操作步骤】

执行上述操作后，系统打开"编辑属性"对话框，如图7-6所示。该对话框中显示出所选图块中包含的前几个属性的值，用户可对这些属性值进行修改。如果该图块中还有其他属性，可单击"上一个"和"下一个"按钮对它们进行观察和修改。

双击创建的图块，系统打开"增强属性编辑器"对话框，如图7-7所示。在该对话框中不仅可以编辑属性值，还可以编辑属性的文字选项和图层、线型、颜色等特性值。

另外，还可以通过"块属性管理器"对话框来编辑属性。选择菜单栏中的"修改"→"对象"→"属性"→"块属性管理器"命令，系统打开"块属性管理器"对话框，如图7-8所示。单击"编辑"按钮，系统打开"编辑属性"对话框，如图7-9所示，可以通过该对话框编辑属性。

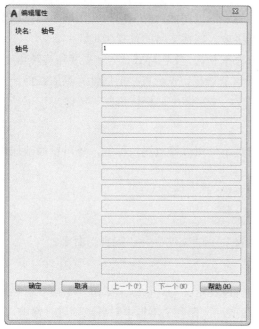

图 7-6 "编辑属性"对话框

图 7-7 "增强属性编辑器"对话框

图 7-8 "块属性管理器"对话框

图 7-9 "编辑属性"对话框

7.2.3 操作实践——绘制桌椅

绘制桌椅

本例通过定义图块绘制桌椅,如图 7-10 所示。操作步骤如下。

(1)单击"默认"选项卡"绘图"面板中的"矩形"按钮 ▭ ,绘制矩形,指定矩形的长度为 1800,宽度为 1800,作为桌子,如图 7-11 所示。

(2)单击快速访问工具栏中的"打开"按钮 ,打开本书源文件中的椅子图形,然后单击"默认"选项卡"修改"面板中的"复制"按钮 ,将椅子导入当前图形中,如图 7-12 所示。

(3)单击"默认"选项卡"块"面板中的"创建"按钮 ,打开"块定义"对话框,如图 7-13 所示。

(4)单击"选择对象"按钮 ,框选图形后右击,回到"块定义"对话框。单击"拾取点"按钮 ,用鼠标捕捉椅子的左下角点作为基点,右击返回。在"名称"文本框中输入名称"椅子",然后单击"确定"按钮完成操作。

(5)单击"默认"选项卡"块"面板中的"插入"按钮 ,将"椅子"图块插入图形中,结果如图 7-10 所示。

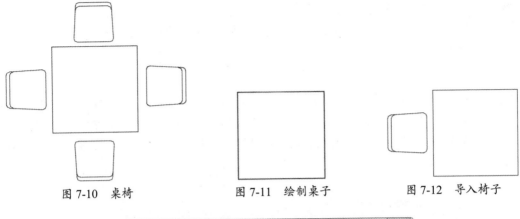

图 7-10　桌椅　　　　图 7-11　绘制桌子　　　　图 7-12　导入椅子

图 7-13　"块定义"对话框

7.3　设计中心与工具选项板

使用 AutoCAD 设计中心可以很容易地组织设计内容，并把它们拖动到当前图形中。工具选项板用于设置组织内容，并将其创建为工具选项板。设计中心与工具选项板的使用大大方便了绘图工作，提高了绘图效率。

【预习重点】
- 打开设计中心。
- 利用设计中心操作图形。

7.3.1　设计中心

可以用鼠标拖动边框来改变 AutoCAD 设计中心的资源管理器和内容显示区以及 AutoCAD 绘图区的大小，但内容显示区的最小尺寸应能显示两列大图标。

1. 打开设计中心

【执行方式】
- 命令行：ADCENTER（快捷命令：ADC）。
- 菜单栏：选择菜单栏中的"工具"→"选项板"→"设计中心"命令。

- 工具栏：单击"标准"工具栏中的"设计中心"按钮▦。
- 功能区：单击"视图"选项卡"选项板"面板中的"设计中心"按钮▦。
- 快捷键：Ctrl+2。

【操作步骤】

执行上述操作后，系统打开 DESIGNCENTER（设计中心），第一次启动设计中心时，默认打开的选项卡为"文件夹"选项卡。内容显示区以大图标显示，左侧的资源管理器以树状显示方式显示系统的树形结构，用户浏览资源时，在右侧的内容显示区显示所浏览资源的有关细目或内容，如图 7-14 所示。

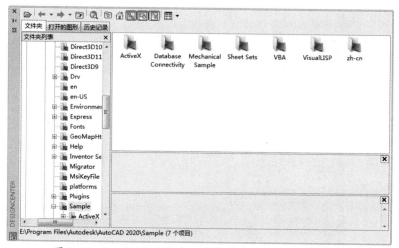

图 7-14　AutoCAD 设计中心的资源管理器和内容显示区

2．利用设计中心插入图形

设计中心的最大优点是可以将系统文件夹中的"*.dwg"文件当成图块插入当前图形中。

（1）从搜索结果列表框中选择要插入的对象，双击对象。

（2）弹出"插入"对话框，如图 7-15 所示。

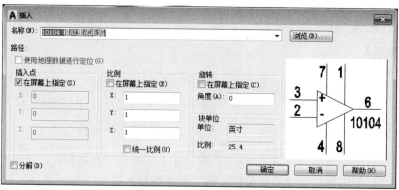

图 7-15　"插入"对话框

（3）在对话框中设置插入点、比例、旋转角度等数值。

被选择的对象按照指定的参数插入图形中。

7.3.2 工具选项板

工具选项板提供了组织、共享、放置图块及填充图案的有效方法。工具选项板中还可以包含由第三方开发人员提供的自定义工具。

1．打开工具选项板

【执行方式】

- 命令行：TOOLPALETTES（快捷命令：TP）。
- 菜单栏：选择菜单栏中的"工具"→"选项板"→"工具选项板"命令。
- 工具栏：单击"标准"工具栏中的"工具选项板窗口"按钮 。
- 功能区：单击"视图"选项卡"选项板"面板中的"工具选项板"按钮 。
- 快捷键：Ctrl+3。

【操作步骤】

执行上述操作后，系统打开工具选项板，如图7-16所示。在工具选项板中，系统设置了一些常用图形，这些常用图形可以方便用户绘图。

2．将设计中心中的内容添加到工具选项板

在设计中心内容显示区的 Designcenter（设计中心）文件夹上右击，系统弹出快捷菜单，从中选择"创建块的工具选项板"命令，设计中心中存储的图形就出现在工具选项板中新建的 Designcenter 选项板中，如图7-17所示。这样就可以将设计中心与工具选项板结合起来，建立一个快捷、方便的工具选项板。

也可以在工具选项板的任一选项板上右击，在弹出的如图7-18所示的快捷菜单中选择"新建选项板"命令，创建一个新的选项板，如图7-19所示。

图7-16　工具选项板

图7-17　添加选项板

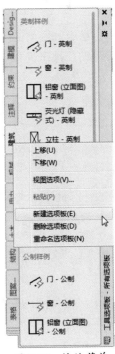
图7-18　快捷菜单

3. 利用工具选项板绘图

只需要将工具选项板中的图形单元拖动到当前图形中，则该图形单元就以图块的形式插入当前图形中。如图 7-20 和图 7-21 所示为将工具选项板"建筑"选项卡中的"门标高-英制"图形单元拖动到当前图形中。

图 7-19　新建选项板

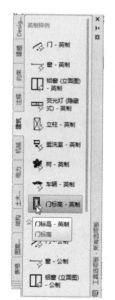

图 7-20　选择图形单元

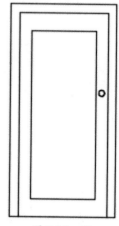

图 7-21　门

7.4　综合演练——绘制居室室内平面图

绘制居室室内平面图

本例综合利用前面所学的图块、设计中心、工具选项板等知识，绘制如图 7-22 所示的居室室内平面图。操作步骤如下。

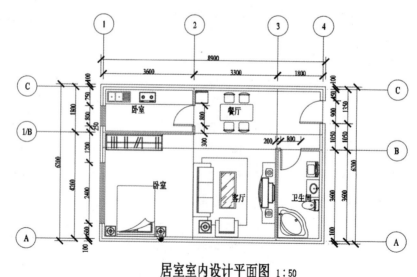

图 7-22　居室室内平面图

第 7 章 辅助工具

> **手把手教你学：**
> 墙线是建筑制图中最基本的图形之一。平面墙体一般用平行的双线表示，双线间距表示墙体厚度，因此如何绘制出平行双线成为问题的关键。利用 AutoCAD 提供的绘图命令即可通过最便捷的途径将建筑图元绘制完成。

本节首先绘制一个简单而规整的居室平面墙线，如图 7-23 所示。

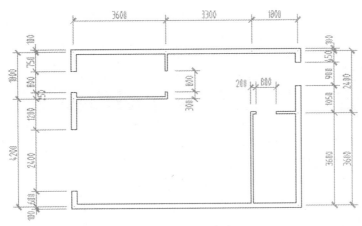

图 7-23　平面墙线

7.4.1　绘制平面墙线

1．图层设置

为了方便图线的管理，建立"轴线""墙线""文字""尺寸"等图层。单击"默认"选项卡"图层"面板中的"图层特性"按钮，打开"图层特性管理器"选项板，建立一个新图层，命名为"轴线"，颜色选择红色，线型为 Continuous，线宽为"默认"，并设置为当前图层（如图 7-24 所示）。

图 7-24　"轴线"图层参数

采用同样的方法建立"墙线""文字""尺寸"等图层，参数如图 7-25 所示。然后回到绘图状态。

图 7-25　其余图层参数

2．绘制定位轴线

在"轴线"图层为当前图层状态下绘制定位轴线。

(1)绘制水平轴线。单击"默认"选项卡"绘图"面板中的"直线"按钮 /，在绘图区左下角适当位置选取直线的初始点，然后输入第二点的相对坐标值"@8700,0"，按 Enter 键后绘制出第一条长为 8700 的水平轴线。处理后的效果如图 7-26 所示。

图 7-26 第一条水平轴线

命令行提示与操作如下：

```
命令：LINE✓
指定第一个点：（用鼠标在屏幕上取点）
指定下一点或[放弃(U)]:@8700,0✓
指定下一点或[放弃(U)]：✓
```

高手支招：

可以用鼠标的滚轮进行实时缩放。此外，可以采取在命令行窗口中输入命令的方式绘图，熟练后速度会比较快。最好养成一只手操作键盘，另一只手操作鼠标的习惯，这样对以后的大量作图有利。

(2)单击"默认"选项卡"修改"面板中的"偏移"按钮 ⊆，向上偏移出其他 3 条水平轴线，偏移量依次为 3600、600 和 1800。命令行提示与操作如下：

```
命令：OFFSET✓
当前设置：删除源=否 图层=源 OFFSETGAPTYPE=0
指定偏移距离或 [通过(T)/删除(E)/图层(L)]<通过>：3600✓
选择要偏移的对象，或 [退出(E)/放弃(U)]<退出>：（用鼠标选取第一条直线）
指定要偏移的那一侧上的点，或 [退出(E)/多个(M)/放弃(U)]<退出>：（在直线上方任意选取一点）
选择要偏移的对象，或 [退出(E)/放弃(U)]<退出>：✓
命令：OFFSET✓（重复执行"偏移"命令）
当前设置：删除源=否 图层=源 OFFSETGAPTYPE=0
指定偏移距离或 [通过(T)/删除(E)/图层(L)]<3600>：600✓
选择要偏移的对象，或 [退出(E)/放弃(U)]<退出>：（用鼠标选取第二条直线）
指定要偏移的那一侧上的点，或 [退出(E)/多个(M)/放弃(U)]<退出>：（在直线上方任意选取一点）
选择要偏移的对象，或 [退出(E)/放弃(U)]<退出>：✓
命令：OFFSET✓（重复执行"偏移"命令）
当前设置：删除源=否 图层=源 OFFSETGAPTYPE=0
指定偏移距离或 [通过(T)/删除(E)/图层(L)]<600>：1800✓
选择要偏移的对象，或[退出(E)/放弃(U)]<退出>：（用鼠标选取第三条直线）
指定要偏移的那一侧上的点，或[退出(E)/多个(M)/放弃(U)]<退出>：（在直线上方任意选取一点）
选择要偏移的对象，或[退出(E)/放弃(U)]<退出>：✓
```

结果如图 7-27 所示。

(3)绘制竖向轴线。单击"默认"选项卡"绘图"面板中的"直线"按钮 /，用鼠标捕捉第一条水平轴线的左端点作为第一条竖向轴线的起点（如图 7-28 所示），移动鼠标并单击最后一条水平轴线的左端点作为终点（如图 7-29 所示），然后按 Enter 键完成操作。

(4)同样，单击"默认"选项卡"修改"面板中的"偏移"按钮 ⊆，向右偏移出其他 3 条竖向轴线，偏移量依次为 3600、3300 和 1800。这样，就完成了整个轴线的绘制，结果如图 7-30 所示。

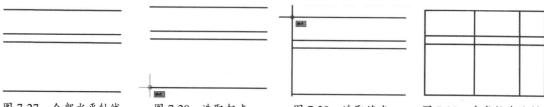

图 7-27 全部水平轴线　　图 7-28 选取起点　　图 7-29 选取终点　　图 7-30 完成轴线绘制

3．绘制墙线

本例外墙厚 200mm，内墙厚 100mm。绘制墙线的方法一般有两种：一种是应用"多线"（MLINE）命令绘制轴线，另一种是通过整体复制定位轴线来形成墙线。下面分别进行介绍。

（1）应用"多线"（MLINE）命令绘制轴线。

①将"墙线"图层设置为当前图层。

②设置"多线"的参数。选择菜单栏中的"绘图"→"多线"命令。命令行提示与操作如下：

```
命令：MLINE✓
当前设置：对正=上，比例=20.00，样式=STANDARD（初始参数）
指定起点或 [对正(J)/比例(S)/样式(ST)]：J ✓（选择对正模式）
输入对正类型 [上(T)/无(Z)/下(B)]<上>：Z✓（选择两线之间的中点作为控制点）
当前设置：对正=无，比例=20.00，样式=STANDARD
指定起点或 [对正(J)/比例(S)/样式(ST)]：S✓（选择多线比例）
输入多线比例<20.00>：200✓（输入墙厚）
当前设置：对正=无，比例=200.00，样式=STANDARD
指定起点或 [对正(J)/比例(S)/样式(ST)]：✓（按 Enter 键完成设置）
```

③重复执行"多线"命令，当命令行提示"指定起点或[对正(J)/比例(S)/样式(ST)]："时，用鼠标选取左下角的轴线交点，将此点作为多线起点，画出外部墙线，如图 7-31 所示。

④重复执行"多线"命令，按照前面的"多线"参数设置方法将墙体的厚度定义为 100，也就是将多线的比例值设置为 100。然后绘制出内部墙线，结果如图 7-32 所示。

⑤单击"默认"选项卡"修改"面板中的"分解"按钮 ，先将外部墙线分解开，然后结合"修改"面板中的"倒角"按钮 和"修剪"按钮 对每个节点进行处理，使其内部连通，搭接正确。

⑥参照门洞位置和尺寸绘制出门洞边界线。由轴线偏移出门洞边界线，如图 7-33 所示。然后将这些线条全部选中，调整到"墙线"图层中，单击"默认"选项卡"修改"面板中的"修剪"按钮 ，将多余的线条修剪掉，结果如图 7-34 所示。

 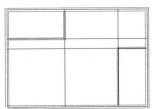 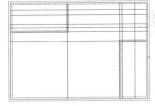

图 7-31　厚为 200 的外部墙线　　图 7-32　厚为 100 的内部墙线　　图 7-33　由轴线偏移出门洞边界线

⑦采用同样的方法，在左侧墙线上绘制出窗洞，这样整个墙线的绘制就结束了，如图 7-35 所示。

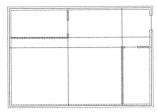

图 7-34　绘制门洞　　　　　　　图 7-35　完成墙线绘制

（2）借助轴线绘制墙线。

鉴于内外墙厚度不一样，内外墙绘制分两步进行。

①绘制外墙。单击"默认"选项卡"修改"面板中的"复制"按钮，选中周边的 4 条轴线，先后输入相对坐标值"@100,100"和"@-100,-100"，在轴线两侧复制出新的线条，将其作为墙线。将这些线条调整到"墙线"图层。命令行提示与操作如下：

```
命令：COPY✓
选择对象：指定对角点：找到 1 个
选择对象：指定对角点：找到 1 个，总计 2 个
选择对象：指定对角点：找到 1 个，总计 3 个
选择对象：指定对角点：找到 1 个，总计 4 个
选择对象：✓
指定基点或 [位移(D)] <位移>：
指定第二个点或<使用第一个点作为位移>：@100,100✓
指定第二个点或 [退出(E)/放弃(U)] <退出>：@-100,-100✓
指定第二个点或 [退出(E)/放弃(U)] <退出>：✓
```

结果如图 7-36 所示。

单击"默认"选项卡"修改"面板中的"倒角"按钮，依次对 4 个角进行倒角处理，结果如图 7-37 所示。

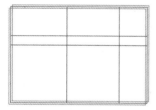 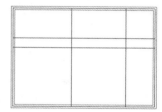

图 7-36　借助轴线复制出墙线　　　　　图 7-37　连通外墙线

②绘制内墙。采用前面讲述的方法绘制内墙。余下的绘制门洞操作与前面讲解的操作方法相同，不再赘述。

7.4.2　绘制平面门窗

利用之前学过的命令绘制本例中的平面门窗，结果如图 7-38 所示。

7.4.3　绘制家具平面

对于家具，可以自己动手绘制，也可以调用现有的家具图块，AutoCAD 中自带少量这样的图块（路径：X:\Program.Files\AutoCAD 2020\Sample\DesignCenter）。但是，学会绘制这些图形仍然是一项基本技能。如图 7-39 所示为相关的家具，具体绘制方法可参照前面章节讲述的方法，这里不再赘述。绘制完毕后，按 7.2.1 节中的图块操作方法制作成图块。

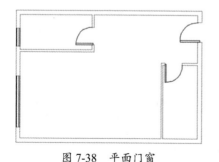

图 7-38　平面门窗　　　　　图 7-39　家具示例

7.4.4 插入家具图块

如图 7-40 所示为绘制好的相关家具图块。

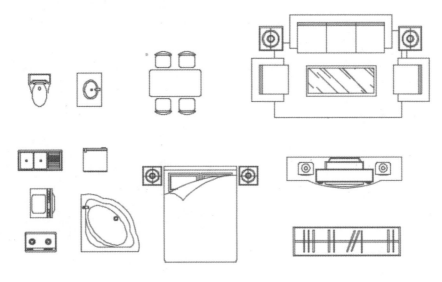

图 7-40　家具图块

（1）新建"家具"图层并将其设置为当前图层，关闭暂时不操作的"文字"和"尺寸"图层。将居室客厅部分放大显示，以便进行插入操作。

（2）选择菜单栏中的"文件"→"另存为"命令，将文件保存为"居室室内平面图.dwg"。

（3）选择"插入"选项卡"块"面板"插入"下拉列表框中的"最近使用的块"选项，弹出"块"选项板。

（4）找到"组合沙发"图块，设置插入点、比例、旋转角度等参数，按如图 7-41 所示进行设置，单击图块，然后关闭"块"选项板。

（5）移动鼠标捕捉插入点，完成"组合沙发"图块插入操作，如图 7-42 所示。

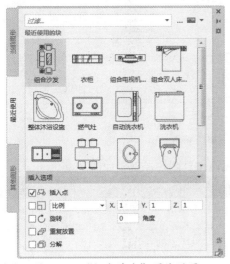

图 7-41　"组合沙发"图块设置

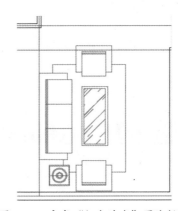

图 7-42　完成"组合沙发"图块插入

（6）由于客厅较小，将沙发一端的小茶几和单人沙发去掉。单击"默认"选项卡"修改"面板中的"分解"按钮 🗗，将沙发分解开，删除这两部分，然后将地毯部分补全，结果如图7-43所示。

也可以将"块"选项板中的"分解"复选框选中，插入时将自动分解，从而省去分解的步骤。

（7）重新将修改后的沙发图形定义为图块，完成沙发布置。

（8）重复执行"插入"命令，单击"块"选项板中的"…"按钮，找到"餐桌"，如图7-44所示。将它放置在餐厅位置，结果如图7-45所示。

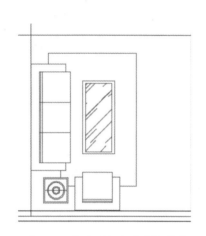

图 7-43 修改"组合沙发"图块

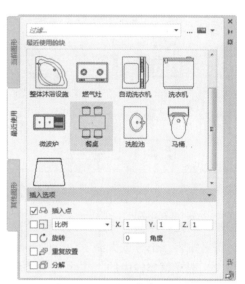

图 7-44 设置"餐桌"图块

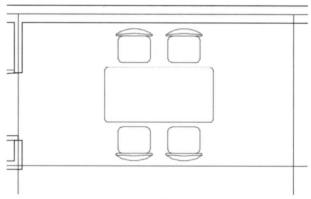

图 7-45 完成"餐桌"图块插入

（9）重复执行"插入"命令，依次插入室内的其他家具图块，结果如图7-46所示。

高手支招：

（1）创建图块之前，宜将待建图形放置到"0"图层中，这样将生成的图块插入其他图层时，其图层特性跟随当前图层自动转化，如前面制作的"餐桌"图块。如果不将图形放置在"0"图层中，那么将制作的图块插入其他图形文件中时，将携带原有图层信息进入。

（2）建议按1∶1的比例绘制图块，便于插入图块时进行比例缩放。

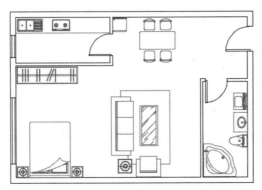

图 7-46　居室室内布置

7.4.5　尺寸标注

在进行尺寸标注前，可关闭"家具"图层，以使图面显得更简洁。

具体尺寸标注方法参照第 6 章讲述的方法，结果如图 7-47 所示。

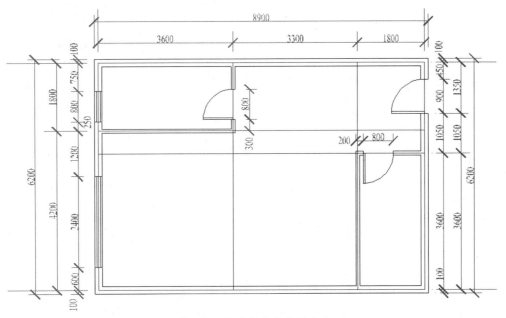

图 7-47　标注居室平面图尺寸

7.4.6　轴线编号

（1）关闭"文字"图层，将"0"图层设置为当前图层。

（2）单击"默认"选项卡"绘图"面板中的"圆"按钮 ⊙，绘制一个直径为 800 的圆。

（3）选择菜单栏中的"绘图"→"块"→"定义属性"命令，弹出"属性定义"对话框，按如图 7-48 所示进行设置。

（4）单击"确定"按钮，将"轴号"二字放置到圆圈内，如图 7-49 所示。

（5）在命令行窗口中输入"WBLOCK"（"写块"命令），将圆圈和"轴号"字样全部选中，选取图 7-50 所示的点为基点（也可以是其他点，以便于定位为准），保存图块，文件名为"800mm 轴号.dwg"。

图 7-48 "属性定义"对话框

图 7-49 将"轴号"二字放置到圆圈内

图 7-50 基点选择

（6）将"尺寸"图层设置为当前图层，选择"插入"选项卡"块"面板"插入"下拉菜单中的"最近使用的块"命令，弹出"块"选项板，在"当前图形"的"预览列表"中选择"800mm轴号"图块，如图 7-51 所示，与之前一样，单击图块，然后关闭"块"选项板，将"800mm轴号"图块插入居室平面图中。

（7）将"800mm轴号"图块定位在左上角第一条轴线的尺寸端点上。命令行提示与操作如下：

命令：INSERT↙
指定插入点或 [基点(B)/比例(S)/X/Y/Z/旋转(R)]：
输入属性值
请输入轴号：1↙

结果如图 7-52 所示。

图 7-51 "块"选项板

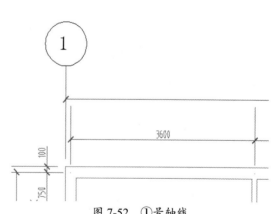

图 7-52 ①号轴线

按照同样的方法，标注其他轴号。

举一反三：

标注其他轴号时，可以继续利用插入块的方法，也可以将轴号①复制到其他位置，通过编辑属性来完成。下面介绍第二种方法。

（8）单击"默认"选项卡"修改"面板中的"复制"按钮，将轴号①逐个复制到其他轴线的尺寸端点。

(9)双击轴号,打开"增强属性编辑器"对话框,修改相应的属性值,完成所有的轴线编号。打开"轴线"图层,结果如图 7-53 所示。

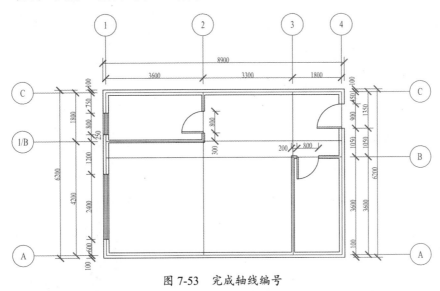

图 7-53 完成轴线编号

(10)单击"默认"选项卡"注释"面板中的"多行文字"按钮A,标注图名"居室室内设计平面图 1∶50",打开关闭的图层,结果如图 7-22 所示。

7.4.7 利用设计中心和工具选项板布置居室

> **贴心小帮手:**
> 为了进一步体验设计中心和工具选项板的功能,现将前面绘制的居室室内平面图通过工具选项板的图块插入功能来重新布置。

(1)准备工作。冻结"家具""轴线""标注"和"文字"图层,新建一个"家具 2"图层,并设置为当前图层。

(2)加入家具图块。从设计中心找到 AutoCAD 2020 软件安装目录下的家具图块,选中文件并右击,在弹出的快捷菜单中选择"创建工具选项板"命令,将这个文件中的图块加入工具选项板中,如图 7-54 所示。

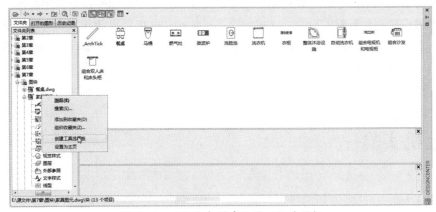

图 7-54 从文件夹创建块的工具选项板

（3）居室布置。从工具选项板中拖动出图块，配合命令行中的提示输入必要的比例和旋转角度，按如图 7-55 所示进行布置。

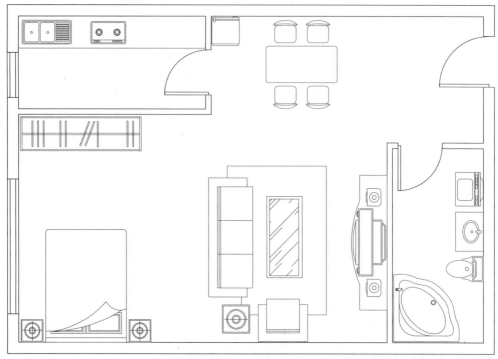

图 7-55　通过工具选项板布置居室

> 注意：
> 如果源图块或目标图形中的"拖放比例"为"无单位"，则需通过"选项"对话框"用户系统配置"选项卡中的"源内容单位"和"目标图形单位"进行设置。

7.5　名师点拨——设计中心的操作技巧

通过设计中心，用户可以组织对图形、块、图案填充和其他图形内容的访问，可以将源图形中的任何内容拖动到当前图形中，可以将图形、块和图案填充拖动到工具选项板上。源图形可以位于用户的计算机、网络位置或网站上。另外，如果打开了多个图形，则可以通过设计中心在图形之间复制和粘贴其他内容（如图层定义、布局和文字样式）来简化绘图过程。AutoCAD 制图人员一定要发挥好设计中心的优势。

7.6　上机实验

【练习 1】标注如图 7-56 所示的穹顶展览馆立面图形的尺寸和轴号。

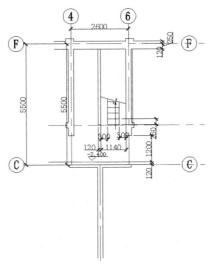

图 7-56 标注尺寸和轴号

【练习 2】通过设计中心创建一个常用建筑图块工具选项板，并利用该选项板绘制如图 7-57 所示的底层平面图。

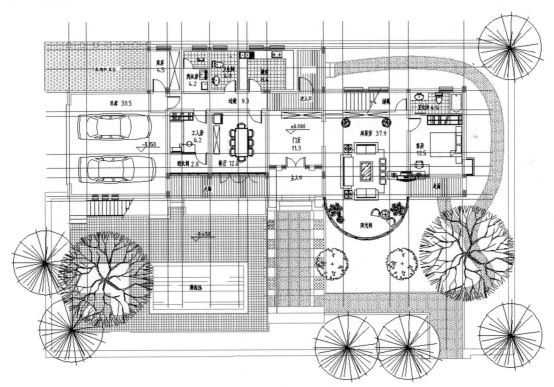

图 7-57 底层平面图

7.7 模拟考试

1. 在标注样式设置中，将"使用全局比例"值增大，则将（　　）。

A. 使所有标注样式设置增大　　B. 使标注的测量值增大
  C. 使全图的箭头增大　　D. 使尺寸文字增大
2. 如果模型空间有多个图形，只需打印其中一张，最简单的方法是（　　）。
  A. 在"打印范围"下选择"显示"
  B. 在"打印范围"下选择"图形界限"
  C. 在"打印范围"下选择"窗口"
  D. 在"打印选项"下选择"后台打印"
3. 下列关于块的说法正确的是（　　）。
  A. 块只能在当前文档中使用
  B. 只有用"WBLOCK"命令写到盘上的块才可以插入另一个图形文件中
  C. 任何一个图形文件都可以作为块插入另一个图形文件中
  D. 用"BLOCK"命令定义的块可以直接通过"INSERT"命令插入任何图形文件中
4. 如果要合并两个视口，必须（　　）。
  A. 是模型空间视口并且共享长度相同的公共边
  B. 在"模型"选项卡
  C. 在"布局"选项卡
  D. 大小一样
5. 关于外部参照说法错误的是（　　）。
  A. 如果外部参照包含任何可变块属性，它们将被忽略
  B. 用于定位外部参照的已保存路径只能是完整路径或相对路径
  C. 可以使用设计中心将外部参照附着到图形
  D. 可以通过设计中心拖动外部参照

第 2 篇

建筑施工图篇

本篇主要结合某普通单元住宅实例讲解利用 AutoCAD 2020 进行各种建筑设计的操作步骤、方法技巧等,包括总平面图、平面图、立面图、剖面图、建筑详图设计等知识。本篇内容通过实例加深读者对 AutoCAD 功能的理解和掌握,熟悉各种类型建筑图样的绘制方法。

- 建筑设计的基本知识
- 绘制建筑总平面图
- 绘制建筑平面图
- 绘制建筑立面图
- 绘制建筑剖面图
- 绘制建筑详图

第 8 章　建筑设计的基本知识

> 本章主要介绍了建筑设计的基本理论和建筑制图的基本概念、规范和特点。通过建筑制图常见的错误辨析，使读者进一步加深对建筑知识的学习。

【内容要点】
- 建筑设计的基本理论
- 绘制建筑图的基本方法
- 建筑制图的基本知识
- 建筑制图常见错误辨析

【案例欣赏】

8.1　建筑设计的基本理论

本节将简要介绍有关建筑设计的概念和特点。

8.1.1　建筑设计概述

建筑设计是为人类工作、生活与休闲提供环境空间的综合艺术和科学，是一门涵盖范围极广的专业，是指根据建筑物的使用性质、所处环境和相应标准，运用物质技术手段和建筑美学原理，创造功能合理、舒适优美、满足人们物质和精神生活需要的室内外空间环境。

建筑设计与人们的日常生活息息相关，从住宅到商场大楼，从写字楼到酒店，从教学楼到体育馆，无处不与建筑设计紧密联系。图 8-1 和图 8-2 所示为两种不同风格的建筑。

图 8-1 高层商业建筑

图 8-2 别墅建筑

1. 建筑设计阶段

建筑设计从总体上说由三大阶段构成，即方案设计、初步设计和施工图设计。

（1）方案设计阶段主要收集、分析、运用与设计任务有关的资料与信息，构思建筑的总体布局，包括各个功能空间及其高度、层高、外观造型等内容的设计。

（2）初步设计阶段是对方案设计阶段的进一步细化，确定建筑的具体尺寸和大小，需生成建筑平面图、立面图、剖面图、方案效果图等。图 8-3 所示为某个项目建筑设计方案效果图。

图 8-3 建筑设计方案效果图

（3）施工图设计阶段则是将建筑构思变成图纸的重要阶段，是建筑施工的主要依据，在建筑平面图、立面图、剖面图等之外，需生成各个建筑详图、建筑构造节点图，以及其他专业设计图纸，如结构施工图、电气设备施工图、暖通空调设备施工图等。总之，施工图越详细越好，而且要准确无误。图8-4所示为某个项目的建筑平面施工图。图8-5所示施工中的建筑。

图8-4　建筑平面施工图

图8-5　施工中的建筑

注意：
为了使设计取得预期效果，建筑设计人员必须抓好建筑设计各阶段的工作，充分重视设计、施工、材料、设备等各个方面，协调好与建设单位和施工单位之间的相互关系，在设计意图和构思方面取得沟通与共识，以期取得理想的设计工程成果。

2. 建筑设计规范

在建筑设计中，需按照国家规范及标准进行设计，确保建筑的安全、经济、适用等，需遵守以下国家建筑设计规范。

（1）《房屋建筑制图统一标准》（GB/T50001—2017）。

（2）《总图制图标准》（GB/T50103—2010）。

（3）《建筑制图标准》（GB/T50104—2010）。

（4）《建筑内部装修设计防火规范》（GB50222—2017）。

（5）《建筑工程建筑面积计算规范》（GB/T50353—2013）。

（6）《〈民用建筑设计通则〉图示》（06SJ813）。

（7）《建筑设计防火规范》（2018年版）（GB50016—2014）。

（8）《建筑采光设计标准》（GB50033—2013）。

（9）《建筑照明设计标准》（GB50034—2013）。

（10）《汽车库、修车库、停车场设计防火规范》（GB50067—2014）。

（11）《自动喷水灭火系统设计规范》（GB50084—2017）。

（12）《公共建筑节能设计标准》（GB50189—2015）。

提示：
建筑设计规范中，GB是国家标准，此外还有行业规范、地方标准等。

8.1.2 建筑设计方法

进行建筑设计构思时，需要运用物质技术手段，如各类装饰材料、设施设备等，还需要遵循建筑美学原理，综合考虑使用功能、结构施工、材料设备、造价标准等多种因素。

从设计者的角度来分析建筑设计的方法，主要有以下几个。

（1）总体推敲与细部深入。总体推敲是指有一个设计的全局观念。细部深入是指具体进行设计时，必须根据建筑的使用性质深入调查、收集信息，掌握必要的资料和数据，从最基本的人体尺寸、人流动线、活动范围和特点、家具与设备尺寸，以及使用它们所必需的空间等着手。

（2）里外、局部与整体协调统一。建筑室内外空间环境需要与建筑整体的性质、标准、风格，以及室外环境相协调统一，它们之间有着相互依存的密切关系，设计时需要从里到外、从外到里多次进行协调，从而使设计更趋完善合理。

（3）立意与表达。设计的构思、立意至关重要。可以说，一项设计没有立意就等于没有"灵魂"，设计的难度也往往在于要有一个好的构思。一个较为成熟的构思，往往需要足够的信息量，有商讨和思考的时间，在设计前期和出方案过程中使立意、构思逐步明确，形成一个好的构思。

> **注意：**
> 对于建筑设计来说，正确、完整又有表现力地表达出建筑室内外空间环境设计的构思和意图，使建设者和评审人员能够通过图纸、模型、说明等全面地了解设计意图也是非常重要的。

8.1.3 建筑施工图类型

一套工业与民用建筑的建筑施工图包括的图纸通常有以下几大类。

（1）建筑平面图（简称平面图）。建筑平面图是按一定比例绘制的建筑的水平剖切图。通俗地讲，就是将一幢建筑的窗台以上部分切掉，再将切面以下部分用直线和各种图例、符号直接绘制在纸上，以直观地表示建筑在设计和使用上的基本要求和特点。建筑平面图一般比较详细，通常采用较大的比例，如1∶200、1∶100和1∶50，并标出实际的详细尺寸。图8-6所示为某建筑标准层平面图。

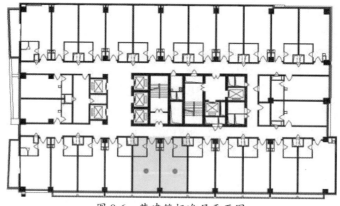

图8-6 某建筑标准层平面图

（2）建筑立面图（简称立面图）。建筑立面图主要用来表达建筑物各个立面的形状和外墙面的装修等，是按照一定比例绘制的建筑物正面、背面和侧面的形状图，它表示的是建筑物的外部形式，说明建筑物的长、宽、高，表现楼地面标高、屋顶的形式、阳台位置和形式、门窗洞口的位置和形式、外墙装饰的设计形式、材料及施工方法等。图8-7所示为某建筑立面图。

图 8-7 某建筑立面图

（3）建筑剖面图（简称剖面图）。建筑剖面图是按一定比例绘制的建筑竖直方向剖切前视图，它表示建筑内部的空间高度、室内立面布置、结构和构造等情况。在绘制建筑剖面图时，应包括：各层楼面的标高、窗台、窗上口、室内净尺寸等，剖切楼梯应标明楼梯分段与分级数量；建筑主要承重构件的相互关系，画出房屋从屋面到地面的内部构造特征，如楼板构造、隔墙构造、内门高度、各层梁和板的位置、屋顶的结构形式与用料等；注明装修方法，楼地面做法，对所用材料加以说明，标明屋面做法及构造；各层的层高与标高，标明各部位高度等。图 8-8 所示为某建筑剖面图。

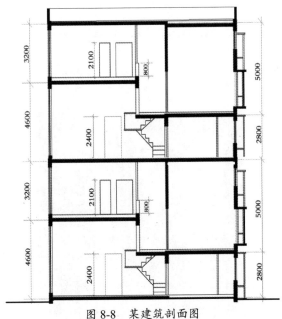

图 8-8 某建筑剖面图

（4）建筑详图（简称大样图）。建筑详图主要用于表达建筑物的细部构造、节点连接形式，以及构件、配件的形状大小、材料、做法等。建筑详图要用较大的比例绘制（如 1∶20、1∶5 等），尺寸标注要准确齐全，文字说明要详细。图 8-9 所示为墙身（局部）详图。

（5）建筑透视效果图。除上述类型的图形外，在实际工程实践中，经常还需要绘制建筑透视效果图。这不是建筑施工所必需的，但能表示建筑物内部空间或外部形体，与实际所能看到的建筑本身相类似，具有强烈的三维空间透视感，能非常直观地表现建筑的造型、空间布置、色彩和外部环境等多方面内容。因此，建筑透视效果图常在建筑设计和销售时作为辅助使用。从高处俯视的透视图又称为"鸟瞰图"或"俯视图"。建筑透视效果图一般要严格地按比例绘制，并进行绘制上的艺术加工，这种图通常被称为建筑表现图或建筑效果图。一幅绘制精美的建筑透视效果图就是一件艺术作品，具有很强的艺术感染力。图 8-10 所示为某建筑透视效果图。

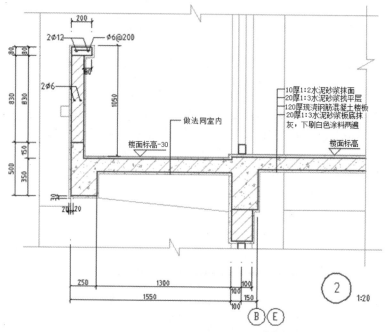

图 8-9　墙身（局部）详图

图 8-10　某建筑透视效果图

> **提示：**
> 目前普遍采用计算机绘制建筑透视效果图，其特点是透视效果逼真，可以复制多份。

8.2 绘制建筑图的基本方法

本节将介绍绘制建筑图的两种基本方法和其各自的特点。

8.2.1 手工绘制建筑图

建筑图对工程建设至关重要。如何把设计者的意图完整地表达出来，建筑设计图无疑是比较有效的方法。在计算机普及之前，建筑图最为常用的绘制方式是手工绘制。手工绘制方法的最大优点是自然，随机性较大，容易体现个性和不同的设计风格，使人们领略到其所带来的真实性、实用性和趣味性的效果；其缺点是比较费时，且不容易修改。图 8-11 和图 8-12 所示为手工绘制的建筑效果图。

图 8-11　手工绘制的建筑效果图（一）　　图 8-12　手工绘制的建筑效果图（二）

8.2.2 计算机绘制建筑图

随着计算机信息技术的飞速发展，建筑设计已逐步摆脱传统的图板和三角尺，步入了计算机辅助设计（CAD）时代。在国内，建筑效果图及施工图的设计，也几乎实现了使用计算机进行绘制和修改。图 8-13 和图 8-14 所示为计算机绘制的建筑效果图。

图 8-13　计算机绘制的建筑效果图（一）　　图 8-14　计算机绘制的建筑效果图（二）

8.2.3 CAD 技术在建筑设计中的应用简介

1．CAD 技术及 AutoCAD 软件

CAD 即"计算机辅助设计"（Computer Aided Design），是发挥计算机的潜力，使它在各类工程设计中起辅助设计作用的技术总称，不单指哪一款软件。CAD 技术一方面可以在工程设计

中协助技术人员完成计算、分析、综合、优化、决策等工作，另一方面可以协助技术人员绘制设计图纸，完成一些归纳、统计工作。在此基础上，还有一个 CAAD 技术，即"计算机辅助建筑设计"（Computer Aided Architectural Design）技术，它是专门用于建筑设计的计算机技术。由于建筑设计工作的复杂性和特殊性（不像结构设计属于纯技术工作），就国内目前的建筑设计实践状况来看，CAD 技术的大量应用主要还是在图纸的绘制上面，但也有一些具有三维功能的软件，在方案设计阶段用来协助推敲。

AutoCAD 是美国 Autodesk 公司开发研制的计算机辅助软件，它在世界工程设计领域使用得相当广泛，目前已成功应用到建筑、机械、服装、气象、地理等领域。自 1982 年推出第一个版本以后，目前已升级了 20 多个版本，最新版本为 AutoCAD 2020，如图 8-15 所示。AutoCAD 是我国建筑设计领域最早接受的 CAD 软件，几乎成了默认绘图软件，主要用于绘制二维建筑图形。此外，AutoCAD 为用户提供了良好的二次开发平台，便于用户自行定制适于本专业的绘图格式和附加功能。目前国内专门研制开发基于 AutoCAD 的建筑设计软件公司就有好几家。

2．CAD 软件在建筑设计各阶段的应用情况

建筑设计应用到的 CAD 软件较多，主要包括二维矢量图形绘制软件、方案设计推敲软件、建模及渲染软件、效果图后期制作软件等。

（1）二维矢量图形绘制软件。二维图形绘制包括总平面图、平面图、立面图、剖面图、详图等。AutoCAD 因其优越的矢量绘图功能，被广泛应用于方案设计、初步设计和施工图设计全过程的二维图形绘制。方案设计阶段生成扩展名为

图 8-15　AutoCAD 2020

".dwg"的矢量图形文件，可以将它导入 3ds Max、Autodesk VIZ 等软件协助建模，如图 8-16 和图 8-17 所示；可以输出为位图文件，导入 Photoshop 等图像处理软件进一步制作平面表现图。

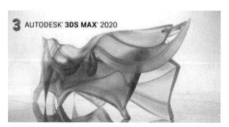

图 8-16　3ds Max 2020

图 8-17　Autodesk VIZ

（2）方案设计推敲软件。AutoCAD、3ds Max、Autodesk VIZ 的三维功能可以用来协助用户进行体块分析和空间组合分析。此外，一些能够较为方便、快捷地建立三维模型，便于在方案

推敲时快速处理平面、立面、剖面及空间之间关系的 CAD 软件正逐渐被设计者了解和接受，如 SketchUp、ArchiCAD 等，如图 8-18 和图 8-19 所示，它们兼具二维、三维和渲染功能。

图 8-18 SketchUp Pro 2019

图 8-19 ArchiCAD 22

（3）建模及渲染软件。这里所说的建模是指为制作效果图准备的精确模型。常见的建模软件有 AutoCAD、3ds Max、Autodesk VIZ 等。应用 AutoCAD 可以进行准确建模，但是它的渲染效果较差，一般需要导入 3ds Max、Autodesk VIZ 等软件，并附材质，设置灯光，最后渲染，同时需要处理好导入前后的接口问题。3ds Max 和 Autodesk VIZ 都是功能强大的三维建模软件，二者的界面基本相同。不同的是，3ds Max 面向普通的三维动画制作，而 Autodesk VIZ 是 AutoDesk 公司专门为建筑、机械等行业定制的三维建模及渲染软件，取消了建筑、机械行业不需要的功能，增加了门窗、楼梯、栏杆、树木等造型模块和环境生成器，Autodesk VIZ 4.2 以上的版本还集成了 Lightscape 灯光技术，弥补了 3ds Max 灯光技术的欠缺。3ds Max、Autodesk VIZ 具有良好的渲染功能，是建筑效果图制作的首选软件。

就目前的状况来看，3ds Max、Autodesk VIZ 建模仍然需要借助 AutoCAD 绘制的二维平面图、立面图、剖面图为参照来完成。

（4）效果图后期制作软件。

①效果图后期处理软件。进行模型渲染以后，图像一般都不十分完美，需要进行后期处理，包括修改、调色、配景、添加文字等。在此环节，Adobe 公司开发的 Photoshop 是首选的图像后期处理软件，如图 8-20 所示。

图 8-20 Photoshop CC 2019

此外，用 AutoCAD 绘制的总平面图、平面图、立面图、剖面图及各种分析图也常在 Photoshop 中进行套色处理。

②方案文档排版软件。为了满足设计深度的要求，满足建设方或标书的要求，同时也希望突出自己方案的特点，使自己的方案能够脱颖而出，方案文档排版工作是相当重要的。它包括封面、目录、设计说明及方案图所在各页的制作。在此环节可以用 Adobe PageMaker，也可以直接用 Photoshop 或其他平面设计软件。

③演示文稿制作软件。若需将设计方案做成演示文稿进行汇报，比较简单的软件是 PowerPoint，还可以使用 Flash、Authorware 等。

（5）其他软件。在建筑设计过程中还可能用到其他软件，如文字处理软件 Word、数据统计分析软件 Excel 等；对于一些计算程序，如节能计算、日照分析等，则根据具体需要采用。

8.3 建筑制图的基本知识

建筑设计图纸是交流设计思想、传达设计意图的技术文件。尽管 AutoCAD 功能强大，但它毕竟不是专门为建筑设计定制的软件，一方面需要在用户的正确操作下才能实现其绘图功能，另一方面需要用户遵循统一制图规范，在正确的制图理论及方法的指导下来操作，才能生成合格的图纸。可见，即使当今大量采用计算机绘图，设计人员仍然有必要掌握基本绘图知识。基于此，笔者在本节中对必备的制图知识进行简单介绍（已掌握该部分内容的读者可跳过不阅）。

8.3.1 建筑制图概述

1．建筑制图的概念

建筑图纸是进行方案投标、技术交流和建筑施工的要件。建筑制图是指根据正确的制图理论及方法，按照国家统一的建筑制图规范将设计思想和技术特征清晰、准确地表现出来。建筑图纸包括方案图、初步设计图、施工图等类型。国家标准《房屋建筑制图统一标准》（GB/T 50001—2017）、《总图制图标准》（GB/T 50103—2010）、《建筑制图标准》（GB/T 50104—2010）等是建筑专业手工制图和计算机制图的依据。

2．建筑制图的程序

建筑制图的程序是与建筑设计的程序相对应的。从整个设计过程来看，按照方案图、初步设计图、施工图的顺序来进行。后面阶段的图纸在前一阶段的图纸的基础上进行深化、修改和完善。就每个阶段来看，一般遵循平面图、立面图、剖面图、详图的顺序来绘制。对于每种图样的制图程序，将在后面章节结合 AutoCAD 操作来讲解。

8.3.2 建筑制图的要求及规范

1．图幅、标题栏及会签栏

（1）图幅即图面的大小，分为横式和立式两种。根据国家标准的规定，按图面的长和宽确定图幅的等级。建筑常用的图幅有 A0（又称 0 号图幅，其余类推）、A1、A2、A3 及 A4，每种图幅的长、宽见表 8-1，表中的尺寸代号意义如图 8-21 和图 8-22 所示。

表 8-1　图幅标准

单位：mm

尺寸代号	图幅代号				
	A0	A1	A2	A3	A4
$b×l$	841×1189	594×841	420×594	297×420	210×297
c	10			5	
a	25				

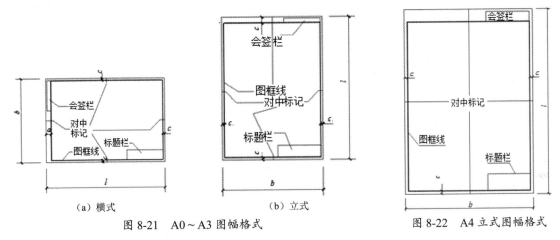

图 8-21　A0～A3 图幅格式　　　　　图 8-22　A4 立式图幅格式

A0~A3 图纸可以在长边加长，但短边一般不应加长，长边加长尺寸如表 8-2 所示。如有特殊需要，可采用 $b×l$=841mm×891mm 或 1189mm×1261mm 的幅面。

表 8-2　图纸长边加长尺寸

单位：mm

图幅	长边尺寸	长边加长后尺寸
A0	1189	1486、1635、1783、1932、2080、2230、2378
A1	841	1051、1261、1471、1682、1892、2102
A2	594	743、891、1041、1189、1338、1486、1635、1783、1932、2080
A3	420	630、841、1051、1261、1471、1682、1892

（2）标题栏包括设计单位名称、工程名称、签字、图名、图号等内容。一般标题栏格式如图 8-23 所示。如今不少设计单位采用自己的个性化标题栏格式，但是仍必须包括这几项内容。

（3）会签栏是为各工种负责人审核后签名用的表格，包括专业、实名、签名、日期等内容，如图 8-24 所示。对于不需要会签的图纸，可以不设此栏。

 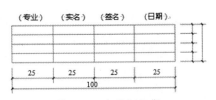

图 8-23　标题栏格式　　　　　　　　图 8-24　会签栏格式

此外，需要微缩复制的图纸，其一个边上应附有一段准确的国际单位制尺寸，4 个边上均附有对中标记。国际单位制尺寸的总长应为 100mm，分格应为 10mm；对中标记应画在图纸各边长的中点处，线宽应为 0.35mm。

2. 线型要求

建筑图纸主要由各种线条构成，不同的线型表示不同的对象和不同的部位，代表着不同的含义。为了使图面能够清晰、准确、美观地表达设计思想，工程实践中采用了一套常用的线型，并规定了它们的使用范围，其统计如表 8-3 所示。

表 8-3 常用线型统计

名称		线型	线宽	适用范围
实线	粗		b	建筑平面图、剖面图、详图中被剖切的主要构件的截面轮廓线；建筑立面图中的外轮廓线、图框线、剖切线；总平面图中的新建建筑物轮廓线
	中		0.5b	建筑平面图、剖面图中被剖切的次要构件的轮廓线；建筑平面图、立面图、剖面图构配件的轮廓线；详图中的一般轮廓线
	细		0.25b	尺寸线、图例线、索引符号、材料线及其他细部刻画用线等
虚线	中	- - - - - -	0.5b	构造详图中不可见的实物轮廓线；平面图中的起重机轮廓线；拟扩建的建筑物轮廓线
	细	- - - - - -	0.25b	其他不可见的次要实物轮廓线
点划线	细	— · — · —	0.25b	轴线、构配件的中心线、对称线等
折断线	细		0.25b	省略绘制图样时的断开界线
波浪线	细		0.25b	构造层次的断开界线，有时也表示省略绘制图样时的断开界线

图线宽度 b 宜选取 2.0、1.4、1.0、0.7、0.5、0.35。不同的 b 值产生不同的线宽组。在同一张图纸内，各不同线宽组中的细线可以统一采用较细的线宽组中的细线。对于需要微缩的图纸，线宽不宜小于或等于 0.18mm。

3. 尺寸标注

标注尺寸的一般原则有以下几点。

（1）标注尺寸应力求准确、清晰、美观、大方。同一张图纸中，标注风格应保持一致。

（2）尺寸线应尽量标注在图样轮廓线以外，从内到外依次标注从小到大的尺寸，不能将大尺寸标在内，而将小尺寸标在外，如图 8-25 所示。

（3）最内一条尺寸线与图样轮廓线之间的距离不应小于 10mm，两条尺寸线之间的距离一般为 7～10mm。

（4）尺寸界线朝向图样的端头与图样轮廓的距离大于或等于 2mm，不宜直接与之相连。

（5）在图线拥挤的地方，应合理安排尺寸线的位置，但不宜与图线、文字及符号相交；可以考虑将轮廓线作为尺寸界线，但不能作为尺寸线。

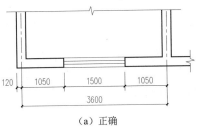
(a) 正确

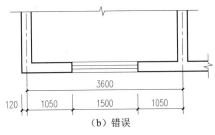
(b) 错误

图 8-25 尺寸标注正误对比

（6）室内设计图中连续重复的构配件等，当不易标明定位尺寸时，可在总尺寸的控制下，定位尺寸不用数值而用"均分"或"EQ"字样表示，如图 8-26 所示。

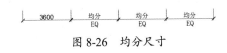

图 8-26 均分尺寸

4．文字说明

在一幅完整的图纸中用图线方式表现得不充分和无法用图线表示的地方，就需要进行文字说明，如设计说明、材料名称、构配件名称、构造做法、统计表、图名等。文字说明是图纸内容的重要组成部分，制图规范对文字标注中的字体、字的大小、字体与字的大小搭配等方面有具体规定。

（1）一般原则。字体端正，排列整齐，清晰准确，美观大方，避免过于个性化的文字标注。

（2）字体。一般标注推荐采用仿宋字体，大标题、图册封面、地形图等的汉字，也可书写成其他字体，但应易于辨认。

文字示例如下：

仿宋：室内设计（小四）
　　　室内设计（四号）
　　　室内设计（二号）

黑体：**室内设计**（四号）
　　　室内设计（小二）

楷体：室内设计（四号）
　　　室内设计（二号）

隶书：室内设计（三号）
　　　室内设计（一号）

字母、数字及符号：0123456789abcdefghijk%@或 *0123456789abcdefghijk%@*。

（3）字的大小。标注的文字高度要适中。同一类型的文字采用同一大小的字。较大的字用于概括性的说明内容，较小的字用于细致的说明内容。文字高度应从如下系列中选用：3.5、5、7、10、14、20。如需书写更大的字，其高度应按 2 的比值递增。注意字体及字的大小搭配的层次感。

5. 常用图示标志

（1）详图索引符号及详图符号。平面图、立面图、剖面图中，在需要另设详图表示的部位，应标注一个索引符号，以表明该详图的位置，这个索引符号即详图索引符号。详图索引符号用细实线绘制，圆圈直径为10mm，如图8-27所示。需要注意的是，当详图就在本张图纸上时，采用图8-27（a）所示的形式；当详图不在本张图纸上时，采用图8-27（b）所示的形式；图8-27（e）～（h）用于索引剖面详图。

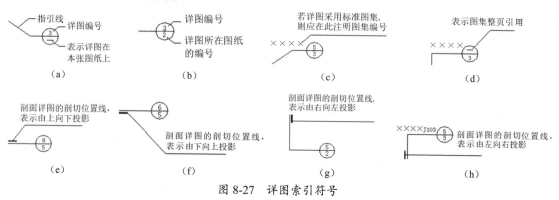

图 8-27 详图索引符号

详图符号即详图编号，用粗实线绘制，圆圈直径为14mm，如图8-28所示。

图 8-28 详图符号

（2）引出线。由图样引出一条或多条线段指向文字说明，该线段就是引出线。引出线与水平方向的夹角一般为0º、30º、45º、60º、90º。常见的引出线形式如图8-29所示。其中图8-29（a）～（d）为普通引出线，图8-29（e）～（h）为多层构造引出线。使用多层构造引出线时，注意构造分层的顺序应与文字说明的顺序一致。文字说明可以放在引出线的端头，如图 8-29（a）～（h）所示，也可以放在引出线水平段之上，如图8-29（i）所示。

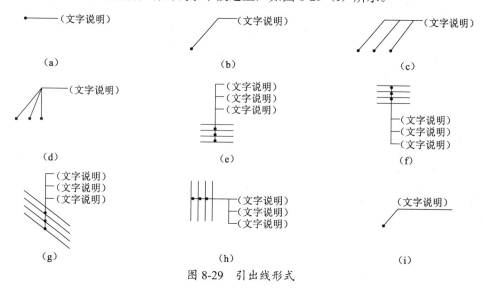

图 8-29 引出线形式

(3)内视符号。内视符号标注在平面图中,用于表示室内立面图的位置及编号,建立平面图和室内立面图之间的联系。内视符号的形式如图 8-30 所示。图中立面图编号可用英文字母或阿拉伯数字表示、顺时针标注,黑色的箭头表示立面方向。图 8-30(a)所示为单向内视符号,图 8-30(b)所示为双向内视符号,图 8-30(c)所示为四向内视符号。

　　(a)　　　　　　　　　　(b)　　　　　　　　　　(c)

图 8-30　内视符号的形式

(4)建筑常用符号图例如表 8-4 所示。

表 8-4　建筑常用符号图例

符号图例	说明	符号图例	说明
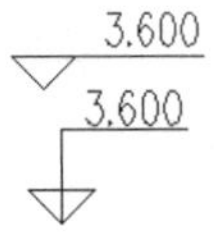 ▽ 3.600 / ▼ 3.600	标高符号,线上数字为标高值,单位为 m 下面一个在标注位置比较拥挤时采用	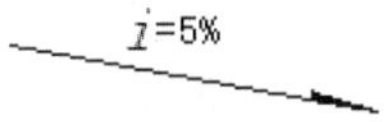 i=5%	表示坡度
 ① Ⓐ	轴线编号	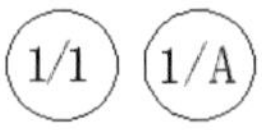 1/1 1/A	附加轴线编号
⌐ 1 1 ⌐	标注剖切位置的符号,标数字的方向为投影方向,"1"与剖面图的编号"1-1"对应	— 2 2 —	标注绘制断面图位置的符号,标数字的方向为投影方向,"2"与断面图的编号"2-2"对应
 ╪	对称符号。在对称图形的中轴位置画此符号,可以省略绘制另一半图形	 ⊕	指北针
 ◇	方形坑槽	 ○	圆形坑槽
@	表示重复出现的固定间隔,如"双向木格栅@500"	∅	表示直径,如"∅30"
 平面图 1:100	图名及比例	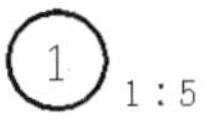 ① 1:5	索引详图名及比例
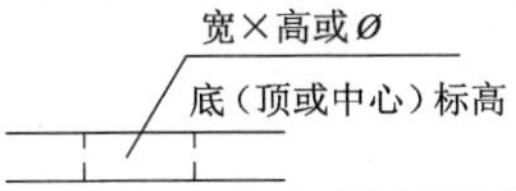 宽×高或∅ / 底(顶或中心)标高	墙体预留洞	×	墙体预留槽
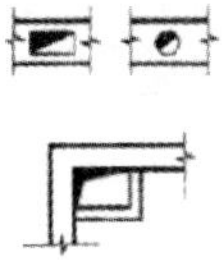 (烟道图示)	烟道	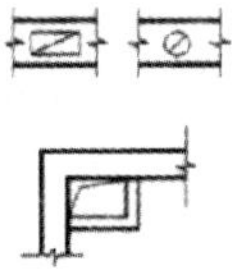 (通风道图示)	通风道

（5）总平面图常用符号图例如表 8-5 所示。

表 8-5　总平面图常用符号图例

符号图例	说明	符号图例	说明
	新建建筑物，用粗实线绘制。 需要时，用▲表示出入口位，用点或数字表示层数。 轮廓线以±0.00 处外墙定位轴线或外墙皮线为准。 需要时，地上建筑物用中实线绘制，地下建筑物用细虚线绘制		旧有建筑物，用细实线绘制
	计划扩建的预留地或建筑物，用中虚线绘制		新建地下建筑物或构筑物，用粗虚线绘制
	拆除的建筑物，用打上叉号的细实线绘制		建筑物下面的通道
	广场铺地		台阶，箭头指向表示向上
	烟囱。实线为下部直径，虚线为基础。 必要时，可标注烟囱高度和上下口直径		实体性围墙
	通透性围墙		挡土墙。被挡的土在凸出的一侧
	填挖边坡。边坡较长时，可在一端或两端局部表示		护坡。护坡较长时，可在一端或两端局部表示
X323.38 Y586.32	测量坐标	A123.21 B789.32	建筑坐标
32.36(±0.00)	室内标高	32.36	室外标高

6．常用材料图例

建筑图中经常用材料图例来表示材料，在无法用图例表示的地方，采用文字说明。为了方便读者，现将常用材料图例汇总，如表8-6所示。

表 8-6 常用材料图例

材料图例	说明	材料图例	说明
	自然土壤		夯实土壤
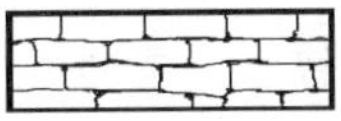	毛石砌体	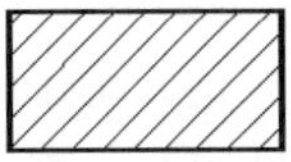	普通砖
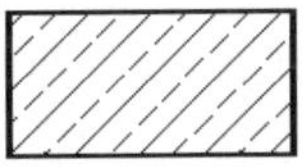	石材	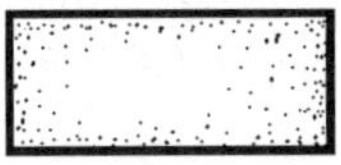	砂、灰土
	空心砖	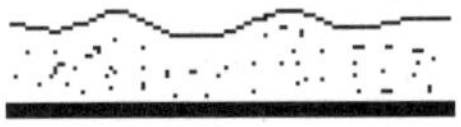	松散材料
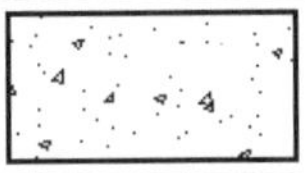	混凝土	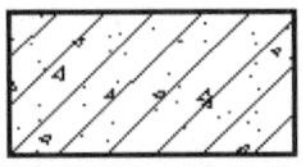	钢筋混凝土
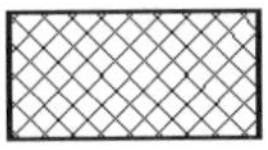	多孔材料	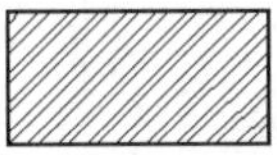	金属
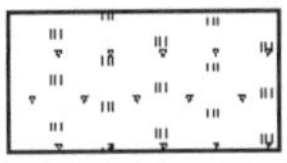	矿渣、炉渣	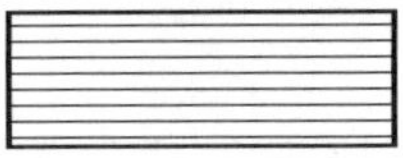	玻璃
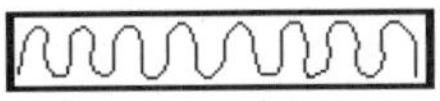	纤维材料		防水材料，上下两种根据绘图比例选用
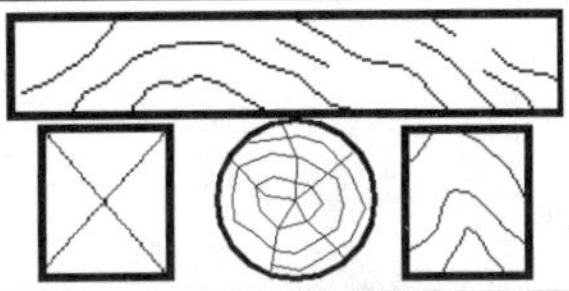	木材	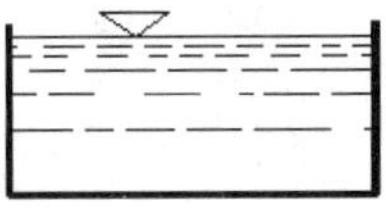	液体，需注明液体名称

7．常用绘图比例

下面列出常用绘图比例，读者可根据实际情况灵活使用。
（1）总平面图：1∶500，1∶1000，1∶2000。
（2）平面图：1∶50，1∶100，1∶150，1∶200，1∶300。
（3）立面图：1∶50，1∶100，1∶150，1∶200，1∶300。
（4）剖面图：1∶50，1∶100，1∶150，1∶200，1∶300。
（5）局部放大图：1∶10，1∶20，1∶25，1∶30，1∶50。
（6）配件及构造详图：1∶1，1∶2，1∶5，1∶10，1∶15，1∶20，1∶25，1∶30，1∶50。

8.3.3 建筑制图的内容及图纸编排顺序

1．建筑制图的内容

建筑制图的内容包括总平面图、平面图、立面图、剖面图、构造详图和透视效果图、设计说明、图纸封面、图纸目录等。

2. 图纸编排顺序

图纸编排顺序一般应为图纸目录、总平面图、建筑图、结构图、给水排水图、暖通空调图、电气图等。对于建筑专业，一般顺序为目录、施工图设计说明、附表（装修做法表、门窗表等）、平面图、立面图、剖面图、详图等。

8.4 建筑制图常见错误辨析

在建筑制图过程中，有些人由于经验的欠缺或疏忽，容易出现一些错误，下面以一个简单的平面图为例讲解一下一些容易出现的错误，以引起读者的注意。

其中，图 8-31 所示为正确的建筑平面图，图 8-32 所示为对应的错误的建筑平面图。

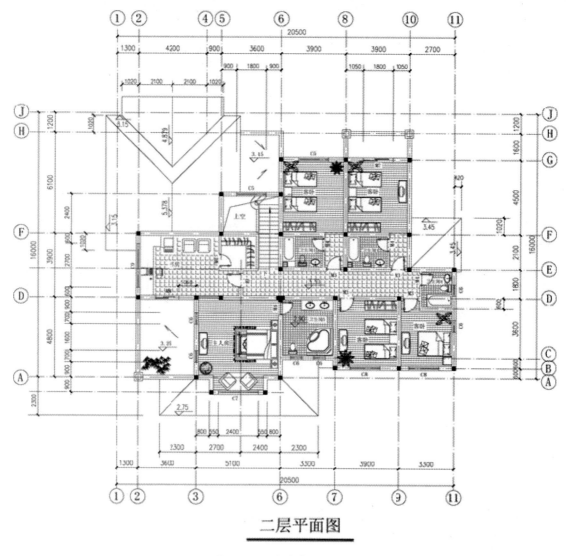

图 8-31　正确的建筑平面图

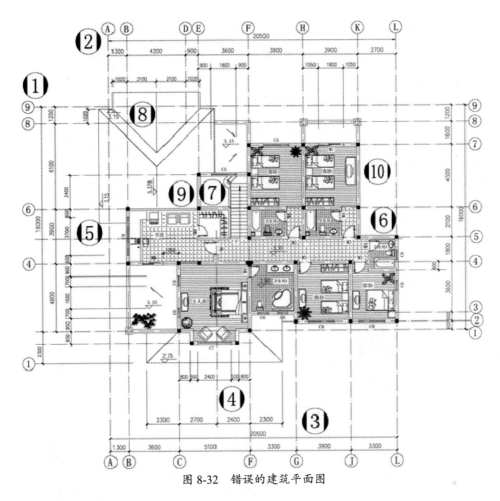

图 8-32 错误的建筑平面图

对比分析如下。

①处问题是表示轴线编号的字母与数字位置出现错误。一般轴线编号的表示方法是纵向用字母，横向用数字。

②处问题是尺寸标注终端出现错误。建筑制图中尺寸标注终端一般用斜线而不用箭头。

③处问题是尺寸放置顺序错误。建筑制图中，一般小尺寸在里，大尺寸在外。

④处问题是尺寸线间隔不均匀。一般在建筑制图中，平行尺寸线之间的距离要大约相等。

⑤处问题是漏标尺寸，结构长度表达不清楚。

⑥处问题是结构图线遗漏。在建筑平面图中，假想剖切平面下的可见轮廓要完整绘制出来。

⑦处问题是文字和示意图线没有绘制。在建筑制图中，有时一些必要的示意画法配合文字说明能够表达视图很难表达清楚的结构。

⑧处问题是没有标注标高。标高是一种重要的尺寸，用于表达建筑结构的高度尺寸。

⑨处问题是墙体宽度绘制错误。一般情况下，建筑外墙的宽度都是标准值（通常为240mm），并且各处宽度相等，只有一些不重要的内部隔墙的宽度可以相对小一些。

⑩处问题是建筑设备和建筑单元的尺寸与整体大小不协调，电视柜相对整个房间和床而言尺寸过大，显得不真实。

第 9 章 绘制建筑总平面图

建筑总平面图规划设计是建筑工程设计中比较重要的一个环节,一般情况下,建筑总平面图中包含具备多种功能的建筑群体。本章主要内容以某住宅小区总平面图绘制为例,详细论述建筑总平面图的设计及其 CAD 绘制方法与相关技巧,包括总平面图中的场地、建筑单体、小区道路、文字、尺寸等的绘制和标注方法。

【内容要点】
- 建筑总平面图绘制概述
- 绘制某住宅小区总平面图

【案例欣赏】

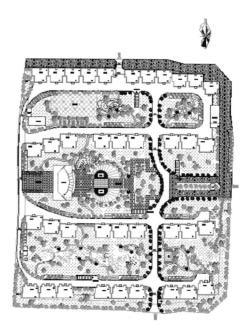

9.1 建筑总平面图绘制概述

将拟建工程四周一定范围内的新建、拟建、原有的和拆除的建筑物、构筑物连同其周围的地形和地物情况,用水平投影的方法和相应的图例所画出的图样,称为建筑总平面图或建筑总平面布置图。

下面介绍一下有关建筑总平面图的理论基础知识。

9.1.1 建筑总平面图概述

建筑总平面图用来表达整个建筑基地的总体布局,新建建筑物及构筑物的位置、朝向及周边环境关系,这也是建筑总平面图的基本功能。建筑总平面专业设计成果包括设计说明书、设计图纸及合同规定的鸟瞰图、模型等。建筑总平面图只是其中的设计图纸部分，在不同的设计阶段，建筑总平面图除了具备其基本功能外，还能表达设计意图的不同深度和倾向。

在方案设计阶段，建筑总平面图着重体现新建建筑物的体积大小、形状及周边道路、房屋、绿地、广场和红线之间的空间关系，同时传达室外空间的设计效果，因此，在具有必要的技术性的基础上，还应强调艺术性的体现。就目前情况来看，建筑总平面图中除了绘制 CAD 线条图外，还需对线条图进行套色、渲染处理或制作鸟瞰图、模型等。

在初步设计阶段，需要推敲总平面设计中涉及的各种因素和环节（如道路红线、建筑红线或用地界线、建筑控制高度、容积率、建筑密度、绿地率、停车位数及总平面布局、周围环境、空间处理、交通组织、环境保护、文物保护、分期建设等），以及方案的合理性、科学性和可实施性，从而进一步准确落实各项技术指标，深化竖向设计，为施工图设计做准备。

9.1.2 建筑总平面图中的图例说明

（1）新建建筑物。新建建筑物用粗实线表示，如图 9-1 所示。需要时可以在右上角用点或数字来表示建筑物的层数，如图 9-2 和图 9-3 所示。

图 9-1　新建建筑物图例　　　图 9-2　用点表示层数（4 层）　　　图 9-3　用数字表示层数（16 层）

（2）旧有建筑物。旧有建筑物用细实线表示，如图 9-4 所示。与新建建筑物图例一样，也可以在右上角用点或数字来表示建筑物的层数。

（3）计划扩建的预留地或建筑物。计划扩建的预留地或建筑物用中虚线表示，如图 9-5 所示。

（4）拆除的建筑物。拆除的建筑物用打上叉号的细实线表示，如图 9-6 所示。

图 9-4　旧有建筑物图例　　　图 9-5　计划扩建的预留地　　　图 9-6　拆除的建筑物图例
　　　　　　　　　　　　　　　　　或建筑物图例

（5）坐标。测量坐标图例如图 9-7 所示，施工坐标图例如图 9-8 所示。注意两种不同的坐标表示方法。

图 9-7　测量坐标图例　　　　　　　　图 9-8　施工坐标图例

（6）新建的道路。新建的道路图例如图 9-9 所示。其中，"R8"表示道路的转弯半径为 8m，"30.10"表示路面中心的标高为 30.10m。

（7）旧有的道路。旧有的道路图例如图 9-10 所示。

图 9-9　新建的道路图例　　　　　　　图 9-10　旧有的道路图例

（8）计划扩建的道路。计划扩建的道路图例如图 9-11 所示。
（9）拆除的道路。拆除的道路图例如图 9-12 所示。

图 9-11　计划扩建的道路图例　　　　　　图 9-12　拆除的道路图例

9.1.3　阅读建筑总平面图后需掌握的事项

（1）了解图样比例、图例和文字说明。建筑总平面图所体现的范围一般都比较大，所以要采用比较小的比例。一般情况下，对于建筑总平面图来说，1∶500 算是最大的比例，可以使用 1∶1000 或 1∶2000 的比例。建筑总平面图上的尺寸标注要以"m"为单位。

（2）了解工程的性质和地形地貌。例如，从等高线的变化可以知道地势的走向。

（3）了解建筑物周围的情况，如南边有池塘，其他方向有旧有的建筑物，以及道路的走向等。

（4）明确建筑物的位置和朝向。房屋的位置可以用定位尺寸或坐标来确定。定位尺寸应标注出其与原建筑物或道路中心线的距离。当采用坐标来表示建筑物的位置时，宜标注出房屋 3 个角的坐标。建筑物的朝向可以根据图中所画的风玫瑰图来确定。风玫瑰图中，箭头的方向为北向。

（5）从图中所标注的底层地面和等高线的标高可知该区域的地势高低、雨水排向，并可以计算挖填土方的具体数量。

9.1.4　标高投影知识

建筑总平面图中的等高线就是一种立体的标高投影。所谓标高投影，就是在形体的水平投影上，以数字标注出各处的高度，来表示形体的形状的一种图示方法。

众所周知，地形对建筑物的布置和施工都有很大的影响，一般情况下，都要对地形进行人工改造，如平整场地、修建道路等，所以要在建筑总平面图上把建筑物周围的地形表示出来。如果还是采用原来的正投影、轴测投影等方法来表示，则无法表示出复杂地形的形状，因此需要采用标高投影法来表示这种复杂的地形。

建筑总平面图中的标高是绝对标高。所谓绝对标高，就是以我国青岛附近黄海的平均海平面作为零点来测定的高度尺寸。在标高投影中，一般通过画出立体表面（平面或曲面）的等高线来表示该立体。山地一般都是不规则的曲面，以一系列整数标高的水平面与山地相截交，把等高截交线正投影到水平面上，在所得的一系列不规则形状的等高线上标注相应的标高值即可，所得的图形一般称为地形图。

9.1.5　绘制建筑总平面图的步骤

一般情况下，使用 AutoCAD 绘制建筑总平面图的步骤如下。

1．地形图的处理

地形图的处理包括地形图的插入、描绘、整理、应用等。地形图是建筑总平面图绘制的基础，包括 3 个方面的内容：一是图廓处的各种标记；二是地物和地貌；三是用地范围。本书不详细介绍，读者可参看相关书籍。

2．布置建筑总平面

布置建筑总平面包括建筑物、道路、广场、停车场、绿地、场地出入口等的布置，需要着重处理好它们之间的空间关系及其与四邻、水体、地形之间的关系。本章主要以某住宅小区的总平面图为例进行介绍。

3．添加各种文字及标注

需添加的各种文字及包括文字、尺寸、标高、坐标、图表、图例等。

4．布图

布图包括插入图框、调整图面等。

绘制某住宅小区总平面图1

绘制某住宅小区总平面图2

绘制某住宅小区总平面图3

9.2 绘制某住宅小区总平面图

住宅小区是一个城市和社会的缩影，其规划与建设的质量和水平直接关系到人们的身心健康，影响到社会的秩序，反映着居民在生活和文化上的追求，关系到城市的面貌。将居住与建筑、社会生活品质相结合，可使住宅区成为城市的一道亮丽风景线。为此，把自然中精美微妙而又富有朝气的意味融入设计的外形效果，然后合理有效地利用城市的有限资源，在"以人为本"的基础上利用自然条件和人工手段，将会创造一个舒适、健康的生活环境，使居民区与城市自然地融为一体。规划住宅小区时，要选择适合当地特点、设计合理、造型多样、舒适美观的住宅类型。为方便小区居民生活，住宅小区规划中要合理确定小区公共服务设施的项目、规模及其分布方式，做到公共服务设施项目齐全、设备先进、布点适当，与住宅联系方便。为适应经济的增长和人民群众物质生活水平的提高，规划中应合理确定小区道路走向及道路断面形式，步行与车行互不干扰，并且根据住宅小区居民的需求，合理确定停车场地的指标及布局。此外，住宅小区规划中还应满足居民对安全、卫生、经济、美观等的要求，合理设置小区居民室外休息、活动的场地和公共绿地，创造宜人的居住生活环境。在绘图时，应根据用地范围先绘制住宅小区的轮廓，再合理安排建筑单体，然后设置交通道路，标注相关的文字、尺寸。

住宅小区和商业小区是不同的建筑群体。例如，住宅小区包含住宅区、配套学校、绿地、社区活动中心、购物中心等建筑群体；商业小区则包括写字楼、百货商场、娱乐中心等建筑群体。图9-13～图9-15所示为国内常见的住宅小区总平面图和三维效果图。

图9-13 某住宅小区总平面图

图9-14 某大学校园小区总平面图

本节将介绍如图 9-16 所示的住宅小区总平面图的 CAD 绘制方法与相关技巧。

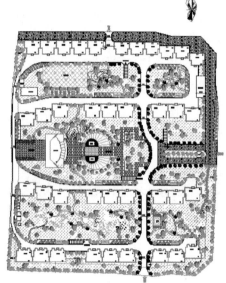

图 9-15　某住宅小区的总平面三维效果图　　　　图 9-16　住宅小区总平面图

9.2.1　绘制场地及建筑造型

本小节介绍住宅小区场地和建筑单体的 CAD 绘制方法及技巧。

（1）单击"默认"选项卡"绘图"面板中的"多段线"按钮 ，选取适当尺寸，绘制建设用地红线，如图 9-17 所示。

> **注意：**
> 只根据建设基地的范围，绘制小区的总平面范围轮廓。

（2）单击"默认"选项卡"修改"面板中的"偏移"按钮 ，根据相关规定指定适当的偏移距离，绘制小区各个方向的建筑控制线，如图 9-18 所示。

图 9-17　绘制建设用地红线　　　　图 9-18　绘制建筑控制线

> **注意：**
> 因为每个方向的建筑控制线的距离一样，所以可以用偏移方法得到。

（3）打开源文件目录下的"第 9 章/总平面图户型图"，选中户型图，如图 9-19 所示，然后按 Ctrl+C 组合键复制。返回总平面图中，按 Ctrl+V 组合键粘贴，将总平面图户型图复制到图中合适的位置。

（4）单击"默认"选项卡"修改"面板中的"复制"按钮，将户型 A 建筑单体轮廓复制到建设用地左上角的建筑控制线内，如图 9-20 所示。

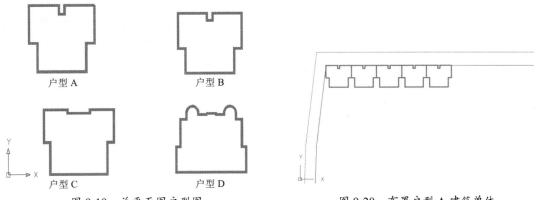

图 9-19　总平面图户型图　　　　图 9-20　布置户型 A 建筑单体

（5）在建设用地右上角的建筑控制线内复制户型 B 建筑单体轮廓，如图 9-21 所示。

（6）复制户型 C 建筑单体轮廓，如图 9-22 所示。

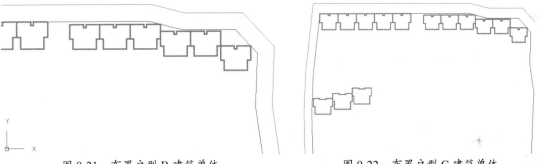

图 9-21　布置户型 B 建筑单体　　　　图 9-22　布置户型 C 建筑单体

注意：

按照国家相关规范，在满足消防、日照等间距要求的前提下，要与前面的建筑单体保持合适的距离来布置户型 C 建筑单体，该户型组团布置排列并适当变化。

（7）单击"默认"选项卡"修改"面板中的"复制"按钮和"移动"按钮，对户型 C 按 3 个建筑单体进行组团布置，如图 9-23 所示。

（8）在刚布置的图形下方再组团布置一排新的户型 C 建筑单体，如图 9-24 所示。

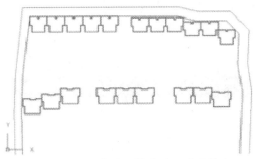 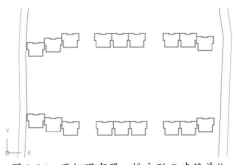

图 9-23　组团布置一排户型 C 建筑单体　　　　图 9-24　再组团布置一排户型 C 建筑单体

> **注意:**
> 在建设用地中下部位置，按与上一排户型 C 建筑单体组团造型对称的方式，在满足消防、日照等间距要求的前提下，组团布置一排新的户型 C 建筑单体。

（9）在建设用地下部位置，单击"默认"选项卡"修改"面板中的"复制"按钮和"移动"按钮，布置户型 D 建筑单体，该建筑单体同样按 3 个建筑单体进行组团布置，如图 9-25 所示。

（10）单击"默认"选项卡"绘图"面板中的"多段线"按钮，绘制每个住宅建筑单体的单元入口造型，如图 9-26 所示。

图 9-25 组团布置户型 D 建筑单体

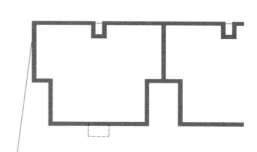

图 9-26 绘制单元入口造型

（11）单击"默认"选项卡"修改"面板中的"复制"按钮，得到其他单元入口造型，如图 9-27 所示。

（12）调整各个图形，完成建筑单体的绘制，如图 9-28 所示。

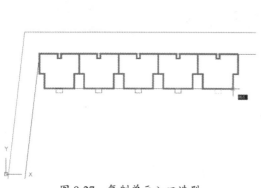

图 9-27 复制单元入口造型

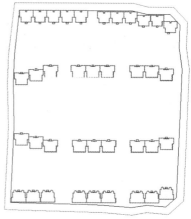

图 9-28 调整各个图形

> **注意:**
> 缩放视图，对建筑总平面图中各个建筑单体的位置进行调整，以取得比较好的总平面布局效果。同时注意保存图形。

（13）在小区中部位置，单击"默认"选项卡"绘图"面板中的"矩形"按钮，以适当尺寸绘制小区综合楼轮廓，如图 9-29 所示。

（14）单击"默认"选项卡"绘图"面板中的"直线"按钮，绘制综合楼内部图线，并调用"镜像"命令进行对称复制,如图9-30所示。

(15)单击"默认"选项卡"绘图"面板中的"圆弧"按钮,绘制圆弧,如图9-31所示。

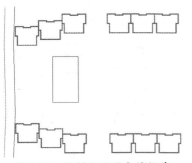
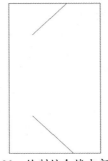
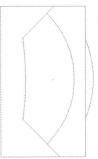

图 9-29　绘制小区综合楼轮廓　　　图 9-30　绘制综合楼内部图线　　　图 9-31　绘制圆弧

(16)单击"默认"选项卡"绘图"面板中的"直线"按钮,绘制一条通过圆弧圆心位置的直线,如图9-32所示。

(17)选中第(16)步绘制的直线,再单击小方框使其变为红色。然后右击,在弹出的快捷菜单中选择"旋转"命令,自动复制并旋转直线,结果如图9-33所示。

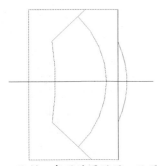
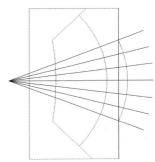

图 9-32　绘制一条通过圆弧圆心位置的直线　　　图 9-33　复制并旋转直线

(18)单击"默认"选项卡"修改"面板中的"修剪"按钮,进行修剪,得到综合楼造型,如图9-34所示。

(19)单击"默认"选项卡"绘图"面板中的"矩形"按钮,以适当尺寸绘制小区配套商业楼造型,如图9-35所示。

(20)单击"默认"选项卡"绘图"面板中的"多段线"按钮,绘制小区配套锅炉房、垃圾间等造型,如图9-36所示。

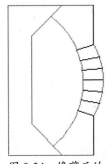

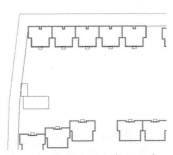

图 9-34　修剪后的　　　　图 9-35　绘制小区配套　　　图 9-36　绘制小区配套锅炉房、
　　综合楼造型　　　　　　　　商业楼造型　　　　　　　　垃圾间等造型

> 注意：
> 小区配套建筑有锅炉房、垃圾间、门房等。

9.2.2 绘制小区道路等图形

本小节介绍住宅小区中的小区道路和地下车库入口等的 CAD 绘制和设计方法。

（1）单击"默认"选项卡"绘图"面板中的"直线"按钮 ，创建小区主入口道路，分为两条道路，如图 9-37 所示。

（2）单击"默认"选项卡"绘图"面板中的"多段线"按钮 和"修改"面板中的"偏移"按钮 ，从主入口道路向两侧创建小区道路，如图 9-38 所示。

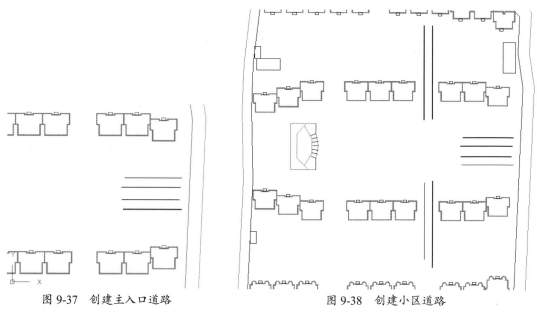

图 9-37 创建主入口道路　　　　图 9-38 创建小区道路

（3）在小区上部组团范围，单击"默认"选项卡"绘图"面板中的"多段线"按钮 ，创建组团内的道路轮廓，如图 9-39 所示。

（4）单击"默认"选项卡"修改"面板中的"圆角"按钮 ，指定适当的圆角半径，对道路进行圆角处理，形成道路转弯半径，如图 9-40 所示。

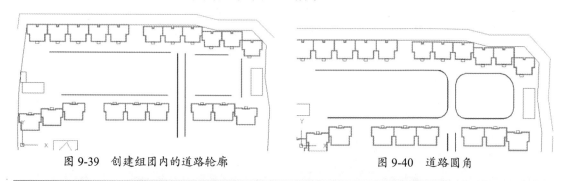

图 9-39 创建组团内的道路轮廓　　　　图 9-40 道路圆角

> 注意：
> 小区道路转弯半径一般为 6～15m。

（5）单击"默认"选项卡"绘图"面板中的"圆弧"按钮 和"修改"面板中的"修剪"

按钮￥，绘制转弯半径，如图 9-41 所示。

（6）在小区道路尽头，单击"默认"选项卡"绘图"面板中的"多段线"按钮➚和"圆弧"按钮╭，绘制一个回车场，如图 9-42 所示。

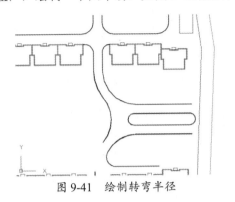

图 9-41　绘制转弯半径

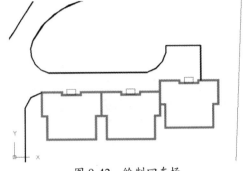

图 9-42　绘制回车场

（7）按上述方法，创建小区其他位置的道路或组团道路，如图 9-43 所示。

（8）至此，完成道路绘制，结果如图 9-44 所示。

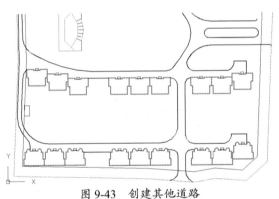

图 9-43　创建其他道路

图 9-44　完成道路绘制

（9）根据地下室的布局情况，单击"默认"选项卡"绘图"面板中的"直线"按钮╱和"圆弧"按钮╭，在相应的地面位置绘制地下车库入口，如图 9-45 所示。

（10）单击"默认"选项卡"绘图"面板中的"圆弧"按钮╭和"修改"面板中的"偏移"按钮⌒，绘制地下车库入口的顶棚弧线，如图 9-46 所示。

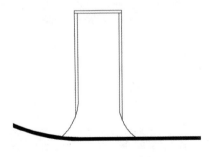

图 9-45　绘制地下车库入口

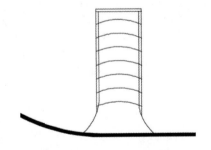

图 9-46　绘制地下车库入口的顶棚弧线

（11）按上述方法绘制其他位置的地下车库出入口，并单击"默认"选项卡"修改"面板中的"修剪"按钮⊁，对相应的道路线进行修改，如图 9-47 所示。

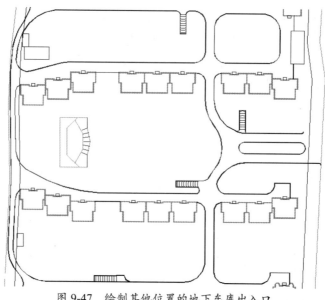

图 9-47 绘制其他位置的地下车库出入口

（12）单击"默认"选项卡"绘图"面板中的"多段线"按钮 ，绘制地面停车位轮廓，如图 9-48 所示。

（13）为每个组团绘制地面停车位。单击"默认"选项卡"绘图"面板中的"多段线"按钮 ，绘制其他位置的地面停车位轮廓，如图 9-49 所示。

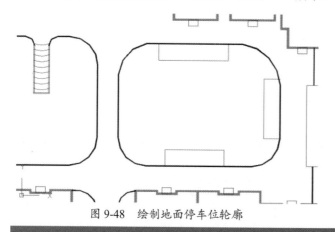

图 9-48 绘制地面停车位轮廓

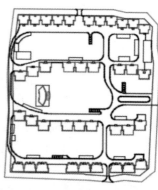

图 9-49 绘制其他位置的地面停车位轮廓

注意：
一个车位的大小为 2500mm × 6000mm。

9.2.3 标注文字和尺寸

（1）单击"默认"选项卡"块"面板中的"插入"按钮 ，插入一个风玫瑰图块，并调用"多行文字"命令，标注比例参数为 1∶1000，如图 9-50 所示。

注意：
用户也可绘制指北针来代替风玫瑰。

（2）调用"多行文字"命令，标注户型名称、楼层数及楼栋号，如图 9-51 所示。

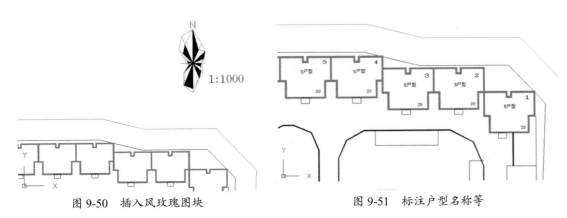

图 9-50　插入风玫瑰图块　　　　　图 9-51　标注户型名称等

（3）根据需要，单击"默认"选项卡"注释"面板中的"线性"按钮，标注相应位置的有关尺寸，如图 9-52 所示。

（4）单击"默认"选项卡"绘图"面板中的"多段线"按钮和"修改"面板中的"复制"按钮，创建小区入口指示方向的标志，如图 9-53 所示。

注意： 其他一些入口标志参照此方法进行绘制。

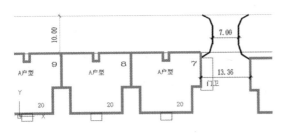

图 9-52　标注尺寸　　　　　　图 9-53　绘制小区入口指示方向的标志

（5）单击"默认"选项卡"注释"面板中的"多行文字"按钮 A，标注图名，如图 9-54 所示。

（6）绘制或插入图框，并调整至适合的位置，完成住宅小区总平面图的初步绘制，如图 9-55 所示。

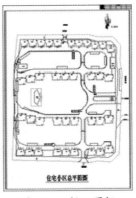

图 9-54　标注图名　　　　　　图 9-55　插入图框

9.2.4 绘制各种景观

住宅小区各项用地的布局要合理，除住宅外，要有完善的公共服务设施，有道路及公共绿地。为适应不同地区、不同人口组成和不同收入的居民家庭的要求，住宅小区的设计要考虑经济的可持续发展和城市的总体规划，从城市用地、建筑布点、群体空间结构造型、城市面貌、远景规划等方面进行全局考虑，并融合意境创造、自然景观、人文地理、风俗习惯等总体环境，精心设计每一部分的绿化景观，给人们提供一个方便、舒适、优美的居住场所。在绘图时，根据建设用地范围，在建筑用地外，应合理安排人工湖、水景等景观，布置花草、树木等园林绿化景观。

本小节介绍住宅小区中各种园林绿化景观的布置、CAD 绘制及设计方法，如水景或人工湖景观的绘制、绿化景观的布置等。

（1）单击"默认"选项卡"绘图"面板中的"多段线"按钮 和"修改"面板中的"偏移"按钮 、"拉伸"按钮 ，绘制通道，如图 9-56 所示。

（2）单击"默认"选项卡"绘图"面板中的"圆"按钮 ，在通道内侧绘制一个圆形，如图 9-57 所示。

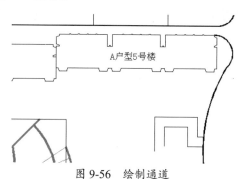 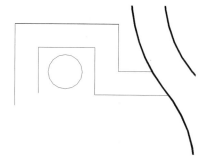

图 9-56　绘制通道　　　　　　　图 9-57　绘制一个圆形

（3）单击"默认"选项卡"修改"面板中的"镜像"按钮 ，进行镜像，得到对称图形，如图 9-58 所示。

（4）单击"默认"选项卡"绘图"面板中的"圆弧"按钮 ，连接中间部分的弧线段，如图 9-59 所示。

（5）单击"默认"选项卡"绘图"面板中的"圆"按钮 和"直线"按钮 ，以及"修改"面板中的"修剪"按钮 ，绘制水景上部造型，如图 9-60 所示。

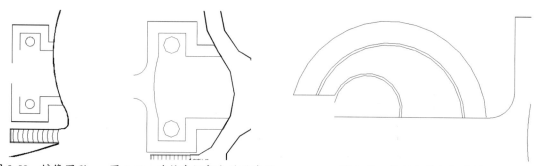

图 9-58　镜像图形　　　图 9-59　连接中间部分的弧线段　　　图 9-60　绘制水景上部造型

（6）单击"默认"选项卡"绘图"面板中的"正多边形"按钮 和"偏移"按钮 ，在左侧绘制正方形花池，如图 9-61 所示。

（7）单击"默认"选项卡"绘图"面板中的"直线"按钮 / 和"修剪"按钮，绘制放射状线条，如图 9-62 所示。

> 注意：
> 此处的放射状线条不宜采用"射线"命令进行绘制。

（8）单击"默认"选项卡"注释"面板中的"多行文字"按钮 A，在水景范围内标注文字，然后单击"绘图"面板中的"图案填充"按钮，填充水景中的水波，如图 9-63 所示。

图 9-61　绘制正方形花池

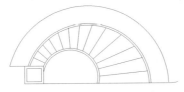
图 9-62　绘制放射状线条

图 9-63　标注文字及填充水波

（9）单击"默认"选项卡"修改"面板中的"镜像"按钮，通过镜像的方式得到对称水景，如图 9-64 所示。

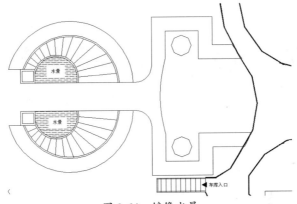
图 9-64　镜像水景

> 注意：
> 得到对称的水景造型不宜采用"复制"命令。

（10）单击"默认"选项卡"绘图"面板中的"直线"按钮 / 和"修改"面板中的"偏移"按钮，在两个水景中间绘制水景连接图线，如图 9-65 所示。

（11）单击"默认"选项卡"绘图"面板中的"多段线"按钮 和"圆弧"按钮，绘制水景与综合楼的连接图线，完成景观造型绘制，如图 9-66 所示。

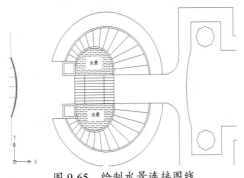
图 9-65　绘制水景连接图线

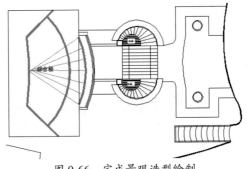
图 9-66　完成景观造型绘制

9.2.5 布置绿化景观

（1）单击"默认"选项卡"块"面板中的"插入"按钮，插入花草图块，如图 9-67 所示。

> 注意：
> 可在已有的图库中选择合适的花草图块并插入住宅小区总平面图中，花草图块的绘制在此从略。

（2）单击"默认"选项卡"修改"面板中的"复制"按钮，复制花草，如图 9-68 所示。

（3）单击"默认"选项卡"块"面板中的"插入"按钮，选择另外一种花草并插入住宅小区总平面图中，如图 9-69 所示。

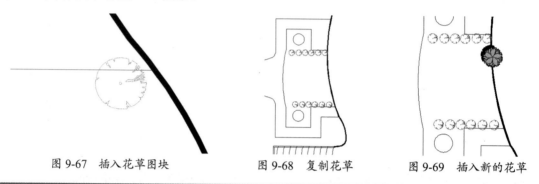

图 9-67 插入花草图块　　　图 9-68 复制花草　　　图 9-69 插入新的花草

> 注意：
> 为使平面绿化效果丰富，需布置几种不一样的花草。

（4）单击"默认"选项卡"修改"面板中的"复制"按钮，对该种花草进行复制，如图 9-70 所示。

（5）单击"默认"选项卡"块"面板中的"插入"按钮，再选择一种新的花草进行插入布置，如图 9-71 所示。

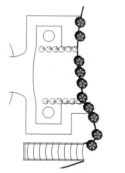

图 9-70 用插入的花草进行布置　　　图 9-71 再插入新的花草

（6）单击"默认"选项卡"修改"面板中的"复制"按钮，布置不同的花草，如图 9-72 所示。

（7）单击"默认"选项卡"块"面板中的"插入"按钮和"修改"面板中的"复制"按钮等，通过复制和组合不同花草，创建园林绿化效果，如图 9-73 所示。

> 注意：
> 在小区绿地及道路两侧，按上述方法，布置小区其他位置的园林绿化景观。布置花草时注意，既应有一定规律，又应有一定的随机性。

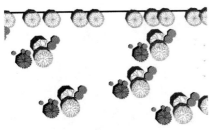

图 9-72 布置不同的花草

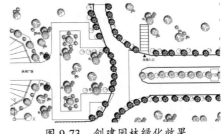

图 9-73 创建园林绿化效果

（8）单击"默认"选项卡"绘图"面板中的"多段线"按钮，绘制草坪轮廓线，并单击"绘图"面板中的"图案填充"按钮，填充草坪效果，如图 9-74 所示。

（9）布置其他位置的点状花草，如图 9-75 所示。

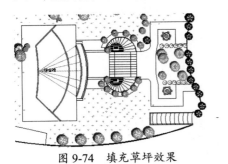

图 9-74 填充草坪效果

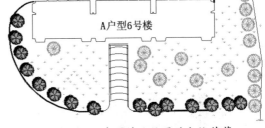

图 9-75 布置其他位置的点状花草

（10）最后完成小区总平面图绿化景观的绘制，总平面图绘制完成，如图 9-16 所示。

9.3 上机实验

【练习】绘制如图 9-76 所示的信息中心总平面图。

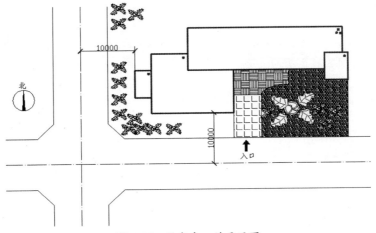

图 9-76 信息中心总平面图

第 10 章 绘制建筑平面图

本章以某低层住宅的平面图设计为例,详细论述建筑平面图的 CAD 绘制方法与相关技巧,包括建筑平面图中的轴线、墙、柱、文字等的绘制与标注方法,以及楼梯的绘制及技巧。

【内容要点】

- 建筑平面图绘制概述
- 本案例设计思想
- 绘制低层住宅地下层平面图
- 绘制低层住宅中间层平面图
- 绘制低层住宅屋顶平面图

【案例欣赏】

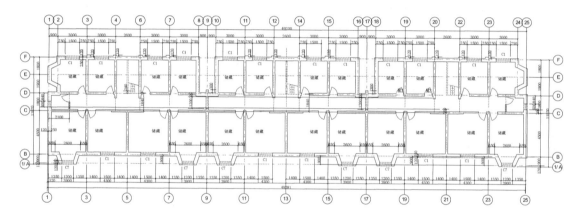

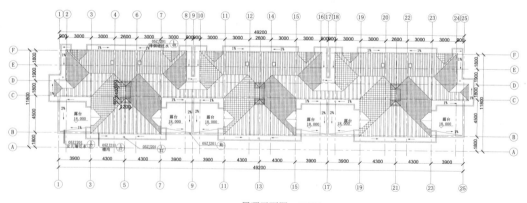

屋顶平面图 1:100

10.1 建筑平面图绘制概述

建筑平面图是表达建筑物的基本图样之一,它主要反映建筑物的平面布局情况。

10.1.1 建筑平面图概述

建筑平面图是假想在门窗洞口之间用一个水平剖切面将建筑物剖切成两部分,下半部分在水平面上(H面)的正投影图。

平面图中的主要图形包括剖切到的墙、柱、门窗、楼梯,以及看到的地面、台阶、楼梯等的剖切面以下部分的构建轮廓。因此,从平面图中可以看到建筑的平面大小、形状、空间平面布局、内外交通及联系、建筑构配件大小及材料等内容,除了需按制图知识和规范绘制建筑构配件的平面图形外,还需标注尺寸及文字说明、设置图面比例等。

由于建筑平面图能突出地表达建筑的组成、功能关系等方面的内容,因此一般建筑设计都从平面设计入手。在平面设计中应从建筑整体出发,考虑建筑空间组合的效果,照顾建筑剖面和立面的效果和体型关系。在设计的各个阶段中,都应有建筑平面图样,但表达的深度不同。

一般的建筑平面图可以使用粗、中、细3种线来绘制。被剖切到的墙、柱断面的轮廓线用粗线来绘制;被剖切到的次要部分的轮廓线(如墙面抹灰、轻质隔墙)以及没有剖切到的可见部分的轮廓线(如窗台、墙身、阳台、楼梯段等)均用中实线绘制;没有剖切到的高窗、墙洞和不可见部分的轮廓线都用中虚线绘制;引出线、尺寸标注线等用细实线绘制;定位轴线、中心线、对称线等用细点划线绘制。

10.1.2 建筑平面图的图示要点

(1)每个平面图对应一个建筑物楼层,并注有相应的图名。

(2)可以表示多层的平面图称为标准层平面图。标准层平面图中,各层的房间数量、大小和布置都必须一样。

(3)建筑物左右对称时,可以将两层的平面图绘制在同一张图纸上,图纸左半部分和右半部分分别绘制出各层的一半,同时中间要注上对称符号。

(4)如果建筑平面较大,可以进行分段绘制。

10.1.3 建筑平面图的图示内容

建筑平面图主要包括以下内容。

(1)墙、柱、门、窗等的位置和编号,房间的名称或编号,轴线编号等。

(2)室内外的有关尺寸及室内楼层轴号、地面的标高。如果本层是建筑物的底层,则标高为± 0.000。

(3)电梯、楼梯的位置,以及楼梯的上下方向和主要尺寸。

(4)阳台、雨篷、踏步、斜坡、雨水管道、排水沟等的具体位置及尺寸。

(5)卫生器具、水池、工作台及其他重要设备的位置。

(6)剖面图的剖切符号及编号。根据绘图习惯,一般只在底层平面图中绘制出来。

(7)有关部位的上节点详图的索引符号。

(8)指北针。根据绘图习惯,一般只在底层平面图中绘制指北针。

10.1.4 绘制建筑平面图的步骤

绘制建筑平面图的一般步骤如下。
（1）设置绘图环境。
（2）绘制轴线。
（3）绘制墙线。
（4）绘制柱子。
（5）绘制门窗。
（6）绘制阳台。
（7）绘制楼梯、台阶。
（8）布置室内。
（9）布置室外周边景观（底层平面图）。
（10）标注尺寸、文字。

10.2 本案例设计思想

本案例设计的是一栋 7 层住宅楼，由于属于低层，所以按照国家相关标准，不需要布置电梯。由于现在城市化进程日益加快，城市用地高度紧张，一般大中城市普遍采用高层建筑的形式。这种低层建筑只适合小城市或小城镇。本案例的设计背景正是某江南小城。每栋楼设地下层，一～五层为标准层，六～七层为跃层，由于江南多雨，屋顶设计成坡形。

10.3 绘制低层住宅地下层平面图

绘制低层住宅地下层平面图

本章将逐步介绍低层住宅地下层平面图的绘制。在讲述过程中，将循序渐进地介绍室内设计的基本知识及 AutoCAD 的基本操作方法。

低层住宅地下层平面图的最终绘制结果如图 10-1 所示。

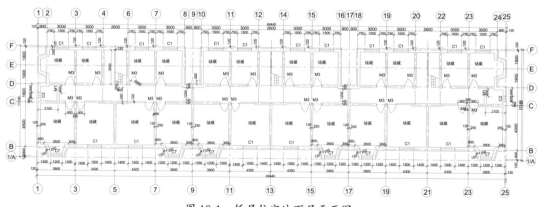

图 10-1　低层住宅地下层平面图

10.3.1 绘图准备

(1) 打开 AutoCAD 2020，单击快速访问工具栏中的"新建"按钮，弹出"选择样板"对话框，如图 10-2 所示。以"acadiso.dwt"为样板文件，建立新文件并保存到适当的位置。

> **注意：**
> 新建文件时可以选用样板文件，这样可以省去很多设置。

(2) 设置单位。选择菜单栏中的"格式"→"单位"命令，系统打开"图形单位"对话框，如图 10-3 所示。设置"长度"的"类型"为"小数"，"精度"为"0"；设置"角度"的"类型"为"十进制度数"，"精度"为"0"；系统默认逆时针方向为正，设置插入时的缩放比例为"毫米"。

(3) 在命令行窗口中输入"LIMITS"，设置图幅为 420000×297000。命令行提示与操作如下：

```
命令：LIMITS ✓
重新设置模型空间界限：
指定左下角点或 [开(ON)/关(OFF)]<0.0000, 0.0000>：✓
指定右上角点 <12.0000,9.0000>：420000,297000✓
```

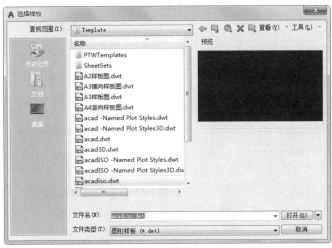

图 10-2 "选择样板"对话框

图 10-3 "图形单位"对话框

(4) 新建图层。

①单击"默认"选项卡"图层"面板中的"图层特性"按钮，弹出"图层特性管理器"选项板，如图 10-4 所示。

图 10-4 "图层特性管理器"选项板

> **提示：**
> 在绘图过程中，往往有不同的绘图内容，如轴线、墙线、装饰、图块、地板、标注、文字等，若将这些内容放置在一起，绘图之后如果要删除或编辑某一类型的图形，将带来选取上的困难。AutoCAD 提供了图层功能，为编辑带来了极大的方便。在绘图初期可以建立不同的图层，将不同类型的图形绘制在不同的图层当中，在编辑时可以利用图层的显示和隐藏功能、锁定功能来操作图层中的图形，十分便于编辑运用。

②单击"图层特性管理器"选项板中的"新建图层"按钮，新建图层，如图 10-5 所示。

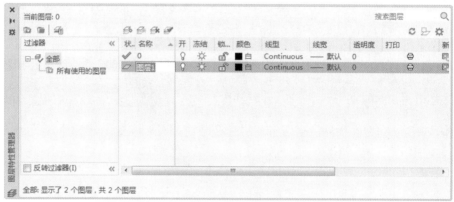

图 10-5　新建图层

③新建图层的名称默认为"图层 1"，将其修改为"轴线"。

④单击新建的"轴线"图层"颜色"栏中的色块，弹出"选择颜色"对话框，如图 10-6 所示。选择红色为"轴线"图层的默认颜色，单击"确定"按钮，返回"图层特性管理器"选项板。

⑤单击"线型"栏中的选项，弹出"选择线型"对话框，如图 10-7 所示。一般在绘图中应用点划线对轴线进行绘制，因此应将"轴线"图层的默认线型设置为中心线。单击"加载"按钮，弹出"加载或重载线型"对话框，如图 10-8 所示。

图 10-6　"选择颜色"对话框

图 10-7　"选择线型"对话框

⑥在"可用线型"列表框中选择"CENTER"线型，单击"确定"按钮，返回"选择线型"对话框。选择刚刚加载的线型，如图 10-9 所示，单击"确定"按钮，"轴线"图层设置完毕。

图 10-8 "加载或重载线型"对话框

图 10-9 加载线型

⑦采用相同的方法，按照以下说明新建其他几个图层。

a. "墙线"图层。颜色为白色，线型为实线，线宽为 0.30mm。

b. "门窗"图层。颜色为蓝色，线型为实线，线宽为默认。

c. "装饰"图层。颜色为蓝色，线型为实线，线宽为默认。

d. "文字"图层。颜色为白色，线型为实线，线宽为默认。

e. "尺寸标注"图层。颜色为绿色，线型为实线，线宽为默认。

在绘制的平面图中，包括轴线、门窗、装饰、文字、尺寸标注几项内容，分别按照上面所介绍的方式设置图层。其中的颜色可以依照读者的绘图习惯自行设置，并没有具体的要求。设置完成后的"图层特性管理器"选项板如图 10-10 所示。

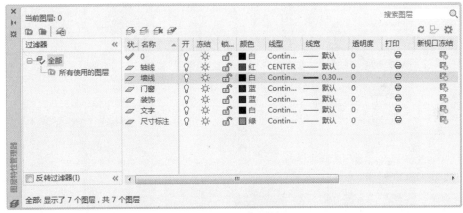
图 10-10 设置图层

提示：

有时在绘制过程中需要删除使用不到的图层，此时可以将无用的图层关闭，全选、复制、粘贴至一个新文件中，那些无用的图层就不会被粘贴过来。如果曾经在这个准备删除的图层中定义过块，又在另一个图层中插入了这个块，则不能用这种方法删除图层。

10.3.2 绘制轴线

（1）打开"默认"选项卡"图层"面板中的下拉列表，选择"轴线"图层为当前图层，如图 10-11 所示。

（2）单击"默认"选项卡"绘图"面板中的"直线"按钮 ∕，绘制一条长度为 13000 的竖直轴线。

（3）单击"默认"选项卡"绘图"面板中的"直线"按钮 ∕，绘制一条长度为 52000 的水平轴线。两条轴线绘制完成，如图10-12所示。

图10-11　设置当前图层　　　　　　　　　图10-12　绘制轴线

> **注意：**
> 使用"直线"命令时，若为正交轴网，可按下"正交"按钮，根据正交方向提示，直接输入下一点的距离即可，不需要输入"@"符号；若为斜线，则可按下"极轴"按钮，设置斜线倾斜角度，此时，图形进入自动捕捉所需角度的状态，可大大提高制图时的速度。注意，两者不能同时使用。

（4）此时，轴线的线型虽然为中心线，但是由于比例太小，显示出来的还是实线形式。选择刚刚绘制的轴线并右击，在弹出的如图10-13所示的快捷菜单中选择"特性"命令，弹出"特性"选项板，如图10-14所示。将"线型比例"设置为"50"，轴线显示如图10-15所示。

图10-13　快捷菜单　　　　　　　　　　图10-14　"特性"选项板

图10-15　修改轴线的线型比例

> **提示：**
> 通过全局修改或单个修改每个对象的线型比例，可以以不同的比例使用同一个线型。默认情况下，全局线型和单个线型比例均设置为1.0。比例越小，每个绘图单位中生成的重复图案就越多。例如，设置为0.5时，每个图形单位在线型定义中重复两次显示同一图案。不能显示完整线型图案的短线段显示为连续线。对于太短，甚至不能显示一个虚线小段的线段，可以使用更小的线型比例。

（5）单击"默认"选项卡"修改"面板中的"偏移"按钮⊂，然后在"偏移距离"提示行后面输入"900"，按 Enter 键后选择水平直线，在直线上方单击，将直线向上偏移 900。命令行提示与操作如下：

```
命令：OFFSET↙
当前设置：删除源 = 否 图层 = 源 OFFSETGAPTYPE=0
指定偏移距离或 [通过(T)/删除(E)/图层(L)]<通过>：900↙
选择要偏移的对象或 [退出(E)/放弃(U)]<退出>：（选择水平直线）
指定要偏移的那一侧上的点或 [退出(E)/多个(M)/放弃(U)]<退出>：（在水平直线上方单击）
选择要偏移的对象或 [退出(E)/放弃(U)]<退出>：↙
```

（6）按照上述方法，继续偏移其他轴线，偏移的尺寸分别如下：水平直线依次向上偏移 4500、1800、1900、1800，如图 10-16 所示；竖直直线依次向右偏移 900、3000、3000、1300、1300、3000、3000、900、900、3000、3000、1300、1300、3000、3000、900、900、3000、3000、1300、1300、3000、3000、900，如图 10-17 所示。

图 10-16　偏移水平直线

（7）单击"默认"选项卡"修改"面板中的"修剪"按钮↙，对第（6）步偏移后的轴线进行修剪。命令行提示与操作如下：

```
命令：TRIM ↙
当前设置：投影 =UCS，边 = 无
选择剪切边 …
选择对象或 <全部选择>：（选择边界）
选择要修剪的对象，或按住 Shift 键选择要延伸的对象，或 [栏选(F)/窗交(C)/投影(P)/边(E)/删除(R)/放弃(U)]：（选择要修剪的对象）
```

修剪结果如图 10-18 所示。

图 10-17　偏移竖直直线

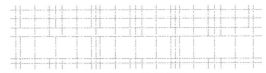

图 10-18　修剪轴线

（8）单击"默认"选项卡"修改"面板中的"删除"按钮，选取第（7）步修剪轴线后的多余线段进行删除，如图 10-19 所示。

（9）单击"默认"选项卡"绘图"面板中的"直线"按钮，在图形适当位置绘制多条斜线，如图 10-20 所示。

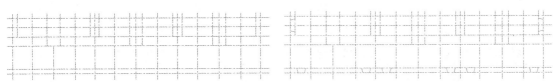

图 10-19　删除多余线段　　　　　　图 10-20　绘制斜线

10.3.3 绘制外墙线

一般建筑结构的墙线均是借助 AutoCAD 中的"多线"命令绘制的。本例将利用"多线""修剪"和"偏移"命令完成墙线的绘制。

（1）单击"默认"选项卡"图层"面板中的"图层特性"按钮，弹出"图层特性管理器"选项板，将"墙线"图层设置为当前图层。

（2）设置多线样式。

> **提示：**
> 建筑结构包括承载受力的承重结构和用来分割空间、美化环境的非承重结构。

①选择菜单栏中的"格式"→"多线样式"命令，打开"多线样式"对话框，如图 10-21 所示。

②在"多线样式"对话框中，可以看到"样式"栏中只有系统自带的 STANDARD 样式，单击右侧的"新建"按钮，打开"创建新的多线样式"对话框。如图 10-22 所示，在"新样式名"文本框中输入"墙"，作为多线样式的名称。单击"继续"按钮，打开编辑多线样式的对话框。

图 10-21　"多线样式"对话框

图 10-22　创建新的多线样式——墙

③"墙"为绘制承重墙时应用的多线样式，由于承重墙的宽度为 370mm，所以按照图 10-23 所示，将偏移值分别修改为"120"和"-250"，并将左侧"封口"选项组"直线"后面的两个复选框选中，单击"确定"按钮，返回"多线样式"对话框，单击"确定"按钮返回绘图状态。

（3）绘制墙线。

①选择菜单栏中的"绘图"→"多线"命令，绘制低层住宅地下层平面图中所有 370mm 厚的墙体。命令行提示与操作如下：

```
命令：MLINE✓
当前设置：对正 = 上，比例 = 20.00，样式 = STANDARD
指定起点或 [对正(J)/比例(S)/样式(ST)]: ST ✓（设置多线样式）
输入多线样式名或 [?]: 墙✓（选择多线样式为"墙"）
当前设置：对正 = 上，比例 = 20.00，样式 = 墙
指定起点或 [对正(J)/比例(S)/样式(ST)]: J ✓
输入对正类型 [上(T)/无(Z)/下(B)]<上>: Z ✓（设置对正模式为"无"）
当前设置：对正 = 无，比例 =20.00，样式 = 墙
指定起点或 [对正(J)/比例(S)/样式(ST)]: S ✓
输入多线比例 <20.00>: 1 ✓（设置多线比例为"1"）
```

```
当前设置：对正 = 无，比例 = 1.00，样式 = 墙
指定起点或 [对正(J)/比例(S)/样式(ST)]: ✓ (选择左侧竖直直线的下端点)
指定下一点：
指定下一点或 [放弃(U)]: ✓
```

②逐个进行绘制，完成后的结果如图 10-24 所示。

图 10-23　编辑新建多线样式:墙

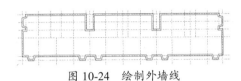

图 10-24　绘制外墙线

读者绘制墙线时，需要注意由于墙体厚度不同，需要对多线样式进行修改。

> 提示：
> 目前，国内针对建筑 CAD 制图开发了多套适合我国规范的专业软件，如天正、广厦等。这些以 AutoCAD 为平台开发的制图软件，通常根据建筑制图的特点，对许多图形进行了模块化、参数化，故在使用这些专业软件时，大大提高了 CAD 制图的速度，而且 CAD 制图格式规范统一，大大降低了一些单靠 CAD 制图易出现的小错误，给制图人员带来了极大的方便，节约了大量的制图时间，感兴趣的读者也可试一试相关软件。

10.3.4　绘制内墙线 1

（1）设置多线样式。

①选择菜单栏中的"格式"→"多线样式"命令，打开"多线样式"对话框，如图 10-21 所示。

②单击右侧的"新建"按钮，打开"创建新的多线样式"对话框。如图 10-25 所示，在"新样式名"文本框中输入"内墙"，作为多线样式的名称。单击"继续"按钮。

③"内墙"为绘制非承重墙时应用的多线样式，由于非承重墙的厚度为 240mm，所以按照图 10-26 所示，将偏移值分别修改为"120"和"-120"，单击"确定"按钮，返回"多线样式"对话框中，单击"确定"按钮返回绘图状态。

图 10-25　创建新的多线样式——内墙

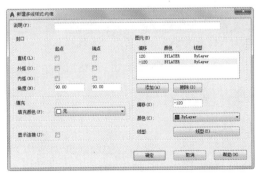

图 10-26　编辑新建多线样式:内墙

(2) 绘制墙线。

①单击"默认"选项卡"修改"面板中的"偏移"按钮 ⊆，选取最左侧的竖直轴线，依次向右偏移 2100 和 45000，选择菜单栏中的"绘图"→"多线"命令，绘制图形中的内墙线。绘制完成如图 10-27 所示。

②单击"默认"选项卡"修改"面板中的"分解"按钮 ⓓ，选取第①步已经绘制完的内墙线，按 Enter 键，对内墙线进行分解。

③单击"默认"选项卡"修改"面板中的"修剪"按钮 ⊱，对相交墙线进行修剪，如图 10-28 所示。

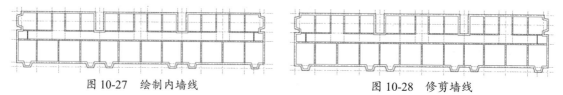

图 10-27　绘制内墙线　　　　　　　图 10-28　修剪墙线

10.3.5　绘制柱子

(1) 单击"默认"选项卡"绘图"面板中的"多段线"按钮 ⊃，在图形适当位置绘制连续多段线，如图 10-29 所示。

(2) 其他柱子的大小相同，位置不同。单击"默认"选项卡"修改"面板中的"复制"按钮 ⊙，选取第(1)步绘制的多段线为复制对象，将其复制到适当位置，如图 10-30 所示。

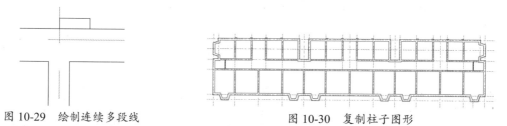

图 10-29　绘制连续多段线　　　　　图 10-30　复制柱子图形

> **注意**
> 复制时，灵活应用对象捕捉功能，会方便进行定位。

(3) 单击"默认"选项卡"修改"面板中的"修剪"按钮 ⊱，对柱子和墙体交接处进行修剪，如图 10-31 所示。

图 10-31　修剪图形

> **注意**
> 由于一些多线并不适合利用"多线样式"→"修改"命令进行修改，因此可以先将多线分解，直接利用"修剪"命令进行修剪。

10.3.6　绘制窗户

(1) 修剪窗洞。

①绘制洞口时，常以邻近的墙线或轴线作为距离参照来帮助确定洞口位置。现在以客厅北侧的窗洞为例进行讲解。拟画洞口宽 1500，位于该段墙体的中部，因此洞口两侧其余墙体的宽

度均为 750（到轴线）。打开"轴线"图层，再将"墙线"图层设置为当前图层。单击"默认"选项卡"修改"面板中的"偏移"按钮⊆，将左侧墙的轴线向右偏移 750，将右侧轴线向左偏移 750，如图 10-32 所示。

②单击"默认"选项卡"修改"面板中的"修剪"按钮，按 Enter 键，选择自动修剪模式，然后把窗洞修剪出来，就能得到窗洞，绘制结果如图 10-33 所示。

③单击"默认"选项卡"绘图"面板中的"直线"按钮╱，绘制两条竖直直线来封闭第②步修剪的窗洞，如图 10-34 所示。

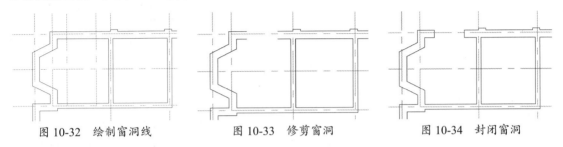

图 10-32　绘制窗洞线　　　　图 10-33　修剪窗洞　　　　图 10-34　封闭窗洞

④利用上述方法绘制出图形中的所有窗洞，如图 10-35 所示。

（2）绘制窗线。

①单击"默认"选项卡"图层"面板中的"图层特性"按钮，弹出"图层特性管理器"选项板，将"门窗"图层设置为当前图层。

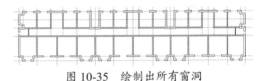

图 10-35　绘制出所有窗洞

②单击"默认"选项卡"绘图"面板中的"直线"按钮╱，绘制一条水平直线作为窗线，如图 10-36 所示。

③单击"默认"选项卡"修改"面板中的"偏移"按钮⊆，选取第②步绘制的窗线，依次向上偏移 123.33、123.33 和 123.33，如图 10-37 所示。

④选择菜单栏中的"格式"→"线型"命令，弹出"线型管理器"对话框，选择线型，如图 10-38 所示。

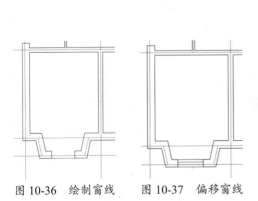

图 10-36　绘制窗线　　图 10-37　偏移窗线　　　　图 10-38　"线型管理器"对话框

⑤选取一条窗线，如图 10-39 所示，右击，在弹出的快捷菜单中选择"特性"命令，弹出"特性"选项板，在其中进行设置，如图 10-40 所示。

⑥完成线型的修改，如图 10-41 所示。

⑦利用上述方法完成所有窗线的线型修改，如图 10-42 所示。

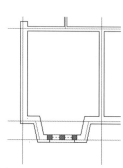

图 10-39　选取窗线　　　　　　　　图 10-40　"特性"选项板

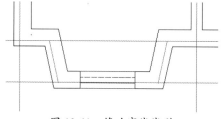
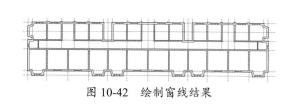

图 10-41　修改窗线线型　　　　　　图 10-42　绘制窗线结果

10.3.7　绘制门

（1）修剪门洞。

①打开"默认"选项卡"图层"面板中的下拉列表，将"墙线"图层设置为当前图层。

②单击"默认"选项卡"绘图"面板中的"直线"按钮 ／，在墙线适当位置绘制一段竖直直线，如图 10-43 所示。

③单击"默认"选项卡"修改"面板中的"偏移"按钮 ⊆，选取竖直直线，向左偏移 900，如图 10-44 所示。

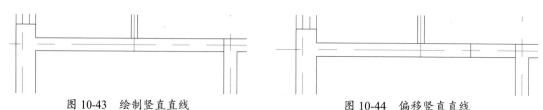

图 10-43　绘制竖直直线　　　　　　图 10-44　偏移竖直直线

④单击"默认"选项卡"修改"面板中的"修剪"按钮 ᇾ，对第③步偏移的直线右侧进行修剪处理，如图 10-45 所示。

⑤利用上述方法，修剪出图形中的所有门洞，如图 10-46 所示。

⑥单击"默认"选项卡"修改"面板中的"偏移"按钮 ⊆，选取上方的水平直线，向下偏移 5500，将偏移后的轴线调整到"墙线"图层，如图 10-47 所示。

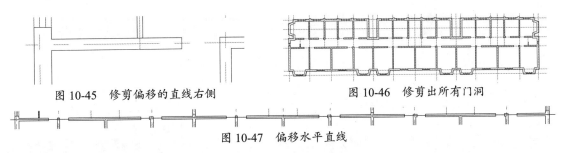

图 10-45　修剪偏移的直线右侧　　　　　图 10-46　修剪出所有门洞

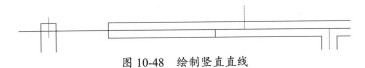

图 10-47　偏移水平直线

⑦单击"默认"选项卡"绘图"面板中的"直线"按钮，在偏移后的轴线下方绘制一段竖直直线，如图 10-48 所示。

图 10-48　绘制竖直直线

⑧单击"默认"选项卡"修改"面板中的"修剪"按钮，修剪第⑦步绘制的竖直直线的左侧部分，如图 10-49 所示。

⑨利用上述方法绘制其余的门洞，如图 10-50 所示。

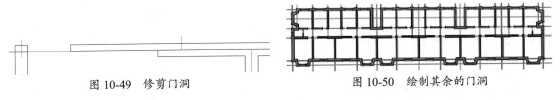

图 10-49　修剪门洞　　　　　　　　　　图 10-50　绘制其余的门洞

（2）绘制门。

①单击"默认"选项卡"绘图"面板中的"直线"按钮，绘制一条斜线，如图 10-51 所示。

②单击"默认"选项卡"绘图"面板中的"圆弧"按钮，利用"圆心、起点、端点"的方式绘制一段圆弧。命令行提示与操作如下：

```
命令：ARC↙
指定圆弧的起点或 [圆心(C)]：C↙
指定圆弧的圆心：（如图 10-52 所示）
指定圆弧的起点：（如图 10-52 所示）
指定圆弧的端点（按住 Ctrl 键以切换方向）或 [角度(A)/弦长(L)]：（如图 10-52 所示）
```

结果如图 10-52 所示。

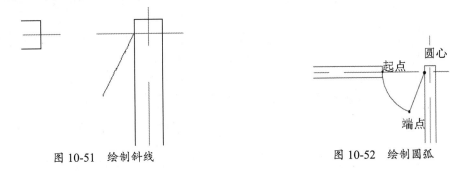

图 10-51　绘制斜线　　　　　　　　　　图 10-52　绘制圆弧

> **注意：**
> 绘制圆弧时，注意指定合适的端点或圆心，指定端点的时针方向为绘制圆弧的方向。例如，要绘制图 10-52 所示的下半圆弧，则起点在左侧，端点在右侧，此时端点的时针方向为逆时针，即得到相应的逆时针圆弧。

③单击"默认"选项卡"修改"面板中的"镜像"按钮 ⚠，选择第②步绘制的单扇门，按 Enter 键后选择矩形的中轴线作为镜像线，镜像到另外一侧，如图 10-53 所示。

> **注意：**
> 为了使绘图简单，如果绘制的图形中有对称图形，可以创建表示半个图形的对象，然后选择这些对象并沿指定的线进行镜像以创建另一半图形。

④双扇门的绘制方法与单扇门基本相同，这里不再详细阐述。

⑤单击"默认"选项卡"修改"面板中的"复制"按钮 ⚠ 和"镜像"按钮 ⚠，完成所有图形的绘制，如图 10-54 所示。

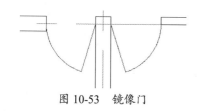
图 10-53 镜像门

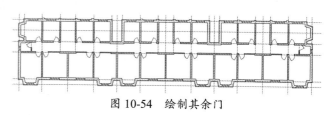
图 10-54 绘制其余门

10.3.8 绘制楼梯

绘制楼梯时需要知道以下参数。

（1）楼梯形式（单跑、双跑、直行、弧形等）。

（2）楼梯各部位长、宽、高 3 个方向的尺寸，包括楼梯总宽、总长、楼梯宽度、踏步宽度、踏步高度、平台宽度等。

（3）楼梯的安装位置。

绘制步骤如下。

（1）新建"楼梯"图层，颜色为"蓝色"，其余属性默认，并将"楼梯"图层设置为当前图层。

（2）单击"默认"选项卡"绘图"面板中的"直线"按钮 ／，在适当位置绘制一条长为 3450 的竖直直线，如图 10-55 所示。

（3）单击"默认"选项卡"修改"面板中的"偏移"按钮 ⚏，选取第（2）步绘制的直线，分别向两侧偏移 60，如图 10-56 所示。

（4）单击"默认"选项卡"修改"面板中的"删除"按钮 ⚏，将偏移前的竖直直线删除，如图 10-57 所示。

（5）单击"默认"选项卡"绘图"面板中的"直线"按钮 ／，以第（4）步偏移的左侧竖直直线的下端点为起点向右绘制一条水平直线，如图 10-58 所示。

（6）单击"默认"选项卡"修改"面板中的"偏移"按钮 ⚏，选取第（5）步绘制的水平直线，向上偏移 5 次，偏移距离均为 260，如图 10-59 所示。

（7）单击"默认"选项卡"绘图"面板中的"直线"按钮 ／，在适当位置绘制两条竖直直线，如图 10-60 所示。

（8）单击"默认"选项卡"修改"面板中的"修剪"按钮 ⚏，修剪掉多余线段，如图 10-61 所示。

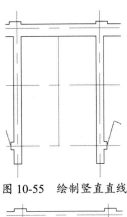

图 10-55　绘制竖直直线　　　图 10-56　偏移竖直直线　　　图 10-57　删除第一条竖直直线

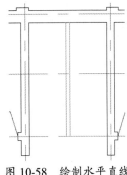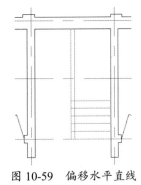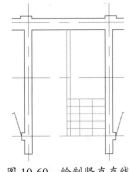

图 10-58　绘制水平直线　　　图 10-59　偏移水平直线　　　图 10-60　绘制竖直直线

（9）单击"默认"选项卡"绘图"面板中的"直线"按钮和"修剪"按钮，绘制楼梯折弯线，如图 10-62 所示。

（10）单击"默认"选项卡"绘图"面板中的"多段线"按钮，绘制楼梯指引箭头，如图 10-63 所示。命令行提示与操作如下：

```
命令：PLINE✓
指定起点：（指定一点）
当前线宽为 0.0000
指定下一个点或 [圆弧(A)/半宽(H)/长度(L)/放弃(U)/宽度(W)]：（向上指定一点）
指定下一点或 [圆弧(A)/闭合(C)/半宽(H)/长度(L)/放弃(U)/宽度(W)]：W✓
指定起点宽度<0.0000>：50✓
指定端点宽度<50.0000>：0✓
指定下一点或 [圆弧(A)/闭合(C)/半宽(H)/长度(L)/放弃(U)/宽度(W)]：（向上指定一点）
指定下一点或 [圆弧(A)/闭合(C)/半宽(H)/长度(L)/放弃(U)/宽度(W)]：✓
```

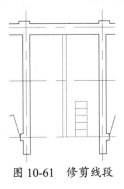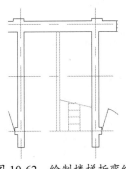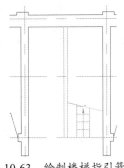

图 10-61　修剪线段　　　图 10-62　绘制楼梯折弯线　　　图 10-63　绘制楼梯指引箭头

（11）单击"默认"选项卡"修改"面板中的"复制"按钮，选取已经绘制完的楼梯图形，复制到其他楼梯间，并结合所学知识完成其余图形的绘制，如图 10-64 所示。

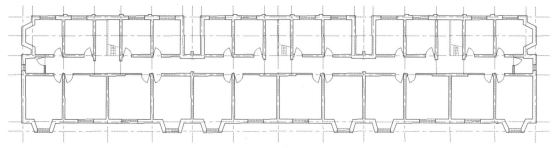

图 10-64 复制楼梯

10.3.9 绘制内墙线 2

（1）单击"默认"选项卡"修改"面板中的"偏移"按钮 ⊆，选取最上面的水平直线，依次向下偏移 3280、420、300、1200、300，如图 10-65 所示。

（2）选择菜单栏中的"绘图"→"多线"命令，将"内墙"多线样式置为当前，根据第（1）步偏移的轴线确定的位置绘制多线，如图 10-66 所示。

（3）单击"默认"选项卡"修改"面板中的"删除"按钮 ，删除偏移轴线。

（4）单击"默认"选项卡"绘图"面板中的"直线"按钮 ，绘制一段水平直线，封闭第（2）步绘制的多线，如图 10-67 所示。

（5）单击"默认"选项卡"修改"面板中的"修剪"按钮 ，修剪绘制的图形，并利用前面所学知识，修改和绘制部分线段的线型，如图 10-68 所示。

（6）利用上述方法绘制另外一处内墙线，如图 10-69 所示。

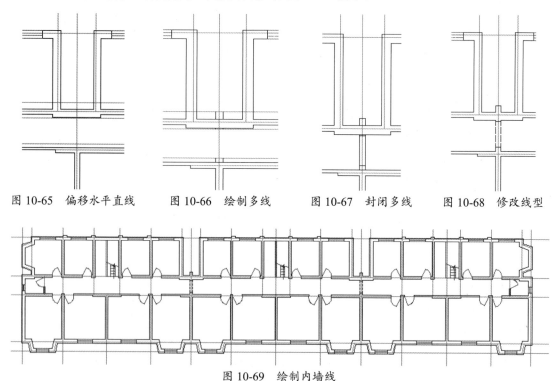

图 10-65 偏移水平直线　图 10-66 绘制多线　图 10-67 封闭多线　图 10-68 修改线型

图 10-69 绘制内墙线

10.3.10 标注尺寸

（1）打开"默认"选项卡"图层"面板中的下拉列表，将"尺寸标注"图层设置为当前图层。

（2）选择菜单栏中的"标注"→"标注样式"命令，弹出"标注样式管理器"对话框，如图 10-70 所示。

（3）单击"修改"按钮，弹出"修改标注样式：ISO-25"对话框。单击"线"选项卡，对话框显示如图 10-71 所示，按照图中的参数修改标注样式。单击"符号和箭头"选项卡，按照图 10-72 所示的设置进行修改，将箭头样式选择为"建筑标记"，将箭头大小修改为"400"。在"文字"选项卡中设置"文字高度"为"450"，如图 10-73 所示。"主单位"选项卡设置如图 10-74 所示。

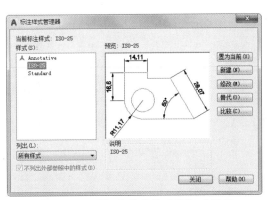

图 10-70 "标注样式管理器"对话框

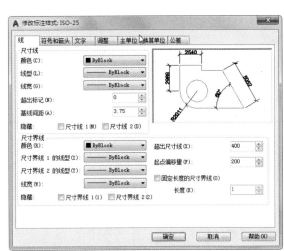

图 10-71 "线"选项卡

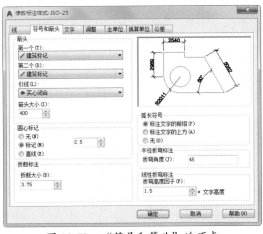

图 10-72 "符号和箭头"选项卡

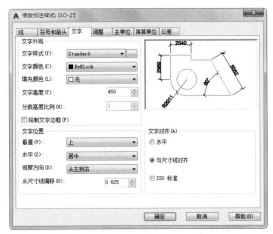

图 10-73 "文字"选项卡

（4）单击"默认"选项卡"注释"面板中的"线性标注"按钮，对图形细部进行尺寸标注。命令行提示与操作如下：

```
命令：DIMLINEAR ↙
指定第一个尺寸界线原点或 <选择对象>：（选择标注起点）
```

指定第二条尺寸界线原点：<正交 开>（选择标注终点）
指定尺寸线位置或 [多行文字(M)/文字(T)/角度(A)/水平(H)/垂直(V)/旋转(R)]：（指定适当位置）

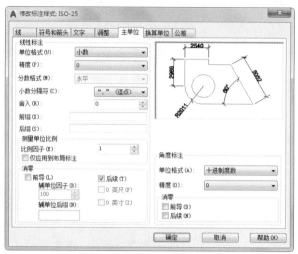

图 10-74 "主单位"选项卡

重复进行线性标注，结果如图 10-75 所示。

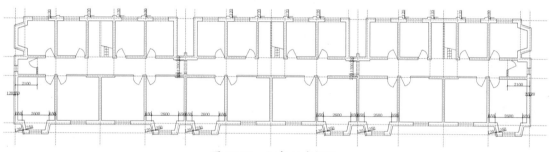

图 10-75 细部尺寸标注

（5）单击"注释"选项卡"标注"面板中的"线性"按钮和"连续"按钮，标注第一道尺寸，如图 10-76 所示。

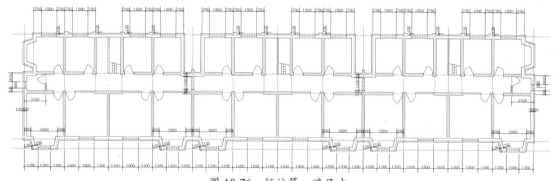

图 10-76 标注第一道尺寸

（6）单击"注释"选项卡"标注"面板中的"线性"按钮和"连续"按钮，标注第二道尺寸，如图 10-77 所示。

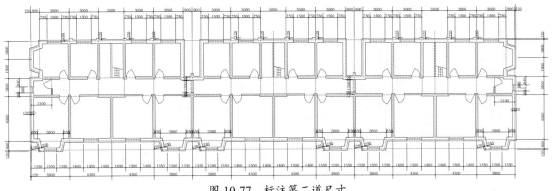

图 10-77 标注第二道尺寸

(7) 单击"注释"选项卡"标注"面板中的"线性"按钮和"连续"按钮，标注总尺寸，如图 10-78 所示。

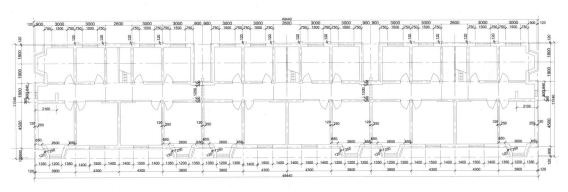

图 10-78 标注总尺寸

10.3.11 添加轴号

(1) 单击"默认"选项卡"绘图"面板中的"圆"按钮，在适当位置绘制一个半径为 500 的圆，如图 10-79 所示。

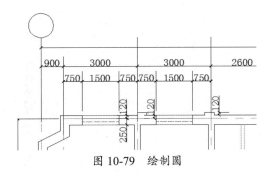

图 10-79 绘制圆

(2) 选择菜单栏中的"绘图"→"块"→"定义属性"命令，弹出"属性定义"对话框，如图 10-80 所示。单击"确定"按钮，在圆心位置输入一个块的属性值。设置完成后的效果如图 10-81 所示。

图 10-80 "属性定义"对话框

图 10-81 在圆心位置输入属性值

（3）单击"默认"选项卡"块"面板中的"创建"按钮，弹出"块定义"对话框，如图 10-82 所示。在"名称"文本框中输入"轴号"，指定圆心为基点；选择整个圆和刚才的"轴号"标记为对象，单击"确定"按钮，弹出如图 10-83 所示的"编辑属性"对话框，输入轴号为"1"，单击"确定"按钮，轴号效果图如图 10-84 所示。

图 10-82 "块定义"对话框

图 10-83 "编辑属性"对话框

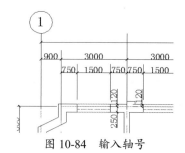
图 10-84 输入轴号

(4) 单击"默认"选项卡"块"面板中的"插入"按钮，将"轴号"图块插入到轴线上，并修改图块属性，结果如图 10-85 所示。

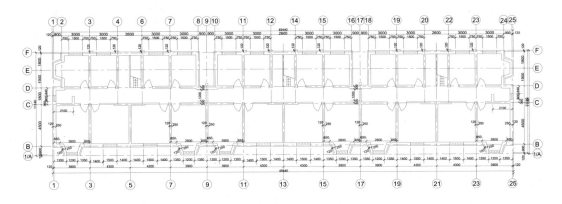

图 10-85　标注轴号

10.3.12　标注文字

(1) 打开"默认"选项卡"图层"面板中的下拉列表，将"文字"图层设置为当前图层。

(2) 选择菜单栏中的"格式"→"文字样式"命令，弹出"文字样式"对话框，如图 10-86 所示。

(3) 单击"新建"按钮，弹出"新建文字样式"对话框，将文字样式命名为"说明"，如图 10-87 所示。

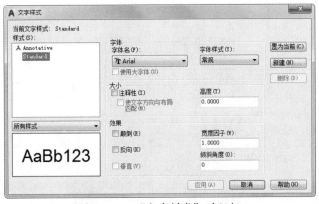

图 10-86　"文字样式"对话框

图 10-87　"新建文字样式"对话框

(4) 单击"确定"按钮，在"文字样式"对话框中取消选中"使用大字体"复选框，然后在"字体名"下拉列表框中选择"宋体"，将"高度"设置为"300"，如图 10-88 所示。

> **提示：**
> 在 AutoCAD 中输入汉字时，可以选择不同的字体，在"字体名"下拉列表框中，有些字体前面有"@"标记，如"@仿宋_GB2312"，则输入的汉字逆时针旋转 90°。如果要输入正向的汉字，不能选择前面带"@"标记的字体。

(5) 将"文字"图层设置为当前图层，在图中相应位置输入需要标注的文字，结果如图 10-1 所示。

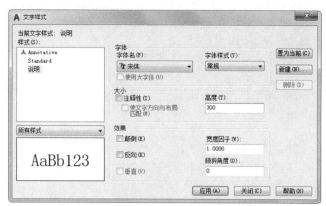

图 10-88　修改文字样式

10.4　绘制低层住宅中间层平面图

一层平面图是在地下层平面图的基础上发展而来的，所以可以通过修改地下层平面图获得一层平面图，如图 10-89 所示。

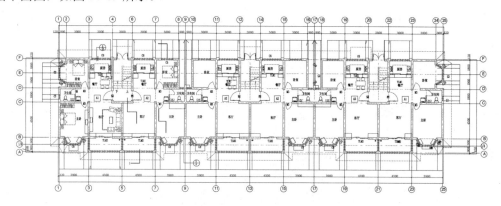

说明：卫生间、厨房、阳台比同楼层标高低 20mm

图 10-89　低层住宅一层平面图

利用上述方法绘制二～五层平面图，如图 10-90 所示。

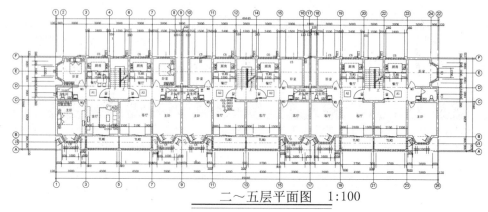

二～五层平面图　1:100

图 10-90　二～五层平面图

利用上述方法绘制六层平面图，如图 10-91 所示。

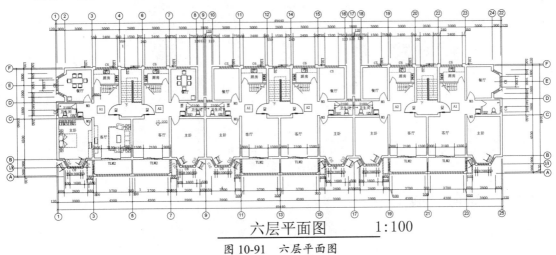

图 10-91 六层平面图

利用上述方法绘制夹层平面图，如图 10-92 所示。

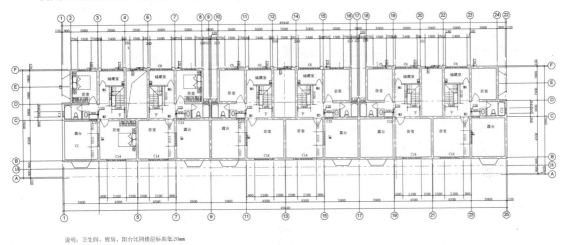

图 10-92 夹层平面图

10.5 绘制低层住宅屋顶平面图

绘制低层住宅屋顶平面图

低层住宅的屋顶设计为复合式坡顶，由几个不同大小、不同朝向的坡屋顶组合而成。因此在绘制过程中，应该认真分析它们之间的结合关系，并将这种结合关系准确地表现出来。可是每个单元屋顶是相同的，所以屋顶平面图如图 10-93 所示。

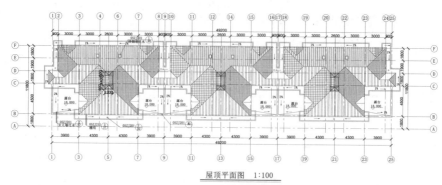

图 10-93　屋顶平面图

10.5.1　绘制轴线

（1）新建"轴线"图层并将其设置为当前图层，如图 10-94 所示。

图 10-94　设置当前图层

（2）单击"默认"选项卡"绘图"面板中的"直线"按钮，在空白区域任选其起点，绘制一条长度为 14000 的竖直轴线。命令行提示与操作如下：

```
命令：LINE↙
指定第一个点：↙（任选起点）
指定下一点或 [放弃(U)]：@0,14000 ↙
```

（3）单击"默认"选项卡"绘图"面板中的"直线"按钮，在竖直轴线左侧选一点为起点，绘制一条长度为 52000 的水平轴线，如图 10-95 所示。

（4）单击"默认"选项卡"修改"面板中的"偏移"按钮，将水平轴线依次向上偏移 1800、4500、1800、1900、1800，如图 10-96 所示。

图 10-95　绘制轴线　　　　　　　　　图 10-96　偏移水平轴线

（5）单击"默认"选项卡"修改"面板中的"偏移"按钮，将竖直轴线依次向右偏移 900、3000、3000、2600、3000、3000、900、900、3000、3000、2600、3000、3000、900、900、3000、3000、2600、3000、3000、900，如图 10-97 所示。

（6）单击"默认"选项卡"修改"面板中的"偏移"按钮，选取部分轴线进行偏移，偏移距离为 120，如图 10-98 所示。

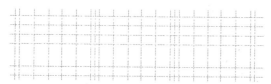
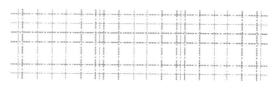

图 10-97　偏移竖直轴线　　　　　　　　图 10-98　偏移部分轴线

10.5.2 绘制外部轮廓线

（1）新建"屋顶线"图层并将其设置为当前图层，如图 10-99 所示。

图 10-99　设置当前图层

（2）单击"默认"选项卡"绘图"面板中的"多段线"按钮，沿着偏移轴线绘制连续多段线，如图 10-100 所示。

（3）单击"默认"选项卡"修改"面板中的"删除"按钮，删除 10.5.1 节中第（6）步偏移的轴线，如图 10-101 所示。

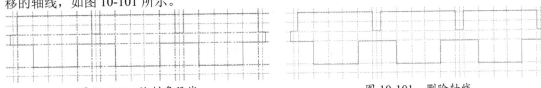

图 10-100　绘制多段线　　　　　　　　图 10-101　删除轴线

10.5.3 绘制露台墙线

（1）新建"墙线"图层并将其设置为当前图层，如图 10-102 所示。

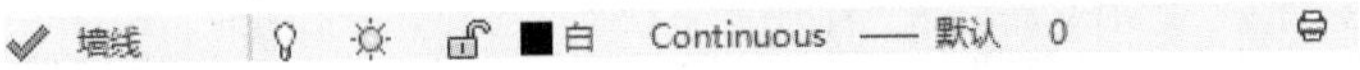

图 10-102　设置当前图层

（2）选择菜单栏中的"格式"→"多线样式"命令，打开"多线样式"对话框，新建"240"多线样式。然后，按照图 10-103 所示，将偏移值分别修改为"120"和"-120"，并将左侧"封口"选项组"直线"后面的两个复选框选中，单击"确定"按钮，返回"多线样式"对话框，单击"确定"按钮返回绘图状态。

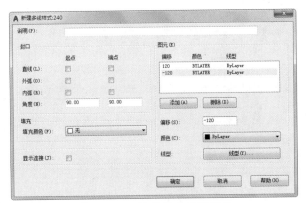

图 10-103　编辑新建多线样式

（3）绘制墙线。

①选择菜单栏中的"绘图"→"多线"命令，绘制低层住宅屋顶平面图中所有 240mm 厚的墙体。命令行提示与操作如下：

```
命令：MLINE↙
当前设置：对正 = 上，比例 = 20.00，样式 = STANDARD
指定起点或 [对正(J)/比例(S)/样式(ST)]：ST↙（设置多线样式）
输入多线样式名或 [?]：240↙（多线样式为"240"）
```

```
当前设置：对正 = 上，比例 = 20.00，样式 = 240
指定起点或 [对正(J)/比例(S)/样式(ST)]：J↙
输入对正类型 [上(T)/无(Z)/下(B)]<上>：Z↙（设置对正模式为"无"）
当前设置：对正 = 无，比例 = 20.00，样式 = 240
指定起点或 [对正(J)/比例(S)/样式(ST)]：S↙
输入多线比例<20.00>：1↙（设置多线比例为"1"）
当前设置：对正 = 无，比例 = 1.00，样式 = 240
指定起点或 [对正(J)/比例(S)/样式(ST)]：（选择左侧竖直直线的下端点）
指定下一点：
指定下一点或 [放弃(U)]：↙
```

逐个点进行绘制，完成后如图10-104所示。

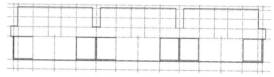

图 10-104 绘制露台墙线

②选择菜单栏中的"修改"→"对象"→"多线"命令，弹出"多线编辑工具"对话框，如图10-105所示。单击"T形打开"按钮，选取相交多线进行多线处理，如图10-106所示。利用上述方法编辑其余多线，如图10-107所示。

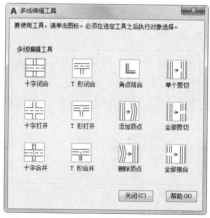

图 10-105 "多线编辑工具"对话框

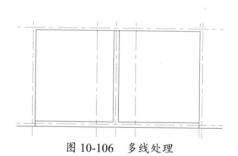

图 10-106 多线处理

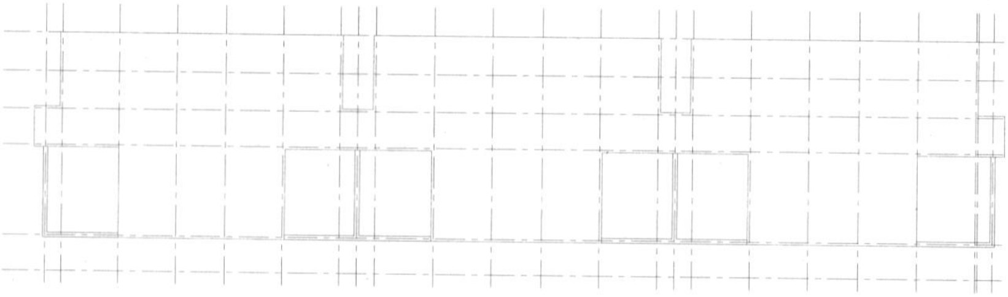

图 10-107 编辑其余多线

10.5.4 绘制外部多线

（1）单击"默认"选项卡"修改"面板中的"偏移"按钮，将屋顶线向外侧偏移，偏移距离为 600；再将如图 10-108 所示的水平轴线作为偏移对象依次向下偏移 720 和 1350，将下面的水平轴线向上偏移 650，如图 10-108 所示。

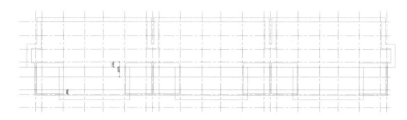

图 10-108　偏移水平轴线

（2）选择菜单栏中的"格式"→"多线样式"命令，打开"多线样式"对话框，新建"100"多线样式，按照图 10-109 所示，将偏移值分别修改为"50"和"-50"，并将左侧"封口"选项组"直线"后面的两个复选框选中，单击"确定"按钮，回到"多线样式"对话框中，单击"确定"按钮返回绘图状态。

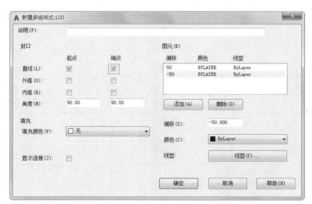

图 10-109　"新建多线样式:100"对话框

（3）选择菜单栏中的"绘图"→"多线"命令，绘制低层住宅屋顶平面图中所有 100mm 厚的墙线。命令行提示与操作如下：

```
命令：MLINE↙
当前设置：对正 = 上，比例 = 20.00，样式 = STANDARD
指定起点或 [对正(J)/比例(S)/样式(ST)]：ST↙（设置多线样式）
输入多线样式名或 [?]：100↙（多线样式为"100"）
当前设置：对正 = 上，比例 = 20.00，样式 = 100
指定起点或 [对正(J)/比例(S)/样式(ST)]：J↙
输入对正类型 [上(T)/无(Z)/下(B)]<上>：Z↙（设置对正模式为"无"）
当前设置：对正 = 无，比例 = 20.00，样式 = 100
指定起点或 [对正(J)/比例(S)/样式(ST)]：S↙
输入多线比例<20.00>：1↙（设置多线比例为"1"）
当前设置：对正 = 无，比例 = 1.00，样式 = 100
指定起点或 [对正(J)/比例(S)/样式(ST)]：（选择左侧竖直直线的下端点）
指定下一点：
指定下一点或 [放弃(U)]：↙
```

逐个点进行绘制，完成外部多线的绘制。

（4）单击"默认"选项卡"修改"面板中的"删除"按钮和"偏移"按钮，修整轴线，如图10-110所示。

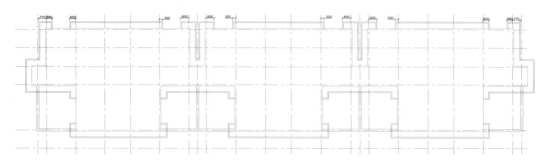

图10-110　修整轴线

10.5.5　绘制屋顶线条

（1）选择菜单栏中的"工具"→"绘图设置"命令，在弹出的"草图设置"对话框中选中"启用极轴追踪"复选框，设置"增量角"，如图10-111所示。

（2）单击"默认"选项卡"绘图"面板中的"直线"按钮，利用追踪线向左移动鼠标绘制斜线，如图10-112所示。

图10-111　"草图设置"对话框

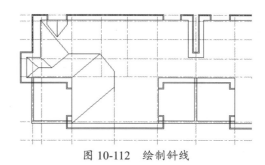

图10-112　绘制斜线

（3）单击"默认"选项卡"修改"面板中的"镜像"按钮，选取第（2）步绘制的斜线，以左侧第5条轴线为镜像线进行镜像处理，如图10-113所示。

（4）重复执行"镜像"命令，选取图形进行镜像，并结合所学知识完成其余相同图形的绘制，如图10-114所示。

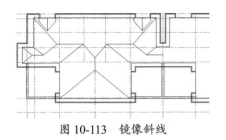

图 10-113　镜像斜线

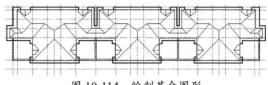

图 10-114　绘制其余图形

10.5.6　绘制排烟道

（1）单击"默认"选项卡"绘图"面板中的"矩形"按钮▭，在图形适当位置绘制一个矩形，矩形大小为 400×500，如图 10-115 所示。

（2）单击"默认"选项卡"修改"面板中的"偏移"按钮⊆，将第（1）步绘制的矩形向内偏移，偏移距离为 50，如图 10-116 所示。

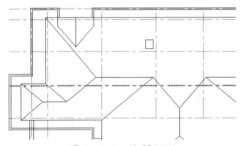

图 10-115　绘制矩形

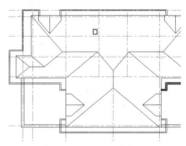

图 10-116　偏移矩形

（3）单击"默认"选项卡"修改"面板中的"复制"按钮♋，将第（1）步、第（2）步绘制的矩形复制到适当位置，如图 10-117 所示。

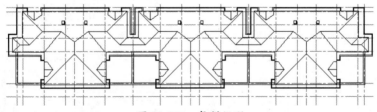

图 10-117　复制矩形

10.5.7　填充图形

（1）单击"默认"选项卡"图层"面板中的"图层特性"按钮🗐，弹出"图层特性管理器"选项板，关闭"轴线"图层，结果如图 10-118 所示。

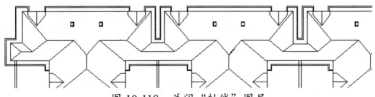

图 10-118　关闭"轴线"图层

（2）单击"默认"选项卡"绘图"面板中的"图案填充"按钮，打开"图案填充创建"选项卡，单击"图案填充图案"按钮，选择如图10-119所示的图案类型。在"图案填充创建"选项卡左侧单击"拾取点"按钮，在填充区域拾取点后，将填充比例修改为50，按Enter键后完成图案填充，效果如图10-120所示。

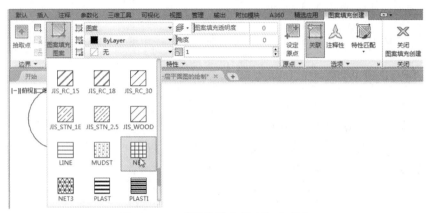

图 10-119 "图案填充创建"选项卡

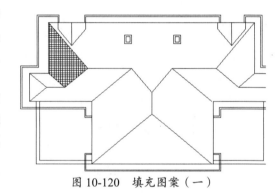

（3）单击"默认"选项卡"绘图"面板中的"图案填充"按钮，打开"图案填充创建"选项卡，继续填充其余的相同图案，如图10-121所示。

（4）单击"默认"选项卡"绘图"面板中的"图案填充"按钮，打开"图案填充创建"选项卡，继续填充图案"NET"，将填充比例修改为80，如图10-122所示。

图 10-120 填充图案（一）

（5）单击"默认"选项卡"绘图"面板中的"图案填充"按钮，打开"图案填充创建"选项卡，对填充图案进行设置，如图10-123所示。选取填充区域进行填充，如图10-124所示。

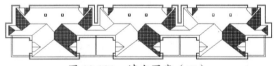

图 10-121 填充图案（二）

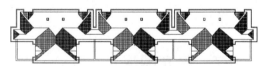

图 10-122 填充图案（三）

图 10-123 设置"图案填充创建"选项卡

（6）利用上述方法完成其余图案的填充，如图10-125所示。

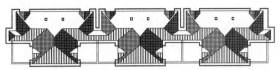
图 10-124　填充图案（四）

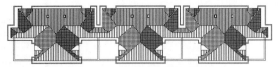
图 10-125　填充其余图案

10.5.8　绘制屋顶烟囱放大图

结合前面所学的命令，按照图 10-126 所示的尺寸，绘制屋顶烟囱放大图。

（1）单击"默认"选项卡"修改"面板中的"复制"按钮，选取烟囱放大图进行复制，如图 10-127 所示。

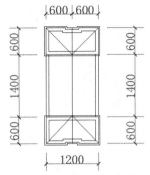
图 10-126　绘制屋顶烟囱放大图

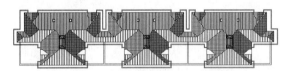
图 10-127　复制烟囱放大图

（2）单击"默认"选项卡"绘图"面板中的"多段线"按钮，绘制箭头。命令行提示与操作如下：

```
命令：PLINE↙
指定起点：
当前线宽为 0.0000
指定下一个点或 [圆弧(A)/半宽(H)/长度(L)/放弃(U)/宽度(W)]：600↙
指定下一点或 [圆弧(A)/闭合(C)/半宽(H)/长度(L)/放弃(U)/宽度(W)]：W↙
指定起点宽度<0.0000>：100↙
指定端点宽度<100.0000>：0↙
```

结果如图 10-128 所示。

（3）单击"默认"选项卡"修改"面板中的"复制"按钮和"镜像"按钮，完成图形中所有箭头的绘制，如图 10-129 所示。

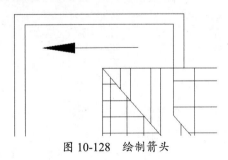
图 10-128　绘制箭头

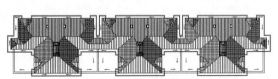
图 10-129　复制和镜像箭头

（4）单击"默认"选项卡"绘图"面板中的"圆"按钮，在图形适当位置绘制一个半径为 80 的圆，如图 10-130 所示。

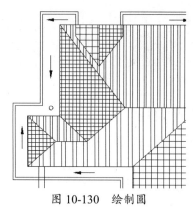

图 10-130　绘制圆

（5）单击"默认"选项卡"修改"面板中的"复制"按钮，将第（4）步绘制的圆复制到适当位置，如图 10-131 所示。

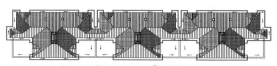

图 10-131　复制圆

（6）单击"默认"选项卡"绘图"面板中的"直线"按钮，在图形适当位置绘制多条斜线，如图 10-132 所示。

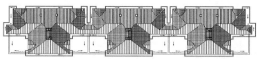

图 10-132　绘制斜线

10.5.9　标注尺寸

（1）单击"默认"选项卡"注释"面板中的"线性"按钮，标注图形细部尺寸，如图 10-133 所示。

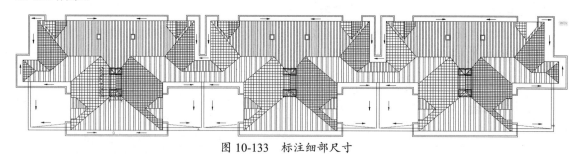

图 10-133　标注细部尺寸

（2）打开"轴线"图层并将"尺寸标注"图层设置为当前图层，单击"默认"选项卡"注释"面板中的"线性"按钮，标注第一道尺寸，如图 10-134 所示。

（3）单击"默认"选项卡"注释"面板中的"线性"按钮，标注总尺寸，如图 10-135 所示。

（4）利用 10.3.11 节讲述的方法为图形添加轴号，如图 10-136 所示。

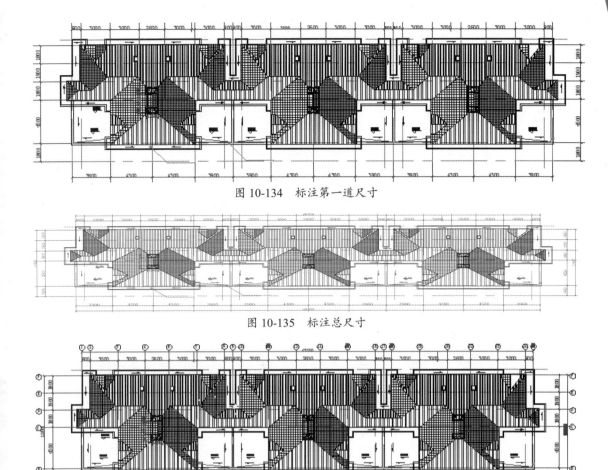

图 10-134　标注第一道尺寸

图 10-135　标注总尺寸

图 10-136　添加轴号

10.5.10　标注文字

（1）新建"文字"图层并将其设置为当前图层，如图 10-137 所示。

图 10-137　设置当前图层

（2）选择菜单栏中的"格式"→"文字样式"命令，弹出"文字样式"对话框，新建"屋顶平面"样式，在"文字样式"对话框中取消选中"使用大字体"复选框，然后在"字体名"下拉列表框中选择"宋体"，将"高度"设置为"350"，如图 10-138 所示。

（3）单击"默认"选项卡"注释"面板中的"多行文字"按钮 A、"直线"按钮 ∕ 和"圆"按钮 ⊙，完成图形中文字的标注，如图 10-139 所示。

（4）单击"默认"选项卡"绘图"面板中的"多段线"按钮 ，在图形适当位置绘制多段线。

（5）单击"默认"选项卡"块"面板中的"插入"按钮 ，选择源文件目录下的"标高符号"图块，将其插入图形中的适当位置，如图 10-140 所示。

（6）利用上述方法完成所有标高的绘制，如图 10-141 所示。

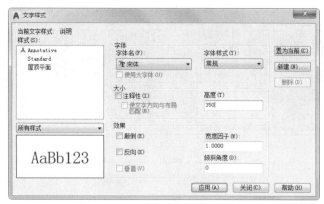

图 10-138 "文字样式"对话框

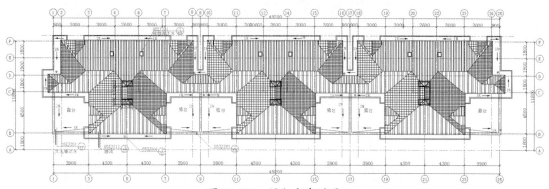

图 10-139 添加文字说明

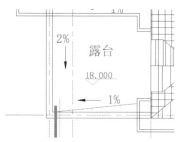

图 10-140 插入标高

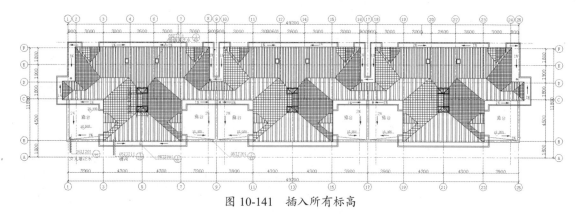

图 10-141 插入所有标高

（7）单击"默认"选项卡"绘图"面板中的"多段线"按钮 ，指定起点宽度和终点宽度为 100，在绘制的图形下方绘制多段线，最终结果如图 10-93 所示。

10.6 上机实验

【练习1】绘制如图10-142所示的某宿舍楼底层平面图。

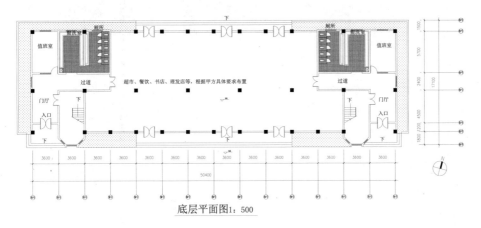

图10-142 某宿舍楼底层平面图

【练习2】绘制如图10-143所示的某宿舍楼标准层平面图。

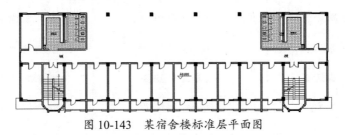

图10-143 某宿舍楼标准层平面图

【练习3】绘制如图10-144所示的某宿舍楼屋顶平面图。

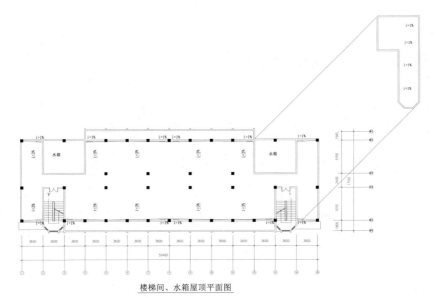

图10-144 某宿舍楼屋顶平面图

第 11 章　绘制建筑立面图

立面图是用直接正投影法对建筑的各个墙面进行投影所得到的正投影图。本章以低层住宅立面图为例,详细论述了建筑立面图的 CAD 绘制方法与相关技巧。

【内容要点】
- 建筑立面图绘制概述
- 绘制某低层住宅立面图

【案例欣赏】

11.1　建筑立面图绘制概述

建筑立面图是用来研究建筑立面的造型和装修的图样,主要反映建筑物的外貌和立面装修的做法,这是因为建筑物给人的美感主要来自其立面的造型和装修。

11.1.1　建筑立面图的概念及图示内容

一般情况下,立面图上的图示内容包括墙体外轮廓及内部凹凸轮廓、门窗(幕墙)、入口台阶及坡道、雨篷、窗台、窗楣、壁柱、檐口、栏杆、外露楼梯等,各种小的细部可以简化或用比例来代替,如门窗的立面、踢脚线。从理论上讲,所有建筑配件的正投影图均要反映在立面图上。实际上,一些比较有代表性的位置需要详细绘制时,可以绘制展开的立面图。圆形或多边形平面的建筑物可通过分段展开来绘制立面图窗扇、门扇等细节,因此同类门窗可采用相同轮廓表示。

此外，当立面转折、曲折较复杂时，如果门窗未引用有关门窗图集，则其细部构造需要通过绘制大样图来表示，这就弥补了在施工中立面图的不足。为了使图示明确，在图名上均应注明"展开"二字，在转角处应准确标明轴线编号。

11.1.2 建筑立面图的命名方式

建筑立面图的命名目的在于能够使读者一目了然地识别其立面的位置。因此，各种命名方式都是围绕"明确位置"这一主题来实施的。至于采取哪种方式，则视具体情况而定。

1．以相对主入口的位置特征来命名

如果以相对主入口的位置特征来命名，则建筑立面图称为正立面图、背立面图和侧立面图。这种方式一般适用于建筑平面方正、简单，入口位置明确的情况。

2．以相对地理方位的特征来命名

如果以相对地理方位的特征来命名，则建筑立面图常称为南立面图、北立面图、东立面图和西立面图。这种方式一般适用于建筑平面图规整、简单，而且朝向相对正南、正北偏转不大的情况。

3．以轴线编号来命名

以轴线编号来命名是指用立面图的起止定位轴线来命名，例如①~⑥立面图、Ⓔ~Ⓐ立面图等。这种命名方式准确，便于查对，特别适用于平面较复杂的情况。

根据《建筑制图标准》(GB/T 50104—2010)，有定位轴线的建筑物，宜根据两端定位轴线编号来标注立面图名称。无定位轴线的建筑物可按平面图各面的朝向来确定名称。

11.1.3 绘制建筑立面图的一般步骤

从总体上来说，通过在平面图的基础上引出定位辅助线确定立面图样的水平位置及大小，然后根据高度方向的设计尺寸来确定立面图样的竖向位置及尺寸，从而绘制出一系列图样。因此，绘制立面图的一般步骤如下。

（1）设置绘图环境。
（2）设置线型、线宽。
（3）确定定位辅助线，包括墙、柱定位轴线，楼层水平定位辅助线及其他立面图样的辅助线。
（4）绘制立面图样，包括墙体外轮廓及内部凹凸轮廓、门窗（幕墙）、入口台阶及坡道、雨篷、窗台、窗楣、壁柱、檐口、栏杆、外露楼梯、各种脚线等。
（5）布置配景，包括植物、车辆、人物等。
（6）标注尺寸、文字。

 绘制某低层住宅立面图1
 绘制某低层住宅立面图2
 绘制某低层住宅立面图4

11.2 绘制某低层住宅立面图

 绘制某低层住宅立面图3

 绘制某低层住宅立面图5

本例绘制某宿舍楼的南立面图。先确定定位辅助线，再根据辅助线运用"直线""偏移""多行文字"命令完成绘制。绘制的立面图如图11-1所示。

图 11-1 立面图

11.2.1 绘制定位辅助线

（1）单击快速访问工具栏中的"打开"按钮 ，打开源文件目录下的"第 11 章/一层平面"文件。

（2）单击"默认"选项卡"修改"面板中的"删除"按钮 ，删除图形中不需要的部分，整理图形，如图 11-2 所示。

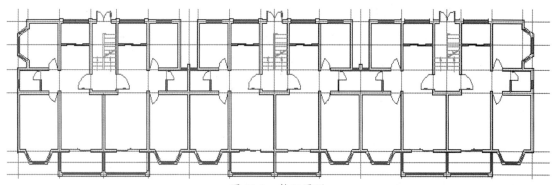

图 11-2 整理图形

（3）单击"默认"选项卡"修改"面板中的"复制"按钮 ，选取整理过的一层平面图，将其复制到新样板图中。

（4）将当前图层设置为"立面"图层。单击"默认"选项卡"绘图"面板中的"多段线"按钮 ，指定起点宽度为 200，终点宽度为 200，在一层平面图下方绘制一条地坪线，地坪线上方需留出足够的绘图空间，如图 11-3 所示。

（5）单击"默认"选项卡"绘图"面板中的"直线"按钮 ，由一层平面图向下引出定位辅助线，结果如图 11-4 所示。

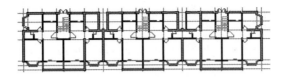

图 11-3 绘制地坪线

（6）单击"默认"选项卡"修改"面板中的"偏移"按钮，根据室内外高度差、各层层高、屋面标高等确定楼层定位辅助线，如图 11-5 所示。

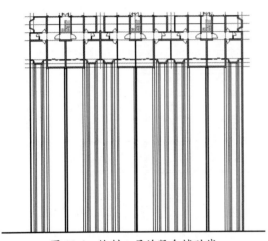
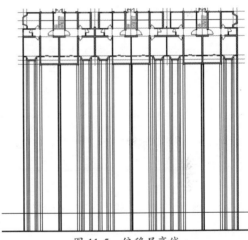

图 11-4 绘制一层的竖向辅助线　　　　图 11-5 偏移层高线

（7）单击"默认"选项卡"修改"面板中的"修剪"按钮，对引出的辅助线进行修剪，结果如图 11-6 所示。

图 11-6 修剪辅助线

11.2.2 绘制地下层立面图

（1）单击"默认"选项卡"修改"面板中的"偏移"按钮 ⊆，将前面偏移的层高线连续向上偏移 4 次，偏移距离均为 3000，如图 11-7 所示。

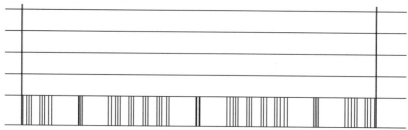

图 11-7 偏移层高线

（2）单击"默认"选项卡"修改"面板中的"偏移"按钮 ⊆，将地坪线向上偏移 300，如图 11-8 所示。单击"默认"选项卡"修改"面板中的"分解"按钮 ⬚，选择刚刚偏移的直线为分解对象，按 Enter 键确认进行分解。

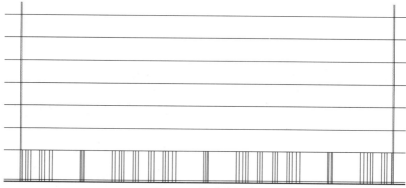

图 11-8 偏移地坪线

（3）单击"默认"选项卡"修改"面板中的"修剪"按钮 ⊀，对第（2）步偏移的直线进行修剪，如图 11-9 所示。

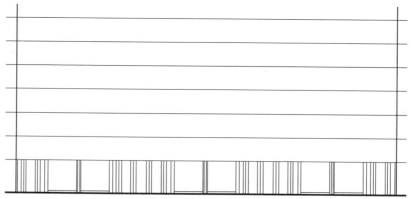

图 11-9 修剪偏移的直线

（4）单击"默认"选项卡"绘图"面板中的"矩形"按钮 ⬚，在立面图中左下方适当位置绘制一个 1500×250 的矩形，如图 11-10 所示。

（5）单击"默认"选项卡"修改"面板中的"偏移"按钮⊆，选取第（4）步绘制的矩形，向内偏移30，如图11-11所示。

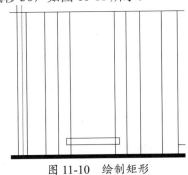
图 11-10　绘制矩形

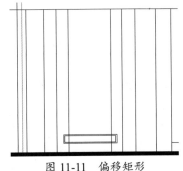
图 11-11　偏移矩形

（6）单击"默认"选项卡"绘图"面板中的"直线"按钮╱，在偏移后的矩形内部中间位置绘制两条竖直直线，距离大约为30，如图11-12所示。

（7）单击"默认"选项卡"修改"面板中的"修剪"按钮╲，对图形进行修剪，如图11-13所示。

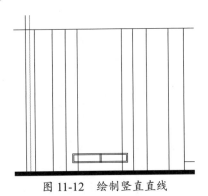
图 11-12　绘制竖直直线

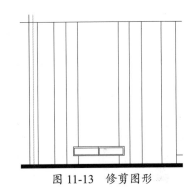
图 11-13　修剪图形

（8）单击"默认"选项卡"修改"面板中的"偏移"按钮⊆，将地坪线依次向上偏移1650和1600，并将其分解，如图11-14所示。

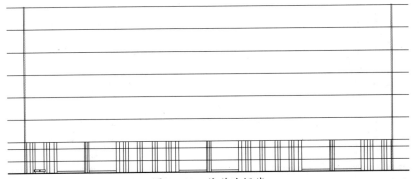
图 11-14　偏移地坪线

（9）单击"默认"选项卡"修改"面板中的"修剪"按钮╲，对偏移后的直线进行修剪，如图11-15所示。

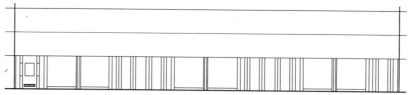

图 11-15 修剪直线

（10）单击"默认"选项卡"修改"面板中的"偏移"按钮，将修剪后左侧的竖直直线依次向右偏移 10、30 和 20，如图 11-16 所示。

（11）单击"默认"选项卡"修改"面板中的"偏移"按钮，将修剪后最下端的水平直线依次向上偏移 30、50、1120、20、20、20、260、30 和 50，如图 11-17 所示。

（12）单击"默认"选项卡"修改"面板中的"修剪"按钮，对偏移后的直线进行修剪，如图 11-18 所示。

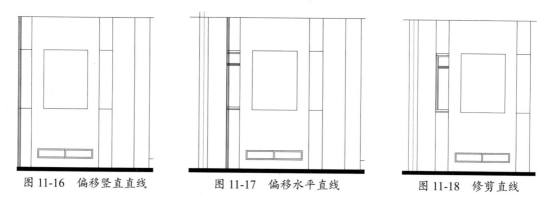

图 11-16 偏移竖直直线　　　图 11-17 偏移水平直线　　　图 11-18 修剪直线

（13）单击"默认"选项卡"修改"面板中的"偏移"按钮，将右侧的竖直直线依次向左偏移 50、15、15 和 300，如图 11-19 所示。

（14）单击"默认"选项卡"修改"面板中的"修剪"按钮，对偏移后的直线进行修剪，如图 11-20 所示。

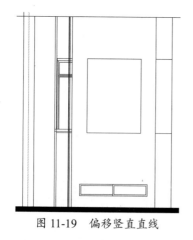 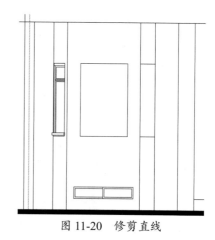

图 11-19 偏移竖直直线　　　　　　图 11-20 修剪直线

（15）单击"默认"选项卡"修改"面板中的"镜像"按钮，将第（14）步绘制的窗户，以中间矩形上下两条边中点的连线为镜像线进行镜像，如图 11-21 所示。

（16）单击"默认"选项卡"修改"面板中的"删除"按钮，删除多余线段。

(17)单击"默认"选项卡"绘图"面板中的"直线"按钮、"修改"工具栏中的"偏移"按钮和"删除"按钮,绘制一层平面图中的 C10 窗户,如图 11-22 所示。

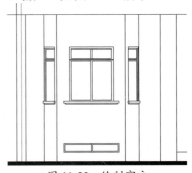

图 11-21 镜像窗户　　　　　　　　　图 11-22 绘制窗户

(18)在命令行窗口中输入"WBLOCK",打开"写块"对话框,如图 11-23 所示,以绘制完成的窗户为对象,选一点为基点,定义"C10 窗户"图块。

(19)单击"默认"选项卡"块"面板中的"插入"按钮,弹出"插入"下拉列表框,如图 11-24 所示,定义好的图块将显示在列表框中。选择"C10 窗户"图块,将其插入图形中的适当位置,如图 11-25 所示。

图 11-23 "写块"对话框　　　　　　图 11-24 "插入"下拉列表框

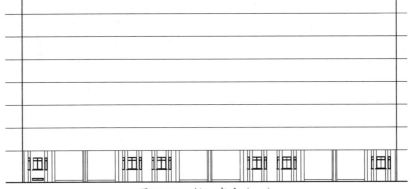

图 11-25 插入窗户(一)

利用上述方法插入图形中的其他小窗户，如图 11-26 所示。

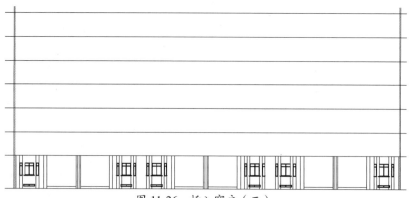

图 11-26　插入窗户（二）

（20）单击"默认"选项卡"修改"面板中的"删除"按钮 ，删除多余线段，如图 11-27 所示。

图 11-27　删除多余线段

（21）单击"默认"选项卡"修改"面板中的"偏移"按钮 ，将地坪线向上偏移 910，如图 11-28 所示。

图 11-28　偏移地坪线

（22）单击"默认"选项卡"修改"面板中的"修剪"按钮 ，对偏移后的水平直线进行修剪，如图 11-29 所示。

（23）单击"默认"选项卡"修改"面板中的"偏移"按钮 ，将第（22）步修剪的水平直线依次向上偏移 50、30、130、20、470、20、147、30、1110、30、370 和 30，如图 11-30 所示。

图 11-29　修剪偏移的水平直线

图 11-30　偏移水平直线

（24）单击"默认"选项卡"修改"面板中的"偏移"按钮 ⌒，将第（23）步各水平直线左侧的竖直直线依次向右偏移 800、30、495、30、480、30、480、30、495 和 30，如图 11-31 所示。

（25）单击"默认"选项卡"修改"面板中的"偏移"按钮 ⌒，将地坪线向上偏移 2887，单击"默认"选项卡"修改"面板中的"修剪"按钮 ⌒，对图形进行修剪，如图 11-32 所示。

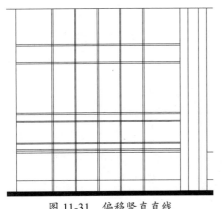

图 11-31　偏移竖直直线

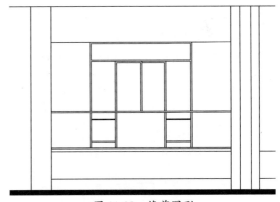

图 11-32　修剪图形

（26）单击"默认"选项卡"修改"面板中的"偏移"按钮 ⌒、"修剪"按钮 ⌒和"绘图"面板中的"直线"按钮 ╱、"圆"按钮 ⊙，细化图形，如图 11-33 所示。

（27）在命令行窗口中输入"WBLOCK"，打开"写块"对话框，如图 11-34 所示，以绘制完成的窗户为对象，选一点为基点，定义"阳台门"图块。

（28）单击"默认"选项卡"修改"面板中的"复制"按钮 ⌒，将第（27）步定义成图块的阳台门复制到适当位置，如图 11-35 所示。

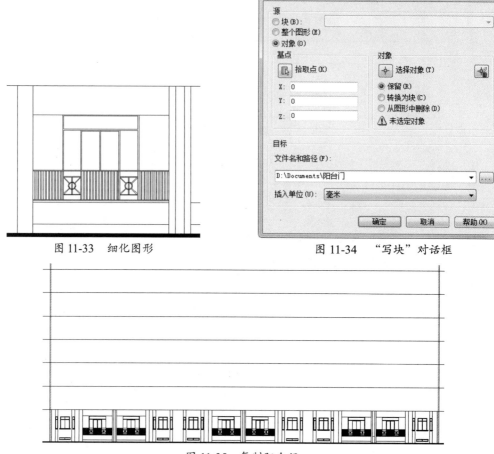

图 11-33 细化图形　　　　　图 11-34 "写块"对话框

图 11-35 复制阳台门

（29）单击"默认"选项卡"修改"面板中的"偏移"按钮，将阳台与阳台之间的左右两侧竖直直线分别向内偏移240，如图11-36所示。

图 11-36 偏移竖直直线

（30）单击"默认"选项卡"修改"面板中的"删除"按钮，删除多余线段，如图11-37所示。

图 11-37 删除多余线段

11.2.3 绘制屋檐

（1）单击"默认"选项卡"修改"面板中的"偏移"按钮⊆，首先将地坪线向上偏移，然后将左右两侧的竖直直线分别向外偏移，如图 11-38 所示。

图 11-38 偏移直线

（2）单击"默认"选项卡"修改"面板中的"修剪"按钮，对偏移后的直线进行修剪，完成屋檐的绘制，如图 11-39 所示。

图 11-39 绘制屋檐

（3）单击"默认"选项卡"绘图"面板中的"直线"按钮/，在屋檐线上绘制多条不垂直线段,如图 11-40 所示。

图 11-40　绘制多条不垂直线段

11.2.4　复制图形

(1) 单击"默认"选项卡"修改"面板中的"复制"按钮,选取底层的窗户,向其他层复制,单击"默认"选项卡"绘图"面板中的"直线"按钮,补充图形,如图 11-41 所示。

图 11-41　复制窗户

(2) 单击"默认"选项卡"修改"面板中的"复制"按钮,选取 11.2.3 节中已经绘制完成的屋檐,向上复制,如图 11-42 所示。

图 11-42　复制屋檐

(3) 单击"默认"选项卡"修改"面板中的"删除"按钮,删除多余的水平辅助线,如图 11-43 所示。

图 11-43　删除多余的水平辅助线

（4）单击"默认"选项卡"修改"面板中的"复制"按钮 ，选取窗户，继续向上复制，如图 11-44 所示。

图 11-44　复制窗户

（5）单击"默认"选项卡"绘图"面板中的"直线"按钮 和"修改"面板中的"偏移"按钮 ，绘制屋檐，如图 11-45 所示。

图 11-45　绘制屋檐

（6）单击"默认"选项卡"修改"面板中的"复制"按钮 ，选取相同的窗户，向上复制；单击"默认"选项卡"绘图"面板中的"直线"按钮 ，在复制的窗户上方绘制一条水平直线；单击"默认"选项卡"修改"面板中的"修剪"按钮 ，修剪过长线段，如图 11-46 所示。

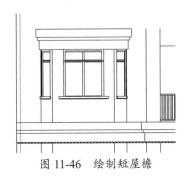

图 11-46　绘制短屋檐

（7）单击"默认"选项卡"修改"面板中的"复制"按钮%，选取第（6）步绘制的短屋檐进行复制，如图 11-47 所示。

图 11-47　复制短屋檐

（8）利用绘制短屋檐的方法绘制其余长屋檐，如图 11-48 所示。

图 11-48　绘制其余长屋檐

（9）单击"默认"选项卡"绘图"面板中的"直线"按钮╱和"修改"面板中的"修剪"按钮⊱，对窗户进行修剪，完成绘制，如图 11-49 所示。

图 11-49　修剪窗户

（10）单击"默认"选项卡"绘图"面板中的"直线"按钮╱，在图形上方绘制一条水平直线，如图 11-50 所示。

（11）单击"默认"选项卡"绘图"面板中的"矩形"按钮▭，单击"默认"选项卡"修改"面板中的"修剪"按钮⊱和"偏移"按钮⊆，绘制顶部窗户，如图 11-51 所示。

图 11-50 绘制水平直线

图 11-51 绘制顶部窗户

（12）单击"默认"选项卡"修改"面板中的"复制"按钮，选取第（11）步绘制的窗户，向右复制，如图 11-52 所示。

图 11-52 复制窗户

（13）单击"默认"选项卡"绘图"面板中的"直线"按钮 ，绘制连续直线，如图 11-53 所示。

图 11-53 绘制连续直线

（14）单击"默认"选项卡"修改"面板中的"偏移"按钮⊆，选取第（10）步绘制的水平直线，向上偏移，如图 11-54 所示。

图 11-54　偏移水平直线

（15）单击"默认"选项卡"绘图"面板中的"直线"按钮╱和"修改"面板中的"偏移"按钮⊆，绘制多段平面屋顶，如图 11-55 所示。

图 11-55　绘制多段平面屋顶

（16）单击"默认"选项卡"绘图"面板中的"直线"按钮╱，在第（15）步绘制的图形中绘制斜向屋顶，如图 11-56 所示。

图 11-56　绘制斜向屋顶

（17）利用前面所学知识绘制其余图形，如图11-57所示。

图11-57 绘制其余图形

（18）单击"默认"选项卡"修改"面板中的"修剪"按钮，修剪过长线段，如图11-58所示。

图11-58 修剪过长线段

11.2.5 绘制标高

（1）单击"默认"选项卡"绘图"面板中的"直线"按钮，绘制标高，如图11-59所示。

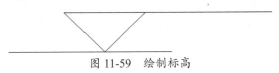

图11-59 绘制标高

（2）单击"默认"选项卡"注释"面板中的"多行文字"按钮 **A**，在标高上添加文字，最终完成标高的绘制。

（3）单击"默认"选项卡"修改"面板中的"复制"按钮，选取已经绘制完成的标高，进行复制，双击标高上的文字就可以修改文字。至此，完成所有标高的绘制，如图11-60所示。

图 11-60　绘制所有标高

11.2.6　添加文字说明

（1）在命令行窗口中输入"QLEADER"，为图形添加引线。单击"默认"选项卡"注释"面板中的"多行文字"按钮 A，为图形添加文字说明，如图 11-61 所示。

图 11-61　添加文字说明

（2）单击"默认"选项卡"绘图"面板中的"直线"按钮、"圆"按钮⊙及"多行文字"按钮 A，绘制轴号，如图 11-1 所示。

11.3　上机实验

【练习】绘制如图 11-62 所示的某宿舍楼立面图。

第 11 章 绘制建筑立面图

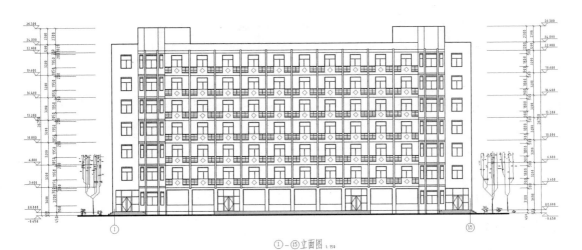

图 11-62 某宿舍楼立面图

第 12 章　绘制建筑剖面图

> 建筑剖面图主要反映建筑物的结构形式、垂直空间利用、各层构造做法、门窗洞口高度等。本章以某低层住宅剖面图为例，详细论述建筑剖面图的 CAD 绘制方法与相关技巧。

【内容要点】

- 建筑剖面图绘制概述
- 绘制某低层住宅剖面图

【案例欣赏】

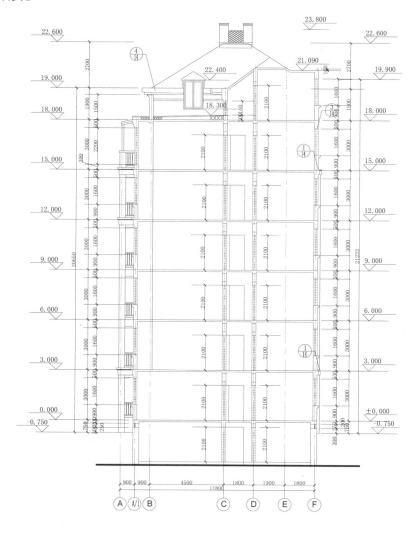

12.1　建筑剖面图绘制概述

假想用一个或多个垂直于外墙轴线的铅垂剖切面将房屋剖开，所得的投影图称为建筑剖面图,简称剖面图。剖面图用以表示房屋内部的结构或构造形式、分层情况和各部位的联系、材料及其高度等,是与平面图、立面图相互配合的不可缺少的重要图样之一。

12.1.1 建筑剖面图的概念及图示内容

剖面图是指用剖切面将建筑物的某一位置剖开,移去一侧后,剩下的一侧沿剖视方向的正投影图。根据工程的需要,绘制一个剖面图可以选择一个剖切面、两个平行剖切面或两个相交剖切面,如图12-1所示。剖面图与断面图的区别在于:剖面图除了应表示剖切到的部位外,还应表示出在投射方向看到的构配件轮廓("看线");而断面图只需要表示剖切到的部位。

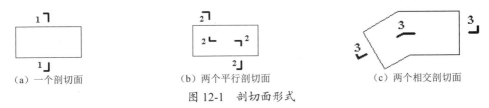

图 12-1 剖切面形式

对于不同的设计深度,图示内容也有所不同。

方案设计阶段的重点在于表达剖切部位的空间关系、建筑层数、高度、室内外高度差等。剖面图中应注明室内外地坪标高、楼层标高、建筑总高度(室外地面至檐口)、剖面标号、比例或比例尺等。如果有建筑高度控制,还需标明最高点的标高。

初步设计阶段需要在方案图的基础上增加主要内外承重墙、柱的定位轴线和编号,更加详细、清晰、准确地表达出建筑结构、构件(剖切到的或看到的墙、柱、门窗、楼板、地坪、楼梯、台阶、坡道、雨篷、阳台等)本身及相互关系。

施工图设计阶段在优化、调整和丰富初步设计图的基础上,图示内容更加详细。一方面是剖切到的和看到的构配件图样准确、详尽、到位,另一方面是标注详细。除了标注室内外地坪、楼层、屋面凸出物、各构配件的标高外,还标注竖向尺寸和水平尺寸。竖向尺寸包括外部3道尺寸(与立面图类似)和内部地坑、隔断、吊顶、门窗等部位的尺寸;水平尺寸包括两端和内部剖切到的墙、柱定位轴线间的尺寸及轴线编号。

12.1.2 剖切位置及投射方向的选择

根据规定,剖面图的剖切位置应根据图纸的用途或设计深度选择空间复杂、能反映建筑全貌和构造特征以及有代表性的部位。

投射方向一般宜为向左、向上,当然也要根据工程情况而定。剖切符号在底层平面图中,短线指向为投射方向。剖面图编号标注在投射方向那侧,剖切线若有转折,应在转角的外侧加注与该符号相同的编号。

12.1.3 绘制建筑剖面图的一般步骤

建筑剖面图一般在平面图、立面图的基础上,并参照平面图、立面图进行绘制。绘制剖面图的一般步骤如下。

(1)设置绘图环境。
(2)确定剖切位置和投射方向。
(3)绘制定位辅助线,包括墙、柱定位轴线,楼层水平定位辅助线及其他剖面图样的辅助线。

（4）绘制剖面图样及看线，包括剖切到的和看到的墙柱、地坪、楼层、屋面、门窗（幕墙）、楼梯、台阶及坡道、雨篷、窗台、窗楣、檐口、阳台、栏杆、各种脚线等。

（5）配景，包括植物、车辆、人物等。

（6）标注尺寸、文字。

12.2 绘制某低层住宅剖面图

本节以低层住宅剖面图绘制为例进一步深入讲解剖面图的绘制方法与技巧，如图12-2所示。

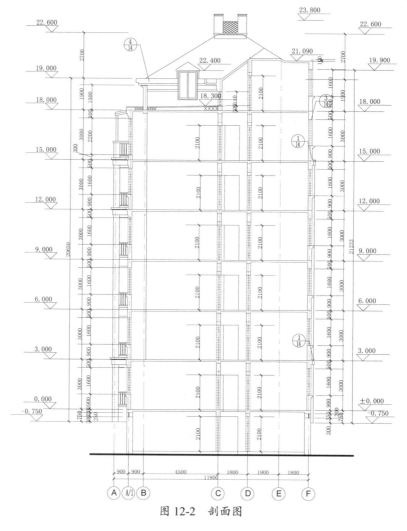

图12-2 剖面图

12.2.1 图形整理

（1）利用"LAYER"命令创建"剖面"图层。单击"默认"选项卡"图层"面板中的"图层特性"按钮，将"剖面"图层设置为当前图层。

（2）复制一层平面图并将暂时不用的图层关闭。单击"默认"选项卡"修改"面板中的"旋转"按钮 ○,选取复制的一层平面图进行旋转,旋转角度为 90°,如图 12-3 所示。

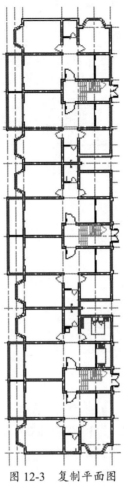

图 12-3 复制平面图

12.2.2 绘制辅助线

(1)单击"默认"选项卡"绘图"面板中的"直线"按钮 /,在立面图左侧同一水平线上绘制室外地坪线。

(2)采用绘制立面图定位辅助线的方法绘制出剖面图的定位辅助线,结果如图 12-4 所示。

12.2.3 绘制墙线

(1)单击"默认"选项卡"修改"面板中的"偏移"按钮 ⊆,将左右两侧的竖直轴线分别向外偏移 120,并将偏移后的轴线调整到"墙线"图层,如图 12-5 所示。

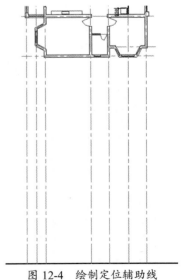

图 12-4 绘制定位辅助线

> **提示：**
> 在绘制建筑剖面图中的门窗或楼梯时，除了可利用前面介绍的方法直接绘制外，也可借助图库中的图形模块（如一些未被剖切的可见门窗或一组楼梯栏杆等）进行绘制。在常见的室内图库中，有很多不同种类和尺寸的门窗和栏杆立面可供选择，绘图时只需找到合适的图形模块进行复制，然后粘贴到自己的图形中即可。如果图库中提供的图形模块与实际需要的图形之间存在尺寸或角度上的差异，可利用"分解"命令先将图形模块分解，然后利用"旋转"或"缩放"命令进行修改，将其调整到满意的结果后，插入图中的相应位置。

（2）单击"默认"选项卡"修改"面板中的"偏移"按钮⊆，选取最左侧的竖直直线，依次向右偏移 370、530、240、130、650、4260、240、1560、240、3330、130 和 240，如图 12-6 所示。

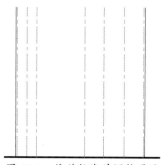

图 12-5 偏移轴线并调整图层

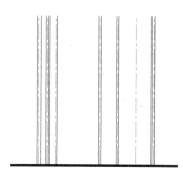

图 12-6 偏移竖直直线

12.2.4 绘制楼板

（1）单击"默认"选项卡"修改"面板中的"偏移"按钮⊆，选取地坪线，依次向上偏移 2700、3000、3000、3000、3000、3000、3000 和 4600，如图 12-7 所示。单击"默认"选项卡"修改"面板中的"分解"按钮，将图形分解。

（2）单击"默认"选项卡"修改"面板中的"修剪"按钮，对偏移后的线段进行修剪，如图 12-8 所示。

（3）单击"默认"选项卡"修改"面板中的"偏移"按钮⊆，分别选取上端第 2～7 条水平直线，依次向下偏移 100、400 和 1600；重复执行"偏移"命令，选取第 8 条水平直线，依次向下偏移 100 和 300，如图 12-9 所示。

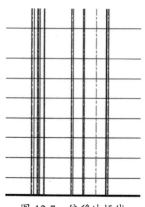

图 12-7 偏移地坪线

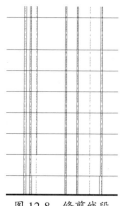

图 12-8 修剪线段

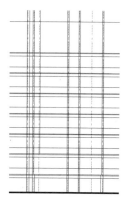

图 12-9 偏移水平直线

（4）单击"默认"选项卡"修改"面板中的"修剪"按钮，对偏移后的线段进行修剪，如图 12-10 所示。

（5）单击"默认"选项卡"修改"面板中的"偏移"按钮，选取最上端的水平直线，依次向下偏移 4800、500、200、2300、500、200、2300、500、200、2300、500、200、2300、500、200、2300、500 和 200，如图 12-11 所示。

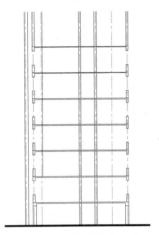

图 12-10　修剪偏移线段

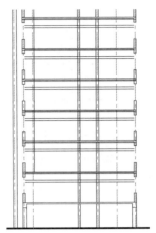

图 12-11　偏移水平直线

（6）单击"默认"选项卡"修改"面板中的"修剪"按钮，对偏移线段进行修剪，如图 12-12 所示。

（7）六层的窗户高度为 2200，利用所学知识修改窗高，如图 12-13 所示。

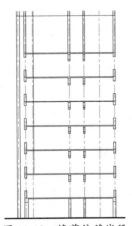

图 12-12　修剪偏移线段

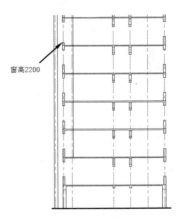

图 12-13　修改窗高

12.2.5　绘制门窗

（1）单击"默认"选项卡"修改"面板中的"偏移"按钮，选取地坪线，依次向上偏移 200 和 2300，单击"默认"选项卡"修改"面板中的"修剪"按钮，进行修剪，如图 12-14 所示。

（2）单击"默认"选项卡"绘图"面板中的"直线"按钮，在修剪的窗洞处绘制一条竖直直线，如图 12-15 所示。

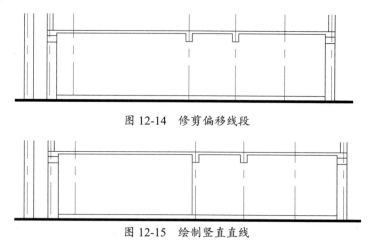

图 12-14 修剪偏移线段

图 12-15 绘制竖直直线

(3)单击"默认"选项卡"修改"面板中的"偏移"按钮⊆,选取第(2)步绘制的竖直直线,依次向右偏移 80、80 和 80,如图 12-16 所示。

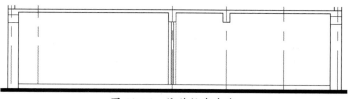

图 12-16 偏移竖直直线

(4)利用上述绘制窗线的方法绘制剖面图中的其他窗线,如图 12-17 所示。

(5)单击"默认"选项卡"修改"面板中的"偏移"按钮⊆,选取地坪线,依次向上偏移 2300、2500、3000、3000、3000 和 3000,选取左侧的竖直直线,依次向右偏移 6720 和 900,如图 12-18 所示。

(6)单击"默认"选项卡"修改"面板中的"修剪"按钮,对偏移后的线段进行修剪,如图 12-19 所示。

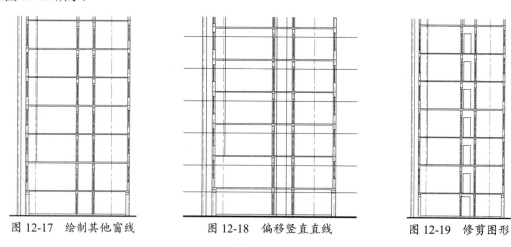

图 12-17 绘制其他窗线　　　图 12-18 偏移竖直直线　　　图 12-19 修剪图形

(7)单击"默认"选项卡"绘图"面板中的"直线"按钮,在图形适当位置绘制一条水平直线,使其在一层楼板线下 750 处,如图 12-20 所示。

(8)单击"默认"选项卡"修改"面板中的"偏移"按钮⊆,选取第(7)步绘制的水平直线，依次向上偏移900、100、50、700、50、1480、150、300、40和100，如图12-21所示。

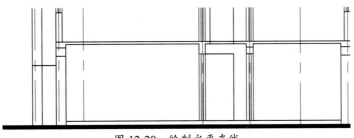

图12-20 绘制水平直线

（9）单击"默认"选项卡"修改"面板中的"偏移"按钮 ⌐，选取左侧的竖直直线，依次向左偏移50、50和50，再依次向右偏移750、50和50。单击"默认"选项卡"修改"面板中的"延伸"按钮 →，选取水平直线，向左延伸到最左侧的竖直直线，如图12-22所示。

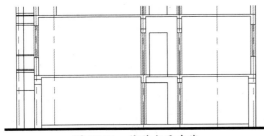
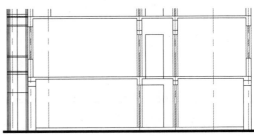

图12-21 偏移水平直线　　　　　　　　图12-22 偏移和延伸直线

（10）单击"默认"选项卡"修改"面板中的"修剪"按钮 ⌐，对偏移直线进行修剪，如图12-23所示。

（11）单击"默认"选项卡"绘图"面板中的"直线"按钮 ╱，绘制内部图形，如图12-24所示。

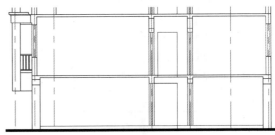

图12-23 修剪偏移直线　　　　　　　　图12-24 绘制内部图形

12.2.6 绘制其余图形

（1）利用"复制"等命令完成左侧图形绘制，如图12-25所示。

（2）利用上述方法绘制右侧图形，如图12-26所示。

（3）单击"默认"选项卡"修改"面板中的"偏移"按钮 ⌐，选取最上端的水平直线，向上偏移1200，如图12-27所示。

（4）单击"默认"选项卡"绘图"面板中的"直线"按钮 ╱ 和"修改"面板中的"偏移"按钮 ⌐，补充顶层墙线和窗线，如图12-28所示。

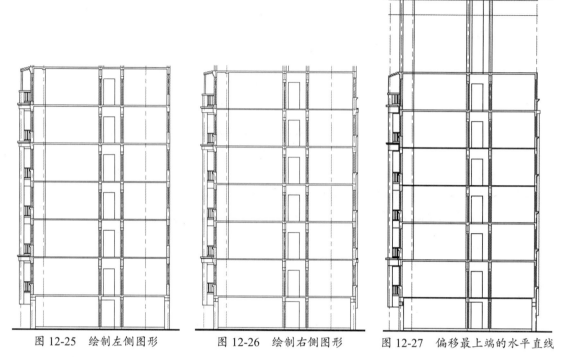

图 12-25　绘制左侧图形　　　图 12-26　绘制右侧图形　　　图 12-27　偏移最上端的水平直线

（5）单击"默认"选项卡"绘图"面板中的"直线"按钮，绘制多条斜线，如图 12-29 所示。

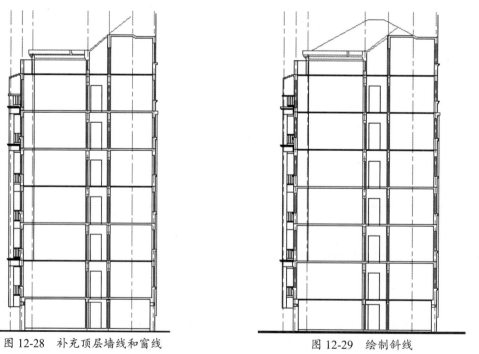

图 12-28　补充顶层墙线和窗线　　　　　图 12-29　绘制斜线

（6）单击"默认"选项卡"绘图"面板中的"直线"按钮和"矩形"按钮，绘制顶层小屋窗户的大体轮廓。

（7）单击"默认"选项卡"修改"面板中的"修剪"按钮和"偏移"按钮，细化窗户图形，如图 12-30 所示。

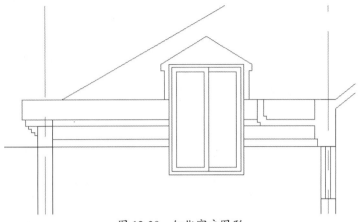

图 12-30　细化窗户图形

（8）利用上述方法完成其余图形的绘制，如图 12-31 所示。

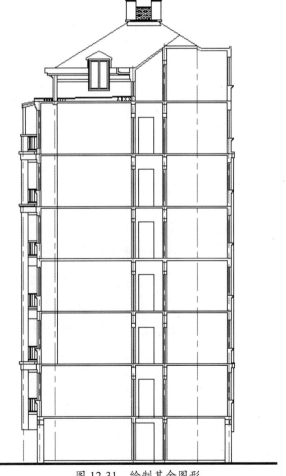

图 12-31　绘制其余图形

12.2.7 添加文字说明和标注

（1）单击"默认"选项卡"注释"面板中的"线性"按钮和"注释"选项卡"标注"面板中的"连续"按钮，标注细部尺寸，如图 12-32 所示。

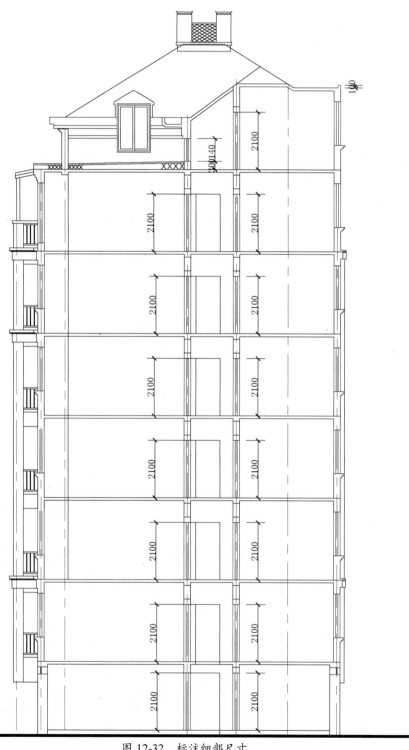

图 12-32　标注细部尺寸

（2）单击"默认"选项卡"注释"面板中的"线性"按钮和"注释"选项卡"标注"面板中的"连续"按钮，标注第一道尺寸，如图 12-33 所示。

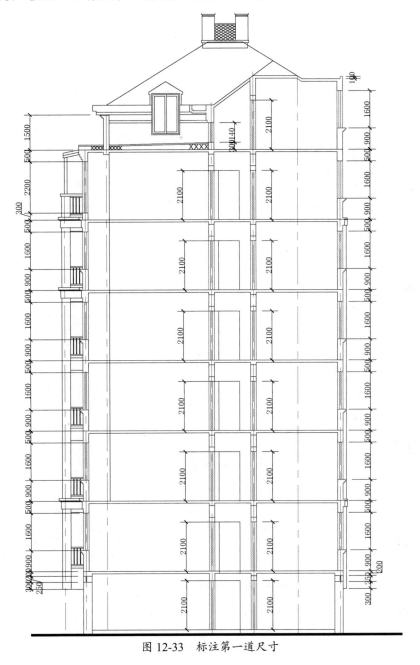

图 12-33 标注第一道尺寸

（3）单击"默认"选项卡"注释"面板中的"线性"按钮和"注释"选项卡"标注"面板中的"连续"按钮，标注其余尺寸，如图12-34所示。

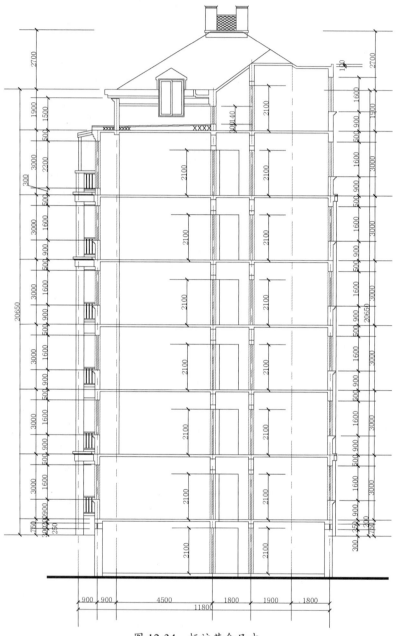

图12-34 标注其余尺寸

（4）单击"默认"选项卡"绘图"面板中的"直线"按钮╱和"多行文字"按钮 A，进行标高标注，如图 12-35 所示。

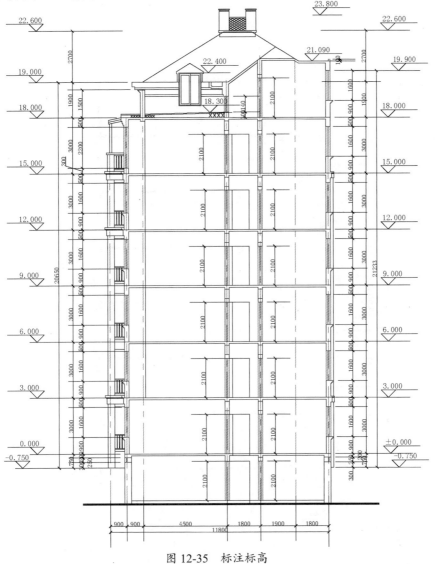

图 12-35　标注标高

（5）单击"默认"选项卡"绘图"面板中的"圆"按钮⊙、"多行文字"按钮 A 和"修改"面板中的"复制"按钮，标注轴线编号和文字说明。最终完成剖面图的绘制，如图 12-2 所示。

12.3 上机实验

【练习】绘制如图 12-36 所示的某宿舍楼剖面图。

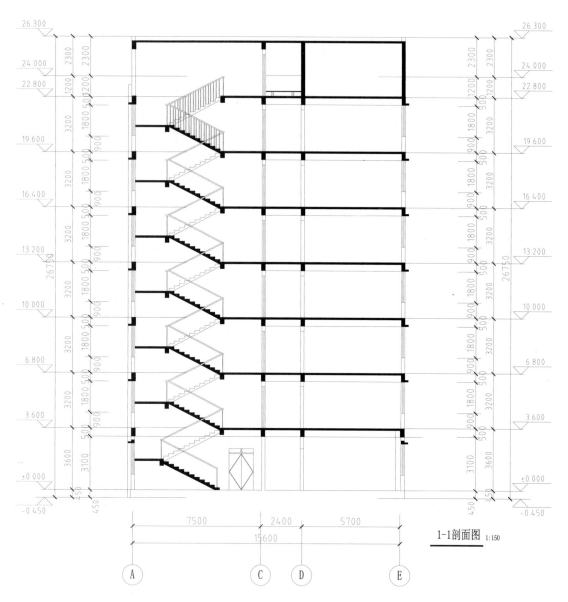

图 12-36 某宿舍楼剖面图

第 13 章 绘制建筑详图

建筑详图设计是建筑施工图绘制过程中的一项重要内容,与建筑构造设计息息相关。在本章中,首先简要介绍建筑详图的基本知识,然后结合实例讲解在 AutoCAD 中绘制建筑详图的方法和技巧。

【内容要点】
- 建筑详图绘制概述
- 绘制楼梯放大图
- 绘制卫生间放大图
- 绘制节点大样图

【案例欣赏】

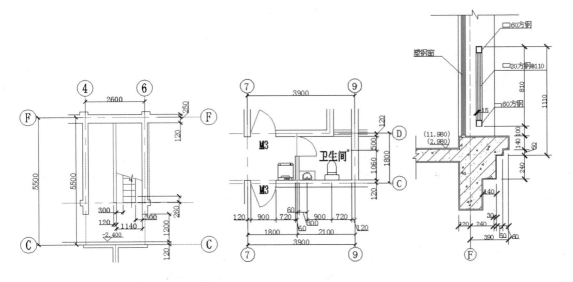

13.1 建筑详图绘制概述

在正式讲述用 AutoCAD 绘制建筑详图之前,本节简要介绍建筑详图的基本知识和绘制步骤。

13.1.1 建筑详图的概念

前面介绍的平面图、立面图、剖面图均是全局性的图形,由于比例的限制,不可能将一些复杂的细部或局部做法表示清楚,因此需要将这些细部、局部的构造、材料及相互关系用较大的比例详细绘制出来,以指导施工。这样的建筑图形称为建筑详图,又称详图。对局部平面(如厨房、卫生间)进行放大绘制的图形,习惯称之为放大图。需要绘制详图的位置一般包括内外墙节点、楼梯、电梯、厨房、卫生间、门窗、室内外装饰等。

内外墙节点一般用平面和剖面表示,常用比例为 1:20。平面节点详图表示出墙、柱或构造柱的材料和构造关系。剖面节点详图即常说的墙身详图，需要表示出墙体与室内外地坪、楼面、屋面的关系，同时表示出相关的门窗洞口、梁或圈梁、雨篷、阳台、女儿墙、檐口、散水、防潮层、屋面防水、地下层防水等构造的做法。墙身详图可以从室内外地坪、防潮层处开始一直画到女儿墙压顶。为了节省图纸，可以在门窗洞口处断开，也可以重点绘制地坪、中间层和屋面处的几个节点，而将中间层重复使用的节点集中到一个详图中表示。节点一般从上到下进行编号。

13.1.2 建筑详图的图示内容

楼梯详图包括平面、剖面及节点三部分。平面、剖面详图常用 1∶50 的比例来绘制，而楼梯中的节点详图则可以根据对象大小酌情采用 1∶5、1∶10、1∶20 等比例。与建筑平面图不同的是，楼梯平面图只需绘制出楼梯及其四面相接的墙体；而且楼梯平面图需要准确地表示出楼梯间的净空尺寸、梯段长度、梯段宽度、踏步宽度和级数、栏杆（栏板）的大小及位置，以及楼面、平台处的标高等。楼梯剖面图只需绘制出与楼梯相关的部分，其相邻部分可用折断线断开。选择在底层第一跑梯段并能够剖到门窗的位置进行剖切，向底层另一跑梯段方向投射。垂直方向应标注层高、平台、梯段、门窗洞口、栏杆高度等竖向尺寸，还应标注出室内外地坪、平台、平台梁底面等的标高。水平方向需要标注定位轴线及编号、轴线尺寸、平台、梯段尺寸等。梯段尺寸一般用"踏步宽（高）×级数=梯段宽（高）"的形式表示。此外，楼梯剖面图上还应注明栏杆构造节点详图的索引编号。

电梯详图一般包括电梯间平面图、机房平面图和电梯间剖面图三部分，常用 1∶50 的比例进行绘制。电梯间平面图需要表示出电梯井、电梯厅、前室相对定位轴线的尺寸及其自身的净空尺寸，还要表示出电梯图例及配重位置、电梯编号、门洞大小及开启形式、地坪标高等。机房平面图需表示出设备平台位置及平面尺寸、顶面标高、楼面标高，以及通往平台的梯子形式等。电梯间剖面图需要剖切在电梯井、门洞处，标注出地坪、楼层、地坑、机房平台等竖向尺寸和高度，标注出门洞高度。为了节约图纸，中间相同部分可以折断绘制。

厨房、卫生间放大图根据其大小可酌情采用 1∶30、1∶40、1∶50 的比例进行绘制。需要详细表示出各种设备的形状、大小、位置、地面设计标高、地面排水方向及坡度等，对于需要进一步说明的构造节点，则应标明详图索引符号、绘制节点详图或引用图集。

门窗详图包括立面图、断面图、节点详图等。立面图常用 1∶20 的比例进行绘制，断面图常用 1∶5 的比例进行绘制，节点详图常用 1∶10 的比例进行绘制。标准化的门窗可以引用有关标准图集，说明其门窗图集编号和所在位置。根据《民用建筑工程设计常见问题分析及图示——建筑专业》（2006 年 7 月 1 日实施），非标准的门窗、幕墙需绘制详图。如委托加工，则需绘制出立面分格图，标明开启扇、开启方向，说明材料、颜色及其与主体结构的连接方式等。

就图形而言，建筑详图兼有建筑平面图、立面图、剖面图的特征，它综合了建筑平面图、立面图、剖面图绘制的基本操作方法，并具有自己的特点，只要掌握一定的绘图程序，绘图难度不大。真正的难度在于对建筑构造、建筑材料、建筑规范等相关知识的掌握。

13.1.3 建筑详图的特点

1. 比例较大

建筑平面图、立面图、剖面图互相配合，反映房屋的全局，而建筑详图是建筑平面图、立面图和剖面图的补充。建筑详图中尺寸标注齐全,图文说明详尽、清晰,因而常用较大比例绘制。

2. 图示详尽、清楚

建筑详图是建筑细部的施工图,根据施工要求,将建筑平面图、立面图和剖面图中的某些建筑构配件(如门、窗、楼梯、阳台、各种装饰等)或某些建筑剖面节点(如檐口、窗台、明沟或散水及楼地面层、屋顶层等)的详细构造(包括样式、层次、做法、用料等)用较大比例清楚地表达出来。建筑详图中表示构造、用料及做法,因而应该图示详尽、清楚。

3. 尺寸标注齐全

建筑详图的作用在于指导现场人员具体施工,使之更为清楚地了解该局部的详细构造及做法、用料、尺寸等,因此具体的尺寸标注必须齐全。

4. 数量灵活

建筑详图的数量与建筑的复杂程度及建筑平面图、立面图、剖面图的内容及比例有关。建筑详图的图示方法,视细部的构造复杂程度而定。一般来说,墙身剖面图只需要一个剖面详图就能表示清楚,而楼梯间、卫生间就可能需要增加平面详图,门窗玻璃隔断等可能需要增加立面详图。

13.1.4 建筑详图的具体识别分析

1. 外墙身详图

图 13-1 所示为外墙身详图,根据剖面图的编号 3-3,对照平面图上的 3-3 剖切符号,可知该剖面图的剖切位置和投影方向。绘图所用的比例是 1∶20。图中注上轴线的两个编号,表示这个详图适用于Ⓐ、Ⓔ两个轴线的墙身。在详图中,对屋面楼层和地面的构造,采用多层构造说明方法来表示。

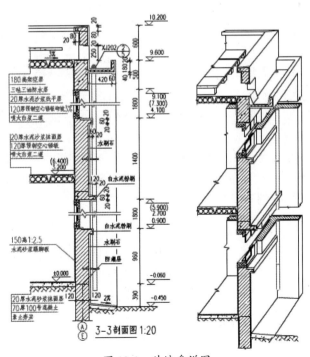

图 13-1 外墙身详图

将其局部放大，从图 13-2 所示的檐口部分来看，可知屋面的承重层是预制钢筋混凝土空心板，按 3%来砌坡，上面有油毡防水层和架空层，以加强屋面的隔热和防漏效果。檐口外侧做一条沟，并通过女儿墙所留孔洞（雨水口兼通风孔），使雨水沿雨水管集中流到地面。雨水管的位置和数量可从立面图或平面图中查阅。

从楼板与墙身连接部分来看，可了解各层楼板（或梁）的搁置方向及其与墙身的关系。在本例中，预制钢筋混凝土空心板是平行纵向布置的，因而它们是搁置在两端的横墙上的。在每层的室内墙脚处需做踢脚板，以保护墙壁，从图中的说明可看到其构造做法。踢脚板的厚度可大于或等于内墙面的粉刷层。当厚度一样时，可不在其立面图中画出分界线。

从图 13-3 中可看到窗台、窗过梁（或圈梁）的构造情况。窗框和窗扇的形状和尺寸需另用详图表示。

如图 13-4 所示，从勒脚部分可知房屋外墙的防潮、防水和排水的做法。外（内）墙身的防潮层，一般在底层室内地面下 60mm 左右（指一般刚性地面）处，以防地下水对墙身的侵蚀。在外墙面，离室外地面 300～500mm 高度范围内（或窗台以下），用坚硬、防水的材料做成勒脚。在勒脚的外地面，用 1∶2 的水泥砂浆抹面，做出坡度为 2%的散水，以防雨水或地面水对墙基础的侵蚀。

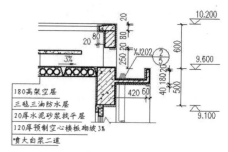

图 13-2 屋面详图

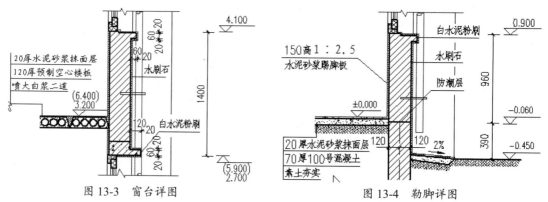

图 13-3 窗台详图　　　　　图 13-4 勒脚详图

在上述详图中，一般应标注出各部位的标高、高度方向和墙身细部的尺寸。图中标高有两个数字时，有括号的数字表示再高一层的标高。从图中有关文字说明可知墙身内外表面装修的断面形式、厚度及所用的材料等。

2．楼梯详图

楼梯是多层房屋上下通行的主要设施，由楼梯段（简称梯段，包括踏步或斜梁）、平台（包括平台板和梁）、栏板（或栏杆）等组成。楼梯详图主要表示楼梯的类型、结构形式、各部位的尺寸及装修做法。楼梯详图包括平面图、剖面图及踏步、栏板详图等，并尽可能画在同一张图纸内。平面图、剖面图比例要一致，以便对照阅读。踏步、栏板详图比例要大些，以便表达清楚该部分的构造情况，如图 13-5 所示。

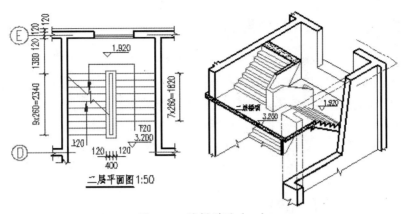

图 13-5　楼梯详图（一）

假想用一个铅垂面 4-4 通过各层的一个梯段和门窗洞，将楼梯剖开，向另一个未剖到的梯段方向投影所做的剖面图即楼梯剖面详图，如图 13-6 所示。

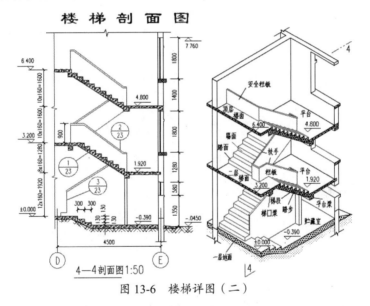

图 13-6　楼梯详图（二）

从图中的索引符号可知，踏步、扶手和栏板都另有详图，用更大的比例画出它们的形式、大小、材料及构造情况，如图 13-7 所示。

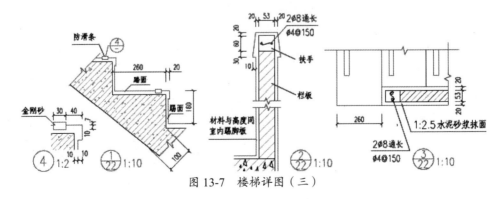

图 13-7　楼梯详图（三）

13.1.5 绘制建筑详图的一般步骤

绘制建筑详图的一般步骤如下。
(1) 绘制图形轮廓,包括断面轮廓和看线。
(2) 填充材料图例,包括各种材料图例的选用和填充。
(3) 添加符号、尺寸、文字等标注,包括设计深度要求的轴线及编号、标高、索引、折断符号和尺寸、说明文字等。

13.2 绘制楼梯放大图

绘制楼梯放大图

下面绘制楼梯放大图,如图 13-8 所示。

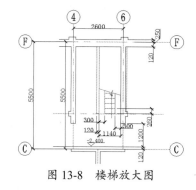

图 13-8 楼梯放大图

13.2.1 绘图准备

低层住宅地下层平面图中的楼梯,以砖混住宅地下层楼梯放大图的制作为例。绘制步骤如下。

(1) 单击快速访问工具栏中的"打开"按钮 ,打开源文件目录下的"第 13 章/低层住宅地下层平面图"文件。

(2) 单击"默认"选项卡"修改"面板中的"复制"按钮 ,选择楼梯间图样,和轴线一起复制出来,然后检查楼梯的位置,如图 13-9 所示。

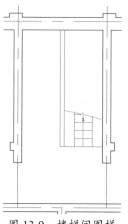

图 13-9 楼梯间图样

13.2.2 添加标注

楼梯平面标注尺寸包括定位轴线尺寸及编号、墙柱尺寸、门窗洞口尺寸、楼梯的长和宽、平台尺寸等。符号、文字包括地面、楼面、平台标高、楼梯上下指引线及踏步级数、图名、比例等。

（1）单击"默认"选项卡"注释"面板中的"线性"按钮 和"注释"选项卡"标注"面板中的"连续"按钮 ，标注楼梯间放大平面图，如图13-10所示。

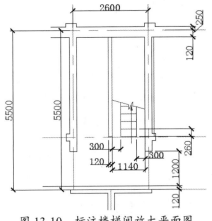

图 13-10 标注楼梯间放大平面图

（2）单击"默认"选项卡"绘图"面板中的"圆"按钮 和"注释"面板中的"多行文字"按钮 A，绘制轴号，如图13-11所示。

图 13-11 绘制轴号

（3）单击"默认"选项卡"修改"面板中的"复制"按钮 ，选取第（2）步已经绘制完成的轴号，进行复制，并修改轴号内的文字。完成图形内轴号的绘制，如图13-12所示。

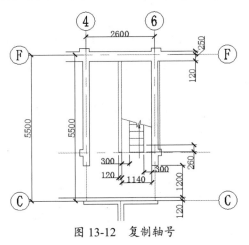

图 13-12 复制轴号

（4）单击"默认"选项卡"绘图"面板中的"直线"按钮／和"注释"面板中的"多行文字"按钮 A，绘制楼梯间详图标高符号，如图 13-8 所示。

13.3 绘制卫生间放大图

绘制卫生间放大图

下面绘制卫生间放大图，如图 13-13 所示。

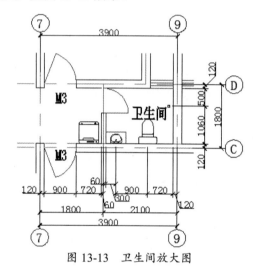

图 13-13　卫生间放大图

13.3.1 绘图准备

单击"默认"选项卡"修改"面板中的"复制"按钮，先将卫生间图样连同轴线复制出来，然后检查平面墙体、门窗位置及尺寸的正确性，调整内部洗脸盆、坐便器等设备，使它们的位置、形状与设计意图和规范要求相符。接着确定地面排水方向和地漏位置，如图 13-14 所示。

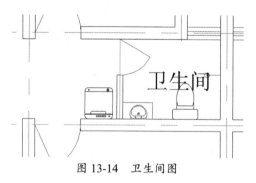

图 13-14　卫生间图

13.3.2 添加标注

（1）单击"默认"选项卡"注释"面板中的"线性"按钮 和"注释"选项卡"标注"面板中的"连续"按钮 ，标注卫生间放大图，如图 13-15 所示。

（2）单击"默认"选项卡"绘图"面板中的"圆"按钮⊙和"注释"面板中的"多行文字"按钮 A，绘制轴号，如图 13-16 所示。

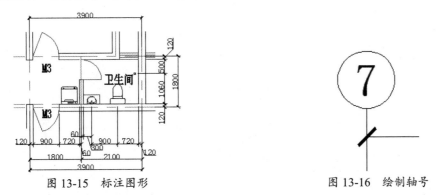

图 13-15　标注图形　　　　　图 13-16　绘制轴号

（3）单击"默认"选项卡"修改"面板中的"复制"按钮，选取第（2）步已经绘制完成的轴号，进行复制，并修改轴号内的文字。完成图形内轴号的绘制，如图 13-13 所示。

13.4　绘制节点大样图

绘制节点大样图

下面绘制节点大样图，如图 13-17 所示。

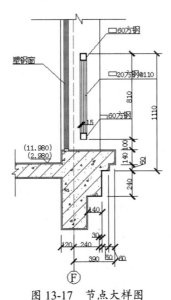

图 13-17　节点大样图

13.4.1　绘制节点大样轮廓

（1）单击"默认"选项卡"绘图"面板中的"直线"按钮╱和"修改"面板中的"偏移"按钮⊆，绘制节点大样的墙体轮廓线，如图 13-18 所示。

（2）单击"默认"选项卡"绘图"面板中的"直线"按钮╱和"修改"面板中的"修剪"按钮，绘制节点大样图的折弯线，如图 13-19 所示。

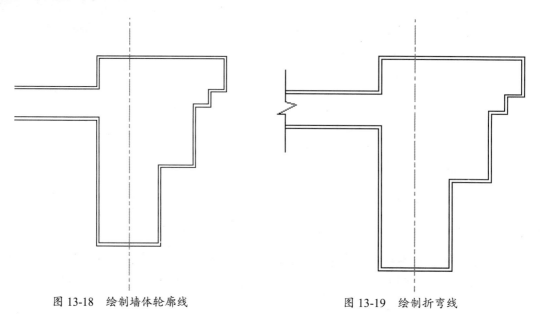

图 13-18　绘制墙体轮廓线　　　　图 13-19　绘制折弯线

（3）单击"默认"选项卡"绘图"面板中的"直线"按钮，在图形上端绘制两段竖直直线，如图 13-20 所示。

（4）单击"默认"选项卡"绘图"面板中的"多段线"按钮，指定起点宽度为 5，端点宽度为 5，绘制两个大小均为 60×60 的矩形，如图 13-21 所示。

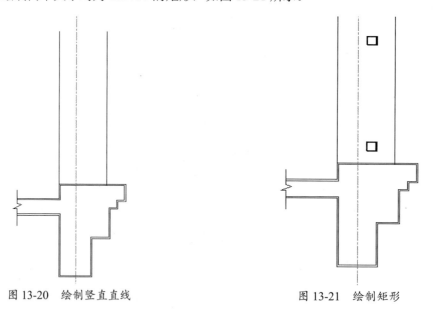

图 13-20　绘制竖直直线　　　　图 13-21　绘制矩形

（5）单击"默认"选项卡"绘图"面板中的"矩形"按钮，在图形的适当位置绘制一个 40×20 的矩形。

（6）单击"默认"选项卡"修改"面板中的"修剪"按钮，对图形进行修剪，如图 13-22 所示。

（7）单击"默认"选项卡"绘图"面板中的"直线"按钮，在矩形上端绘制直线，如图 13-23 所示。

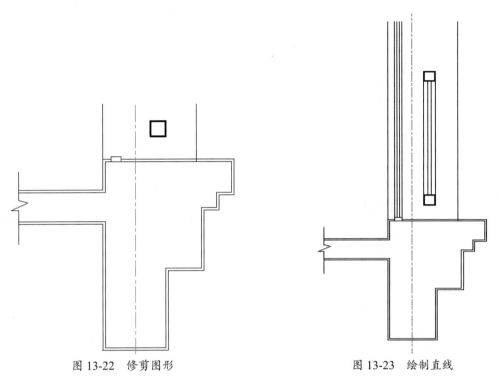

图 13-22　修剪图形　　　　　　　　图 13-23　绘制直线

（8）单击"默认"选项卡"绘图"面板中的"图案填充"按钮，打开"图案填充创建"选项卡，选择"ANSI31"图案，设置比例为"25"，如图 13-24 所示。在"图案填充创建"选项卡左侧单击"拾取点"按钮，在某个矩形的中心单击，按 Enter 键确认。

图 13-24　"图案填充创建"选项卡

（9）继续选择填充区域，填充图案"AR-CONC"，比例为"1"，如图 13-25 所示。

（10）单击"默认"选项卡"绘图"面板中的"直线"按钮和"修改"面板中的"修剪"按钮，绘制折弯线，如图 13-26 所示。

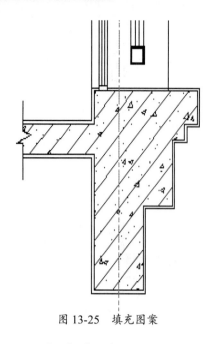

图 13-25 填充图案

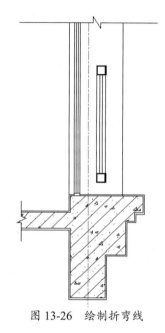

图 13-26 绘制折弯线

13.4.2 添加标注

（1）单击"默认"选项卡"注释"面板中的"线性"按钮和"注释"选项卡"标注"面板中的"连续"按钮，标注节点大样图的尺寸，如图 13-27 所示。

（2）在命令行窗口中输入"QLEADER"，结合"默认"选项卡"注释"面板中的"多行文字"按钮A，为图形添加文字说明，如图 13-28 所示。

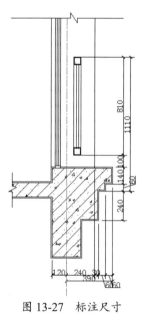

图 13-27 标注尺寸

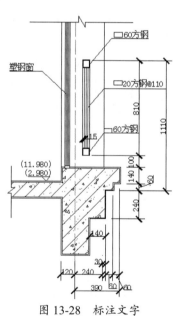

图 13-28 标注文字

（3）单击"默认"选项卡"绘图"面板中的"圆"按钮和"注释"面板中的"多行文字"按钮A，为图形添加轴号，如图 13-17 所示。

13.5 上机实验

【练习 1】绘制如图 13-29 所示的外墙身详图。

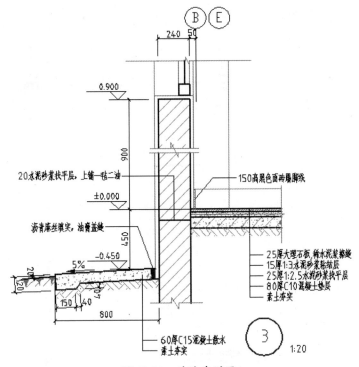

图 13-29 外墙身详图

【练习 2】绘制如图 13-30 所示的楼梯间详图平面图。

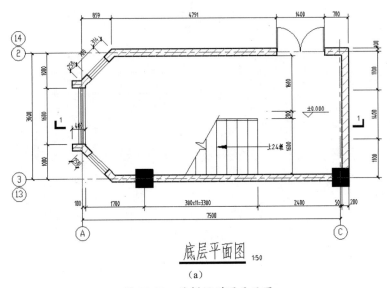

(a)

图 13-30 楼梯间详图平面图

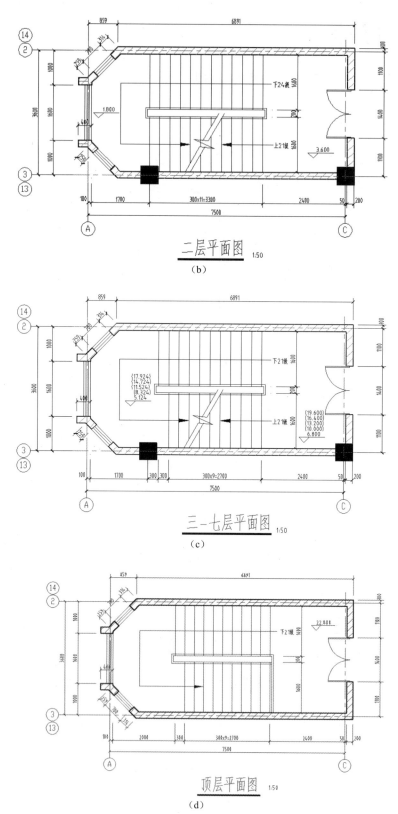

图 13-30 楼梯间详图平面图（续）

【练习 3】 绘制如图 13-31 所示的楼梯间详图剖面图。

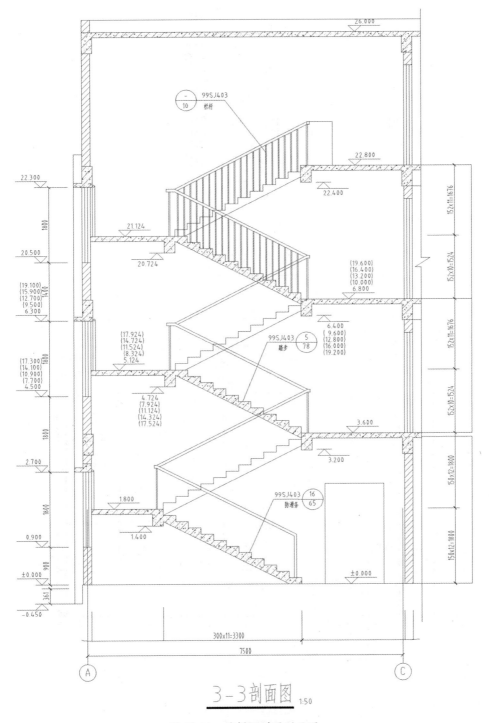

图 13-31 楼梯间详图剖面图

【练习4】绘制如图13-32所示的卫生间放大图。

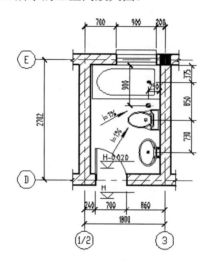

(a)

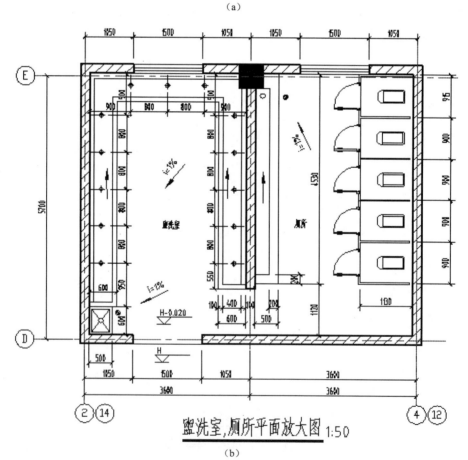

(b)

图13-32 卫生间放大图

第 3 篇

综合实例篇

本篇主要结合实例讲解利用 AutoCAD 2020 进行具体建筑设计的操作步骤、方法技巧等,包括总平面图、平面图、立面图、剖面图等知识。本篇内容通过介绍某别墅建筑设计实例使读者加深对 AutoCAD 功能的理解和掌握,熟悉各种类型建筑设计的方法。

- 绘制某别墅总平面图
- 绘制某别墅平面图
- 绘制某别墅立面图与剖面图

第 14 章　绘制某别墅总平面图

建筑总平面图的作用是标明绘制的建筑对象和周围环境的相对关系，对于简单的建筑物，一般使用比较简单的总平面图就能体现。别墅总平面图的绘制过程相对也比较简单，只要学会使用常用的 AutoCAD 命令，就能绘制出该总平面图。它的特点是，建筑物很简单，周围环境也很简单。

【内容要点】

- 设置绘图参数
- 布置建筑物
- 布置场地道路、绿地
- 添加各种标注

绘制某别墅总平面图

【案例欣赏】

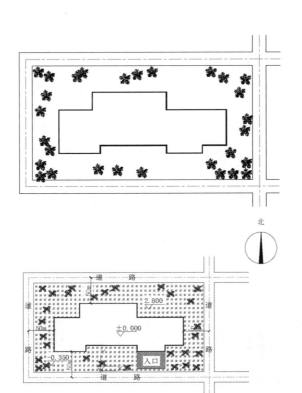

14.1　设置绘图参数

（1）设置单位。选择菜单栏中的"格式"→"单位"命令，AutoCAD 打开"图形单位"对话框，如图 14-1 所示。将"长度"的"类型"设置为"小数"，"精度"为"0"；"角度"的

"类型"为"十进制度数","精度"为"0";系统默认逆时针方向为正,将缩放单位设置为"毫米"。

(2)设置图形边界。

```
命令:LIMITS ✓
重新设置模型空间界限:
指定左下角点或 [开(ON)/关(OFF)] <0.0000,0.0000>:✓
指定右上角点 <12.0000,9.0000>:420000,297000 ✓
```

(3)设置图层。

①设置图层名称。单击"默认"选项卡"图层"面板中的"图层特性"按钮,弹出"图层特性管理器"选项板,单击"新建图层"按钮,将生成一个名称为"图层1"的图层,将图层名称修改为"轴线",如图14-2所示。

图 14-1 "图形单位"对话框

图 14-2 "图层特性管理器"选项板

②设置图层颜色。为了区分不同图层中的图线,增加图形不同部分的对比性,可以在上述"图层特性管理器"选项板中单击对应图层"颜色"栏下的颜色色块,AutoCAD 打开"选择颜色"对话框,如图14-3所示,在该对话框中选择需要的颜色。

③设置线型。在常用的工程图纸中,通常要用到不同的线型,这是因为不同的线型表示不同的含义。在上述"图层特性管理器"选项板中单击"线型"栏下的线型选项,AutoCAD 打开"选择线型"对话框,如图14-4所示,在该对话框中选择对应的线型。如果"已加载的线型"列表框中没有需要的线型,可以单击"加载"按钮,打开"加载或重载线型"对话框加载线型,如图14-5所示。

图 14-3 "选择颜色"对话框

图 14-4 "选择线型"对话框

④设置线宽。在工程图纸中,不同的线宽表示不同的含义,因此要对不同图层的线宽进行设置。单击上述"图层特性管理器"选项板中"线宽"栏下的选项,AutoCAD 打开"线宽"对话框,如图14-6所示,在该对话框中选择适当的线宽,完成轴线的设置,结果如图14-7所示。

图 14-5　"加载或重载线型"对话框　　　　图 14-6　"线宽"对话框

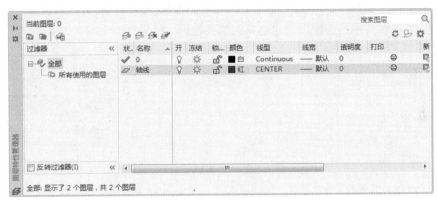

图 14-7　设置轴线

⑤按照上述步骤，完成图层的设置，结果如图 14-8 所示。

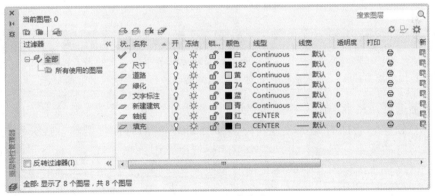

图 14-8　设置图层

14.2　布置建筑物

（1）绘制轴线网格。

①单击"默认"选项卡"图层"面板中的"图层特性"按钮，弹出"图层特性管理器"选项板，双击"轴线"图层，使其成为当前图层。

②单击"默认"选项卡"绘图"面板中的"构造线"按钮，在正交模式下绘制一条竖直构造线和一条水平构造线，组成十字辅助线，如图 14-9 所示。

③单击"默认"选项卡"修改"面板中的"偏移"按钮，将竖直构造线依次向右偏移 5000、1200、2700、3600、3600、5400 和 3600，将水平构造线依次向上偏移 1200、4200、1200 和 2700，得到主要轴线网格，结果如图 14-10 所示。

图 14-9 绘制十字辅助线

（2）绘制新建建筑。

①单击"默认"选项卡"图层"面板中的"图层特性"按钮，弹出"图层特性管理器"选项板，双击"新建建筑"图层，使其成为当前图层。

②单击"默认"选项卡"绘图"面板中的"多段线"按钮，指定起点宽度为 100，端点宽度为 100，根据轴线网格绘制出新建建筑的主要轮廓，结果如图 14-11 所示。

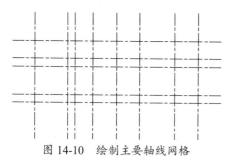

图 14-10 绘制主要轴线网格

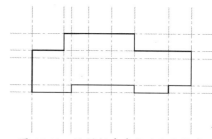

图 14-11 绘制新建建筑的主要轮廓

14.3 布置场地道路、绿地

> **注意：**
> 布置场地道路、绿地时抓住 3 个要点：一是找准场地及其控制作用的因素；二是注意布置对象的必要尺寸及其相对距离关系；三是注意布置对象的几何构成特征，充分利用绘图功能。

（1）绘制道路。将当前图层设置为"道路"图层。单击"默认"选项卡"修改"面板中的"偏移"按钮，将所有外围轴线向外偏移 5000，然后将偏移后的轴线分别向两侧偏移 1000，选择所有的道路，然后右击，在弹出的快捷菜单中选择"特性"命令，在弹出的"特性"选项板中选择"图层"，把所选对象的图层改为"道路"，得到主要的道路。单击"默认"选项卡"修改"面板中的"修剪"按钮，修剪掉多余的线条，使得道路整体连贯，如图 14-12 所示。

（2）布置绿化。

①将当前图层设置为"绿化"图层。单击"视图"选项卡"选项板"面板中的"工具选项板"按钮，则系统弹出如图 14-13 所示的工具选项板，选择"建筑"中的"树-英制"图例，把"树-英制"图案放在一个空白处，然后单击"默认"选项卡"修改"面板中的"缩放"按钮，把"树-英制"图案放大到合适尺寸，结果如图 14-14 所示。

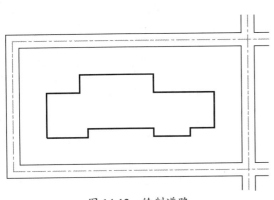

图 14-12 绘制道路

图 14-13 工具选项板

②单击"默认"选项卡"修改"面板中的"复制"按钮，把"树-英制"图案复制到各个位置，完成绿地的绘制和布置，如图 14-15 所示。

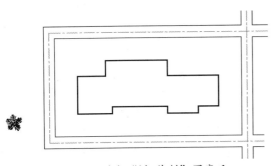

图 14-14 放大"树-英制"图案后

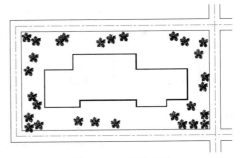

图 14-15 布置绿地

14.4 添加各种标注

1. 标注尺寸

总平面图上的尺寸应标注新建建筑的总长、总宽及与周围建筑物、构筑物、道路、红线之间的距离。

（1）设置尺寸样式。

①将"尺寸"图层设置为当前图层。选择菜单栏中的"格式"→"标注样式"命令，则系统弹出"标注样式管理器"对话框，如图 14-16 所示。

②单击"新建"按钮，进入"创建新标注样式"对话框，在"新样式名"文本框中输入"总

平面图"，如图 14-17 所示。

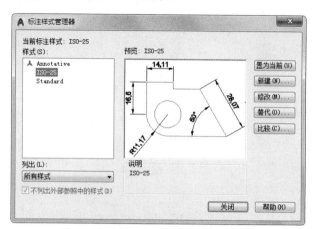

图 14-16 "标注样式管理器"对话框

图 14-17 "创建新标注样式"对话框

③单击"继续"按钮，进入"新建标注样式：总平面图"对话框，选择"线"选项卡，将"尺寸界线"选项组中"超出尺寸线"和"起点偏移量"的值均设置为"200"，如图 14-18 所示。选择"符号和箭头"选项卡，单击"箭头"选项组中"第一个"的下拉按钮，在弹出的下拉列表框中选择"建筑标记"，单击"第二个"的下拉按钮，在弹出的下拉列表框中选择"建筑标记"，并将"箭头大小"设置为"400"，这样就完成了"符号和箭头"选项卡的设置，设置结果如图 14-19 所示。

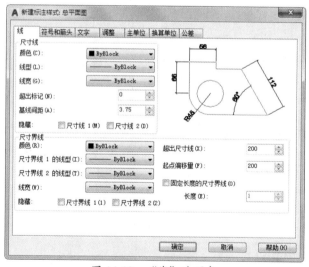

图 14-18 "线"选项卡

④选择"文字"选项卡，单击"文字样式"后边的按钮，则弹出"文字样式"对话框，单击"新建"按钮，建立新的文字样式"米单位"，不选中"使用大字体"复选框，再单击"字体名"的下拉按钮，在弹出的下拉列表框中选择"宋体"，将"高度"设置为"1000"，如图 14-20 所示。单击"应用"按钮后，单击"关闭"按钮将"文字样式"对话框关闭。

⑤回到"文字"选项卡，在"文字外观"选项组的"文字样式"下拉列表框中选择"米单位"，在"文字位置"选项组的"从尺寸线偏移"文本框中输入"200"。这样就完成了"文字"选项卡的设置，结果如图 14-21 所示。

图 14-19 "符号和箭头"选项卡

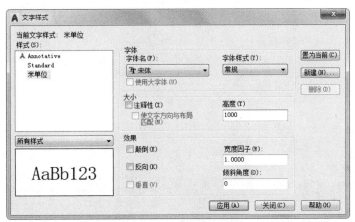

图 14-20 "文字样式"对话框

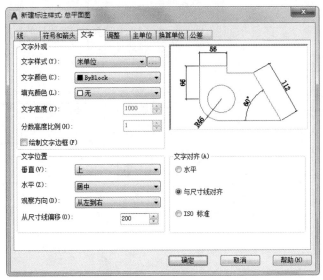

图 14-21 "文字"选项卡

⑥选择"主单位"选项卡,在"线性标注"选项组的"后缀"文本框中输入"m",表明以"米"为单位进行标注,在"测量单位比例"选项组的"比例因子"文本框中输入"0.01",这样就完成了"主单位"选项卡的设置,结果如图14-22所示。单击"确定"按钮返回"标注样式管理器"对话框,选择"总平面图"样式,单击右侧的"置为当前"按钮,再单击"关闭"按钮返回绘图区。

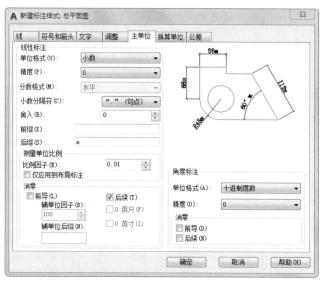

图14-22 "主单位"选项卡

(2)标注各尺寸。

①单击"默认"选项卡"注释"面板中的"线性"按钮┤—┤。命令行提示与操作如下:

```
命令:DIMLINEAR↙
指定第一个尺寸界线原点或 <选择对象>:(利用"对象捕捉"选取左侧道路中心线上的一点)
指定第二条尺寸界线原点:(选取总平面图最左侧竖直直线上的一点)
指定尺寸线位置或 [多行文字(M)/文字(T)/角度(A)/水平(H)/垂直(V)/旋转(R)]:(在图中选取合适位置)
```

结果如图14-23所示。

②重复执行上述命令,在总平面图中,标注新建建筑到道路中心线的相对距离,标注结果如图14-24所示。

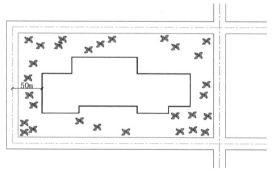

图14-23 线性标注

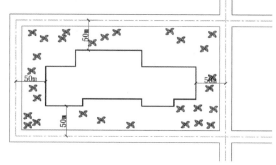

图14-24 标注尺寸

2. 标注标高

单击"默认"选项卡"块"面板中的"插入"按钮，打开如图 14-25 所示的"插入"下拉列表框。在该下拉列表框中选择"其他图形中的块"选项，打开"块"选项板，如图 14-26 所示。单击选项板右上方的"浏览"按钮，打开"选择图形文件"对话框，选择已创建好的"标高"图块。单击"打开"按钮，返回"块"选项板，双击图块，将"标高"图块插入总平面图中。再调用"多行文字"命令，输入相应的标高值，结果如图 14-27 所示。

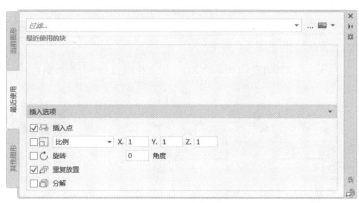

图 14-25 "插入"下拉列表框　　　　　图 14-26 "块"选项板

3. 标注文字

将"文字标注"图层设置为当前图层，单击"默认"选项卡"注释"面板中的"多行文字"按钮 A，标注"入口""道路"等，结果如图 14-28 所示。

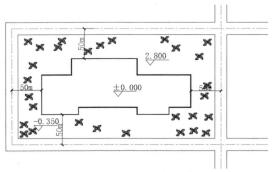

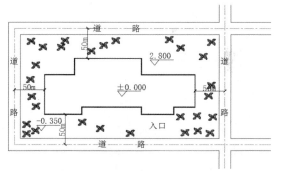

图 14-27 标注标高　　　　　　　　　　图 14-28 标注文字

4. 填充图案

（1）将当前图层设置为"填充"图层，单击"默认"选项卡"绘图"面板中的"直线"按钮，绘制铺地砖的主要范围轮廓，绘制结果如图 14-29 所示。

（2）单击"默认"选项卡"绘图"面板中的"图案填充"按钮，打开"图案填充创建"选项卡，如图 14-30 所示，选择"AR-HBONE"图案，将填充比例设置为"2"。

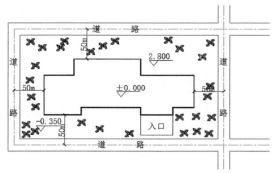

图 14-29 绘制铺地砖的主要范围轮廓

图 14-30　"图案填充创建"选项卡

（3）单击"拾取点"按钮返回绘图区，选择填充区域后按 Enter 键确认，完成图案填充操作，填充结果如图 14-31 所示。

（4）重复执行"图案填充"命令，进行草地图案填充，结果如图 14-32 所示。

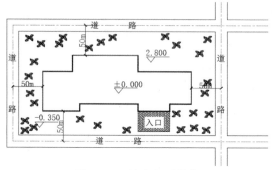

图 14-31　填充矩形图案

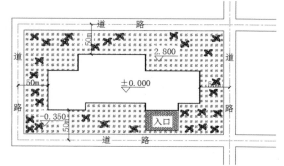

图 14-32　填充草地图案

5．标注图名

单击"默认"选项卡"注释"面板中的"多行文字"按钮 A 和"绘图"面板中的"多段线"按钮，标注图名，结果如图 14-33 所示。

6．绘制指北针

单击"默认"选项卡"绘图"面板中的"圆"按钮，绘制一个圆，然后单击"默认"选项卡"绘图"面板中的"直线"按钮，绘制圆的竖直直径和另外两条弦，结果如图 14-34 所示。单击"默认"选项卡"绘图"面板中的"图案填充"按钮，把指针填充为"SOLID"图案，得到指北针的图例，结果如图 14-35 所示。单击"默认"选项卡"注释"面板中的"多行文字"按钮 A，在指北针上部标上"北"字，注意字高为 1000，字体为仿宋 GB2312，结果如图 14-36 所示。最终完成某别墅总平面图的绘制，结果如图 14-37 所示。

图 14-33　标注图名

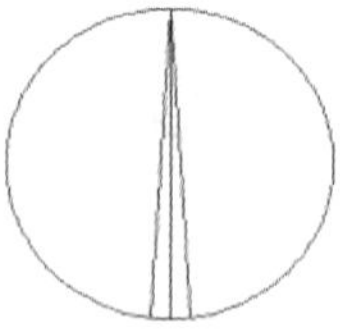

图 14-34　绘制圆和直线

图 14-35　图案填充

图 14-36　绘制指北针

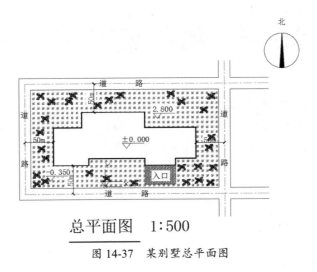

总平面图 1:500

图 14-37 某别墅总平面图

14.5 上机实验

【练习】绘制如图 14-38 所示的某幼儿园总平面图。

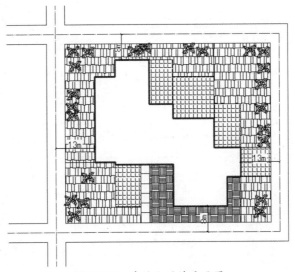

图 14-38 某幼儿园总平面图

第 15 章 绘制某别墅平面图

别墅是练习建筑绘图的理想示例。因为它建筑规模不大、不复杂，易于被初学者接受，而且它包含的建筑构配件是比较齐全的，所谓"麻雀虽小、五脏俱全"。本章以某别墅设计方案图为例，和读者一起体验绘制建筑平面图的过程。

【内容要点】
- 实例简介
- 绘制底层平面图
- 绘制二层平面图
- 绘制三层平面图
- 绘制屋顶平面图

【案例欣赏】

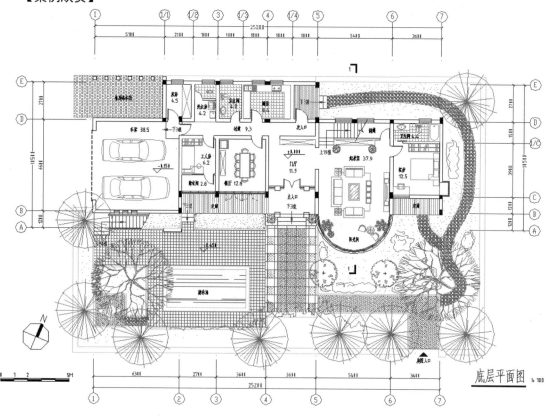

15.1 实例简介

本实例介绍的是某座独院别墅，砖混结构，共三层。配合建筑设计单位的房型设计，笔者根据朝向、风向等自然因素以及考虑到居住者生活便利等因素，绘制出了初步设计图，如图 15-1 所示。

第15章 绘制某别墅平面图

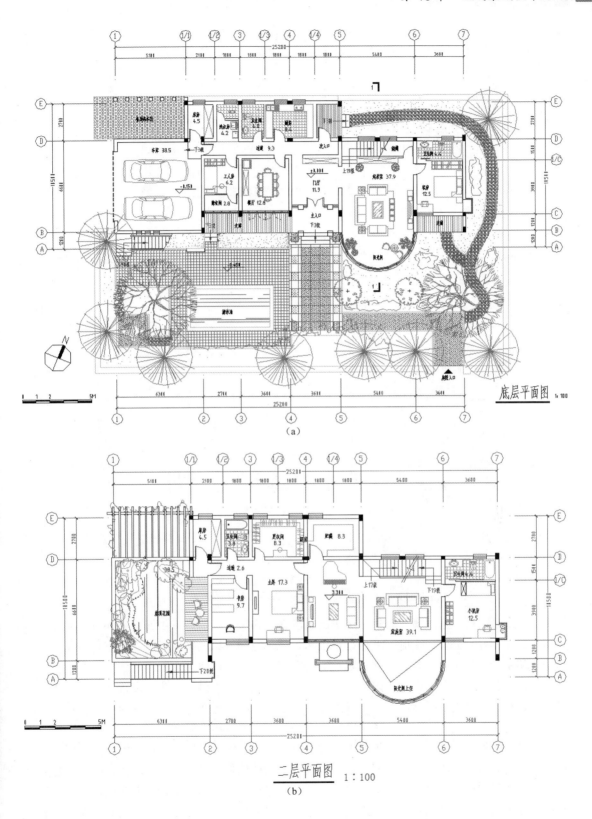

图 15-1 某别墅底层、二层、三层、屋顶平面图

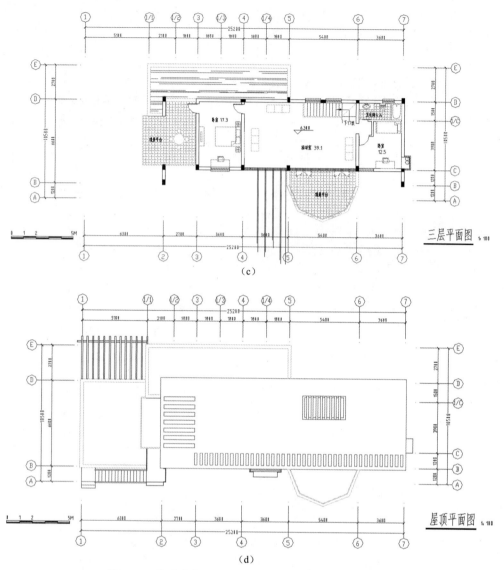

图 15-1 某别墅底层、二层、三层、屋顶平面图（续）

底层布置门厅、起居室、餐厅、厨房、客房、工人房、车库、卫生间、室外游泳池等公用空间；二层布置家庭室、主卧、书房、小孩房、屋顶花园等家庭用空间；三层布置两间卧室、活动室和室外观景平台。建筑朝向偏南，主要空间阳光充足，地形方正。

考虑到整体的地形、面积等因素，在底层空间的北侧、南侧、西侧共设置 4 个出入口，3 段室外走廊，这使得这座别墅的交通线路非常通畅，消防通道布置合理。室内楼梯贯穿三层，室外楼梯延伸至二层，这使得二楼的家庭用空间使用起来更加方便。

底层的起居室、客房、餐厅等对采光有一定要求的空间都设置在了别墅的南侧，采光、通风良好。起居室的面积较大，将南侧设置成半圆形的玻璃幕墙以吸收阳光，正好成为设置室内阳光花房的最佳地点。餐厅是连接室内外的另一个重要空间，通常不设置室外门。本次设计在南侧设置了大尺寸的玻璃室外门，连接室外走廊及室内空间，使业主在就餐期间享受最佳的视野和环境。

利用底层车库的超大屋顶，做成私家庭院独享的空中花园，室外楼梯至二楼的主卧之间设置观景木制平台,使业主在闲暇之余有一处可以全身心放松的空中花圃。在观景平台尽头设置储物间,可以作为室外用品的收纳空间,这一设计点将给业主平时的使用带来很大的方便。二层设计的另一个特点是对主卧的设计突破了原有的设计模式,将私密性的书房并入主卧的空间,使主卧更显得功能全面。

三层占据了有利的高度,西侧和南侧两块大面积的室外观景平台,是业主与家人及朋友小聚的最佳静谧场所。

15.2 绘制底层平面图

 绘制底层平面图1 绘制底层平面图2 绘制底层平面图3

15.2.1 绘图准备

(1)利用所学知识绘制样板图。绘图开始,没有重新进行相关绘图标准设置,直接调用样板图文件。新建图形文件,选择配套资源中的样板文件,如图 15-2 所示,打开即进入绘图状态。

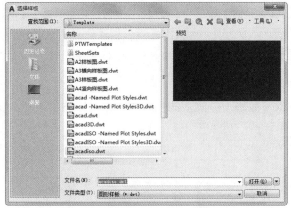

图 15-2 "选择样板"对话框

(2)单击"默认"选项卡"图层"面板中的"图层特性"按钮,弹出"图层特性管理器"选项板,新建如图 15-3 所示的图层。

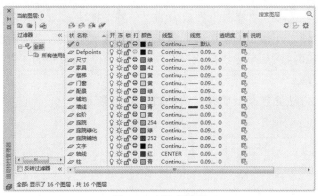

图 15-3 新建图层

15.2.2 绘制轴线

（1）将"轴线"图层设置为当前图层。

（2）单击"默认"选项卡"绘图"面板中的"直线"按钮 ╱ 和"修改"面板中的"偏移"按钮 ⊆，按图 15-4 所示的尺寸绘制出纵横定位轴线网格。

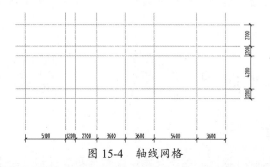

图 15-4　轴线网格

> **提示：**
> 绘制轴线，没有必要一步到位（将所有轴线全部绘制出来），可以先将主要的、起控制作用的轴线绘制好，而那些附加轴线待需要时再添加，逐步细化。这样做有利于避免繁杂混乱而导致的错误。

15.2.3 绘制墙线

（1）将"墙线"图层设置为当前图层。

（2）选择菜单栏中的"绘图"→"多线"命令，输入比例"240"，按如图 15-5 所示的粗线绘制墙线。

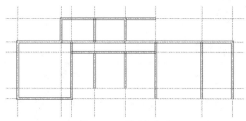

图 15-5　绘制墙线

（3）单击"默认"选项卡"修改"面板中的"分解"按钮 ⤱，将多线分解开，对交接处进行修剪、倒角处理，使之连接正确。单击"默认"选项卡"修改"面板中的"拉长"按钮 ╱，由墙线起向外拉长 120，然后单击"默认"选项卡"绘图"面板中的"直线"按钮 ╱，对墙头未封口处进行封口处理。

（4）采用类似的方法处理其余墙线，结果如图 15-6 所示。

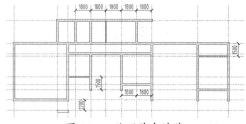

图 15-6　处理其余墙线

15.2.4 绘制柱

柱包括混凝土柱和砖柱。绘制步骤如下。

（1）绘制混凝土柱。混凝土柱一般涂黑表示，绘制方法如下：首先单击"默认"选项卡"绘图"面板中的"矩形"按钮▭，绘制一个矩形，然后单击"默认"选项卡"绘图"面板中的"图案填充"按钮▨，将矩形涂黑，填充图案为"SOLID"。

将"柱"图层设置为当前图层，按图 15-7 所示绘制并布置混凝土柱。

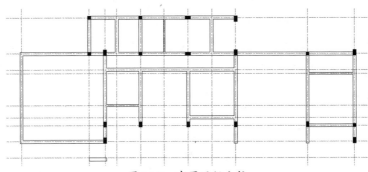

图 15-7　布置混凝土柱

（2）绘制砖柱。入口处的门柱和西北角备用停车位处的廊柱为砖柱，在"墙线"图层中绘制。

①入口处的门柱截面大小为 360×360，如图 15-8 所示。首先增加定位轴线，然后绘制矩形，最后移动门柱图案进行定位，将多余线条修剪掉。

②西北角的廊柱大小为 240×240，如图 15-9 所示。首先绘制一个矩形，然后阵列出其他廊柱。

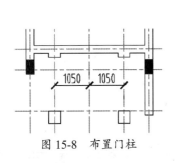

图 15-8　布置门柱

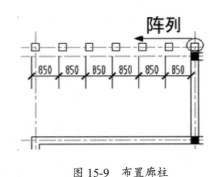

图 15-9　布置廊柱

15.2.5　绘制门窗

（1）门窗洞定位。在"墙线"图层为当前图层的状态下，参照图 15-10 绘制出门窗洞口边界线。

（2）门窗洞整理。逐个修剪、整理门窗洞口，结果如图 15-11 所示。

（3）在"门窗"图层为当前图层的状态下完成门窗绘制，结果如图 15-12 所示。下面说明其操作要点。

①C1、C2、C5。首先选择菜单栏中的"绘图"→"多线"命令，绘制出四线窗，然后借助"直线"命令或"多段线"命令绘制外侧窗台。

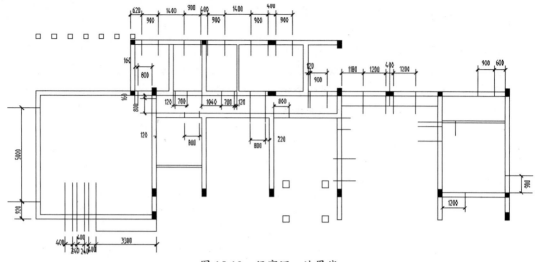

图 15-10 门窗洞口边界线

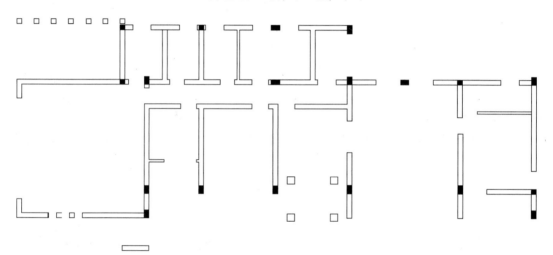

图 15-11 门窗洞口

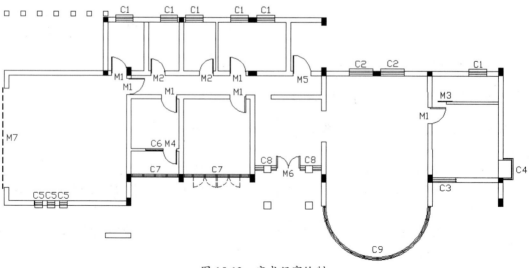

图 15-12 完成门窗绘制

②C3、C6、C8。选择菜单栏中的"绘图"→"多线"命令绘制出四线窗。

③C4。首先借助"多段线"命令绘制出凸窗的内轮廓,然后依次向外偏移 50 和 50 绘制出窗线,如图 15-13 所示。

④C9。如图 15-14 所示,首先,绘制弧线窗的内轮廓,并依次向外偏移 50、50 和 50 绘制出窗线;然后,紧靠墙端部绘制一个 150×50 的矩形作为玻璃幕墙的竖梃;最后,单击"默认"选项卡"修改"面板中的"环形阵列"按钮,选中矩形,捕捉圆弧中心作为环形阵列的中心,设置项目总数为 13,项目间角度为 180°,对矩形进行环形阵列。

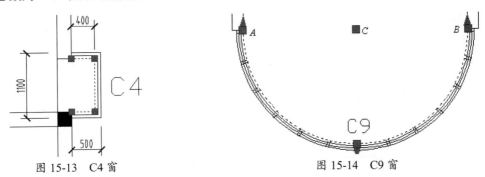

图 15-13　C4 窗　　　　　　　图 15-14　C9 窗

⑤C7。首先绘制出 150 厚的窗线,然后按图 15-15 所示尺寸分布竖梃,虚线门表示玻璃门可开启。

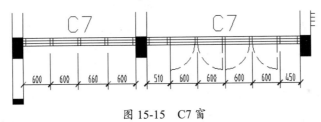

图 15-15　C7 窗

⑥M1～M6 比较简单,M7 表示卷帘门,用"多段线"命令绘制,在其特性中调整线型和线型比例以达到效果。

15.2.6　绘制楼梯、台阶

本别墅包含两个楼梯:一个在客厅后部,是室内连接一至三层的通道;另一个在室外车库前,连接车库与屋顶花园。台阶包括主、次入口处的台阶。

(1)室内楼梯。底层层高为 3300,如考虑楼梯每级踏步高度为 175 左右,则总共需要 19 级。如选取踏步宽度为 250,那么梯段长度为 4500,客厅后部净宽为 5160,无法满足要求。因此,楼梯采用三跑楼梯,踏步设计如图 15-16 所示。

下面讲述底层楼梯的绘制要点。

①将"楼梯"图层设置为当前图层。

②单击"默认"选项卡"修改"面板中的"偏移"按钮,将左、右、上三侧的轴线分别向内偏移 1200,绘制出辅助定位线。

③绘制出线段 1、2,然后将线段 1 依次向下偏移 250 和 250,绘制出 2 级踏步,将线段 2 依次向右偏移 250、250、250、250、250、250、250、250 和 250,绘制出 10 级踏步,如图 15-17 所示。

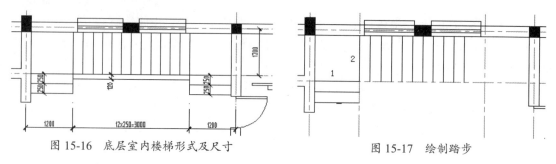

图 15-16 底层室内楼梯形式及尺寸　　　　图 15-17 绘制踏步

④绘制出第一跑楼梯的边线，接着单击"默认"选项卡"绘图"面板中的"矩形"按钮 □，绘制出第二跑楼梯侧面 120 厚的墙体，并把该墙体调整到"墙线"图层中。

⑤单击"默认"选项卡"绘图"面板中的"直线"按钮，在第二跑楼梯中部绘制出倾斜角为 60º 的折断线（提示输入相对坐标值"@1800<60"）。然后在 120 厚的墙体端部开一个 700 宽的门洞，楼梯下作为储藏室，如图 15-18 所示。

（2）室外楼梯。室外楼梯的绘制方法与室内类似，现给出楼梯形式和尺寸，如图 15-19 所示。

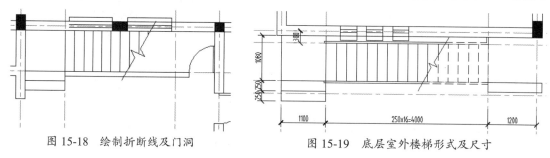

图 15-18 绘制折断线及门洞　　　　图 15-19 底层室外楼梯形式及尺寸

（3）台阶。将"台阶"图层设置为当前图层。

本例室内外高度差为 450，设置的台阶包括主入口台阶、次入口台阶和车库后台阶，踏步高度为 150，宽度为 300，如图 15-20 所示。主入口台阶依门柱设置，两侧为花台。可以先绘制一侧，然后镜像出另一侧，最后进行修整。

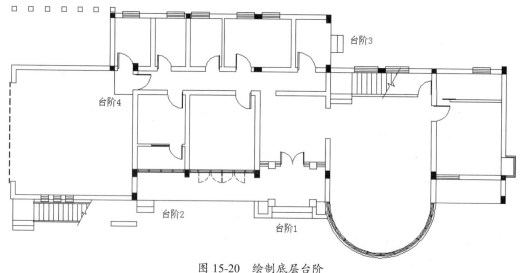

图 15-20 绘制底层台阶

15.2.7 布置室内

室内布置内容包括客厅、卧室、厨房、卫生间、车库等。本例所需相关家具陈设的大部分图块在源文件目录下的"图块"中,可以通过设计中心和工具选项板调用,但是需要根据具体情况进行适当修改。布置时注意将"家具"图层设置为当前图层,结果如图 15-21 所示。

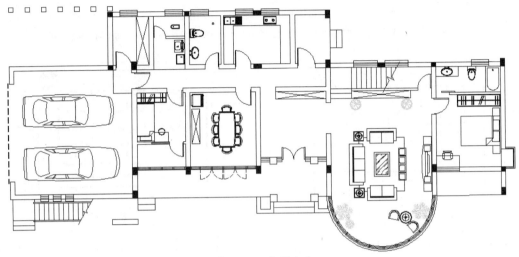

图 15-21 布置室内

15.2.8 室内铺地

(1)将走廊、卫生间、厨房填充成铺地图案,如图 15-22 所示。"铺地 1"处为地面砖,"铺地 2"处为木板条。

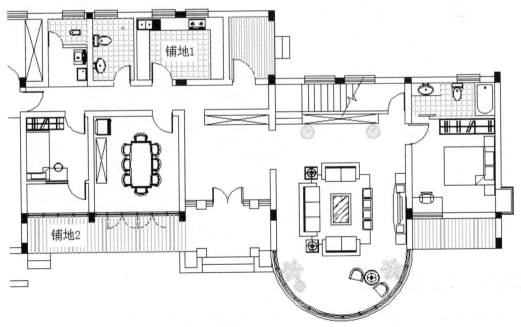

图 15-22 室内铺地

操作要点如下。
① 将"铺地"图层设置为当前图层。
② 填充之前用线条将填充边界封闭。

（2）如果出现填充图案将内部孤岛图案覆盖的情况（如图 15-23 所示），可以采用两种方法进行处理。

① 单击"默认"选项卡"修改"面板中的"修剪"按钮，将重叠部分去掉，选中大便器边缘，右击，然后单击大便器边缘内的填充图案即可将填充图案去掉，如图 15-24 所示。

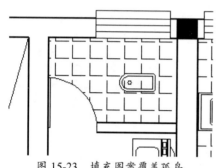
图 15-23　填充图案覆盖孤岛

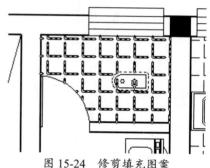
图 15-24　修剪填充图案

② 双击填充图案，打开"图案填充编辑器"选项卡，单击"选项"面板中的 按钮打开"图案填充编辑"对话框，单击右下角的"更多选项"按钮 将对话框展开，如图 15-25 所示，修改孤岛显示样式，也可实现同样的效果。

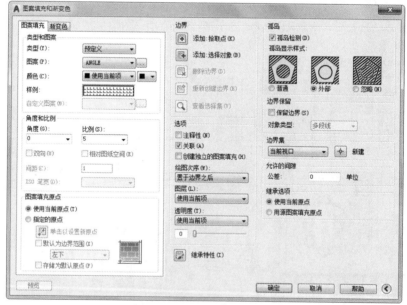
图 15-25　修改孤岛显示样式

15.2.9　布置室外景观

室外景观布置包括游泳池、围墙、庭院绿化、庭院入口设置等内容，结果如图 15-26 所示。下面介绍其绘制要点。

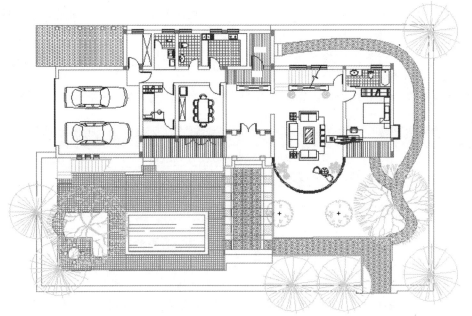

图 15-26 室外景观布置

（1）笔者为庭院部分绘制设置了"庭院""庭院绿化""庭院铺地""辅助线"4 个图层，读者可以参考。

（2）将"庭院"图层设置为当前图层，用于围墙、绿地、道路、游泳池边线绘制。

（3）围墙及庭院入口布置。本例围墙沿别墅周边设置，首先依据建筑红线的相对距离确定围墙位置，然后绘制墙体；入口设置在东南角，借助辅助线确定其位置。

（4）庭院布置。首先确定游泳池的位置和大小，然后借助辅助线控制道路、广场、绿地的边界，最后进行整理，如图 15-27 所示。

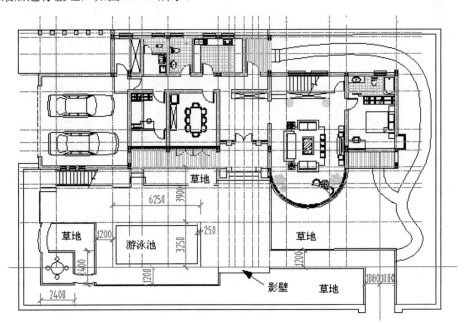

图 15-27 庭院布置

（5）室外铺地设计。首先仍然是借助辅助线来规划铺地，为下一步图案填充做准备；然后选取不同的图案进行填充，操作方法与室内类似。

（6）绿化布置。从图库中插入乔木、灌木图案，用"修订云线""多段线""点"等命令补充绘制竹子、灌木、山石等园林小品。

（7）整理。布置工作结束后，将不必要的辅助线删去，将需要保留的辅助线调整到"辅助线"图层中。

> **提示：**
> 用户在进行下一项绘制时，可以将暂时不需要进行操作的图层锁定，这样便于绘图，而且可以提高程序运行速度。如在进行绿化布置时，将其他图层锁定。

15.2.10　添加尺寸、文字、符号标注

根据《建筑工程设计文件编制深度规定》（2016版）的要求，方案图中，平面图标注的尺寸有总尺寸、开间尺寸、进深尺寸、柱网尺寸等。有时也可以不标注尺寸，而用比例尺来表示。需标注的标高包括楼层地面标高等，底层应标注室外地坪标高。其他标注内容有房间名称、指北针、图名、比例或比例尺，底层还应标注剖面图的剖切位置和编号。结合别墅实例进行各种标注，结果如图15-28所示。

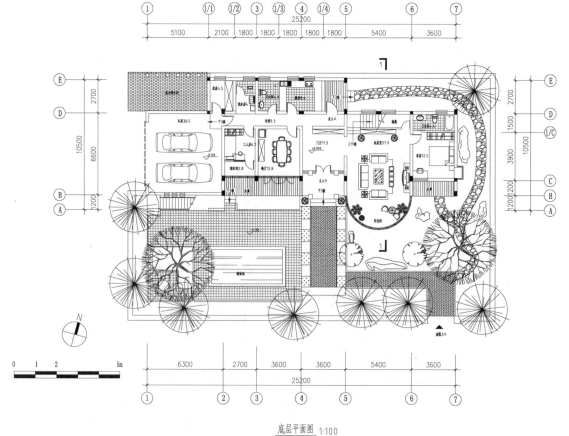

图15-28　完成标注

需要说明的要点如下。

（1）本例平面图采用 1∶100 的比例。

（2）本例标注两道尺寸，第一道为轴线尺寸（尺寸界线伸出长度为 12），第二道为总轴线尺寸（尺寸界线伸出长度为 2）。

（3）轴线编号。从配套资源中的"建筑图库"文件夹中选择轴号块插入图形中，输入比例"100"，定位到尺寸线端头，在命令行窗口中输入编号，标出第一个轴号。其他轴号通过复制、修改来完成，结果如图 15-29 所示。

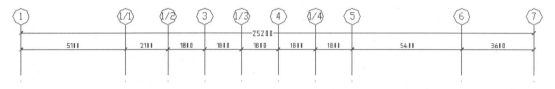

图 15-29　标注尺寸、轴号

> **提示：**
> 在方案图中可以不标轴线编号，但是在初步设计图和施工图中必须标注。上面介绍的尺寸界线伸长处理办法是根据笔者的经验给出的，只要标注效果相同，方法是多样的。房间内标注数字为使用面积，单位为 m^2。

（4）绘制楼梯箭头。如图 15-30 所示，按 A、B、C、D 的顺序绘制一条多段线，AB 为箭头，长度为 400；按 Ctrl+1 组合键调出"特性"选项板，将"终止线段宽度"设置为"100"，即可实现箭头效果。箭头指向是由本层楼面位置指向其他高度方向。

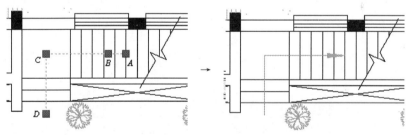

图 15-30　绘制楼梯箭头

（5）在填充图案上标注文字时，如果看不清楚，可将背景遮盖住。操作步骤如下：执行"多行文字"命令，在文本框中右击，再在弹出的快捷菜单中选择"背景遮罩"命令，弹出"背景遮罩"对话框，如图 15-31 所示，单击"确定"按钮完成。

图 15-31　"背景遮罩"对话框

15.3 绘制二层平面图

15.3.1 绘图准备

（1）复制底层平面图。将冻结、锁定的图层全打开，然后将底层平面图复制到其正上方，在此基础上绘制二层平面图，如图 15-32 所示。

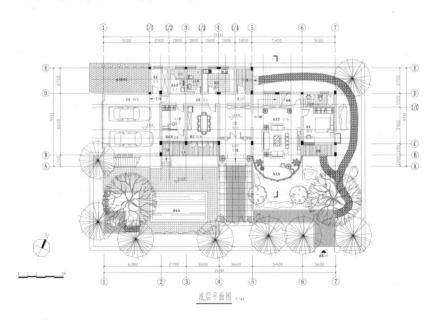

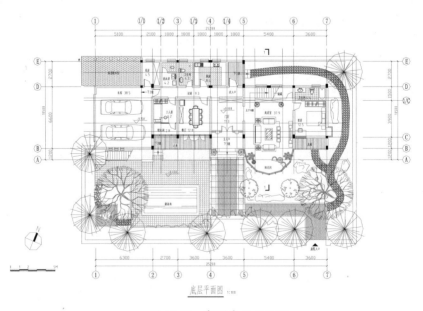

图 15-32 复制底层平面图

(2)整理二层平面图。

①将"0"图层设置为当前图层,然后将"0""庭院""庭院绿化""庭院铺地"以外的图层冻结,剩下如图 15-33 所示的图形。将这些图形全部删除。

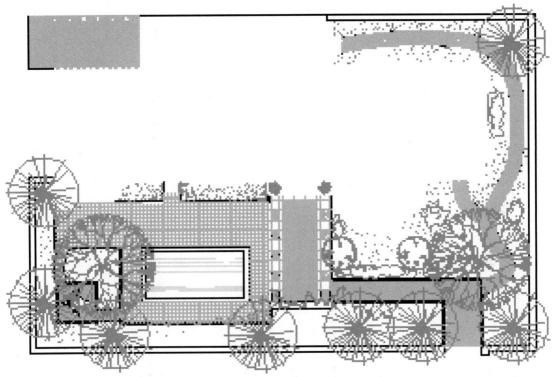

图 15-33 需删除的图形

②打开被冻结的图层,进一步将用不到的图层删除,并适当调整尺寸线的位置,如图 15-34 所示。

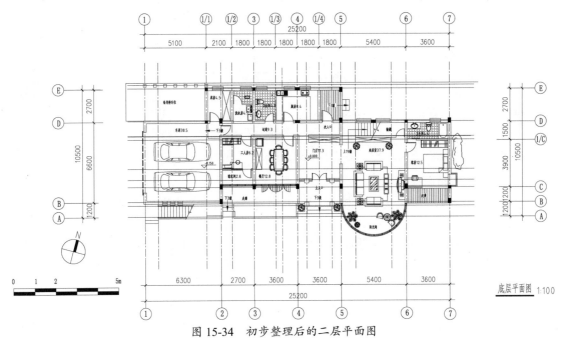

图 15-34 初步整理后的二层平面图

15.3.2 修改二层平面图

为了方便修改，将"家具""铺地""文字""配景""尺寸"等图层关闭。依次按照不同的房间区域进行修改。修改到不同对象时，注意将相应的图层设置为当前图层。

（1）家庭室区域。家庭室位置如图 15-35 所示，现对其周围图线（包括墙线、楼梯、入口雨篷、栏杆、门窗）进行修改和增补，结果如图 15-36 所示。操作要点如下。

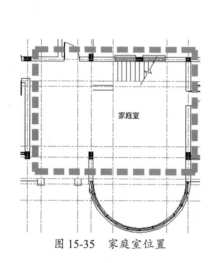
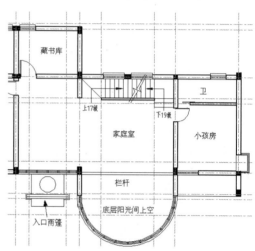

图 15-35　家庭室位置　　　　　　　图 15-36　修改后的家庭室区域

①二、三层层高为 3000，共设 12 级踏步，踏步宽 250，高 176，为单跑楼梯，转角处设 2 级踏步。

②雨篷在门柱的上方绘制，注意将门柱线的图层调整到其他看线图层。

③新增图线内容（如雨篷、楼板、栏杆）均属于看线，可以设置到现有的看线图层（如"台阶""楼梯""门窗"）中去，也可以新建图层。

④在修改墙线时，注意删除多余线段，尽量避免同一位置的重合墙线。

⑤对于同一直线上两条线段的连接，可以执行"合并"命令，使两条线段形成一个对象，这是其他操作不可比拟的。操作方法如下：单击"默认"选项卡"修改"面板中的"合并"按钮，选取第一条线段，然后选取第二条线段，最后按 Enter 键即可，结果如图 15-37 所示。

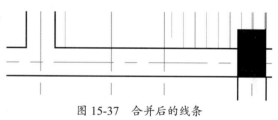

图 15-37　合并后的线条

⑥注意楼梯双折断线的画法。

（2）主卧室区域。主卧室位置如图 15-38 所示，修改内容主要是墙线和门窗，结果如图 15-39 所示。

（3）屋顶花园区域。屋顶花园位置如图 15-40 所示，修改内容主要是车库屋顶的女儿墙和楼梯，增补内容为花园、备用车位上方的栅格，结果如图 15-41 所示。操作要点如下。

①将车库墙线连通，调整到其他看线图层中，以改变其粗线特性，作为女儿墙。

②将备用车位处廊柱调整到其他看线图层中，以改变其粗线特性，再在上面绘制栅格，执行"阵列"命令处理。

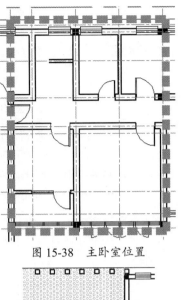

图 15-38　主卧室位置

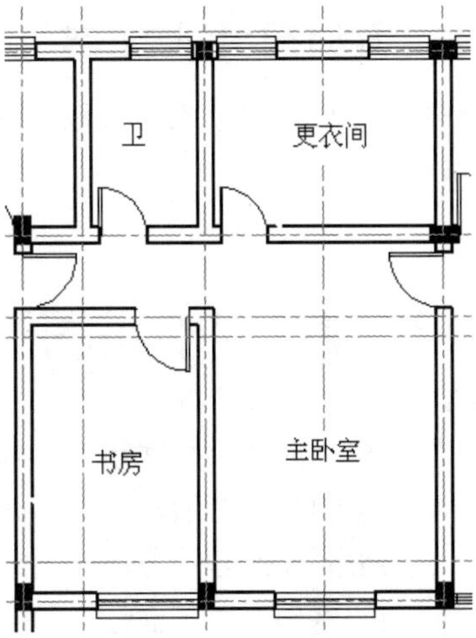

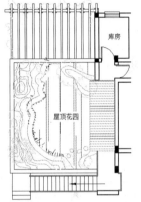

图 15-39　修改后的主卧室区域

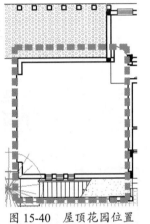

图 15-40　屋顶花园位置

图 15-41　修改后的屋顶花园

③ 等高线用"样条曲线"命令绘制。

④ 填充屋顶花园中的水面，注意填充边界的完善。

15.3.3　布置室内

打开"家具"图层，调整、增加室内布置，结果如图 15-42 所示。

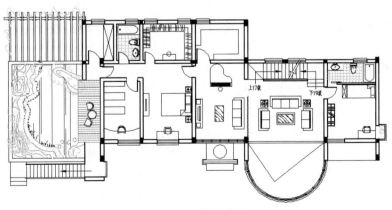

图 15-42　布置室内

15.3.4 添加尺寸、文字标注

打开"尺寸"和"文字"图层，首先将不必要的尺寸和文字删除，然后逐项修改文字，结果如图 15-1（b）所示。

15.4 绘制三层平面图

绘制三层平面图

本别墅三层平面布局与底层、二层均存在有差异的地方，所以需要绘制三层平面图。三层平面图需要表达的内容有活动室、两个卧室、楼梯、南侧平台、西侧平台以及西北侧的蓄水屋面。绘制三层平面图的总体方法仍然是在下一层平面图的基础上进行修改。

（1）复制并整理二层平面图。打开所有图层，将二层平面图复制到新文件中，将确定不需要的图线删除，将可能用到的家具图案留下，如图 15-43 所示。

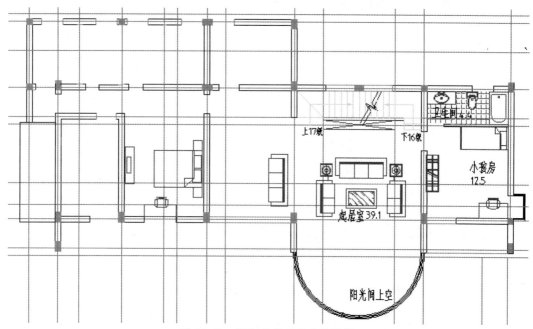

图 15-43　删除确定不需要的图线

（2）修改活动室区域。在二层家庭室的上部设置活动室，由于修改的图线较多，下面较详细地说明一下。

①修改玻璃幕墙。将轴线 C 上轴线④~⑤范围内的玻璃幕墙线延伸到轴线⑥上去，然后在轴线⑤~⑥幕墙上阵列竖梃符号，阵列间距为 600，对两端的竖梃间距进行适当调整。最后从底层平面图中复制虚线门，粘贴到幕墙上，如图 15-44 和图 15-45 所示。

②修改南侧观景平台。在原有圆弧形玻璃幕墙上方设置金属栏杆，现将多余图线删除，把其余的图线调整到"栏杆"图层中去；而原有两侧墙体更改为栏板，故将这部分墙线也调整到"栏杆"图层中去。注意，如墙线一直延伸到室内，则应在分界点处打断，单击"默认"选项卡"修改"面板中的"打断于点"按钮即可，结果如图 15-46 所示。

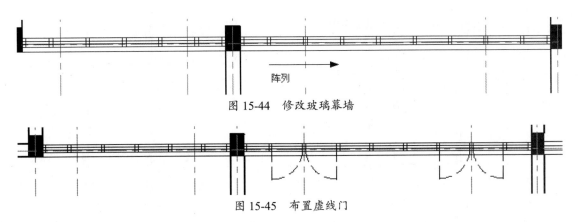

图 15-44 修改玻璃幕墙

图 15-45 布置虚线门

③修改内部墙体及门。删除不需要的墙体及门，用"JOINT"命令连接断残墙线，原小孩房入口处按图 15-47 所示进行处理。

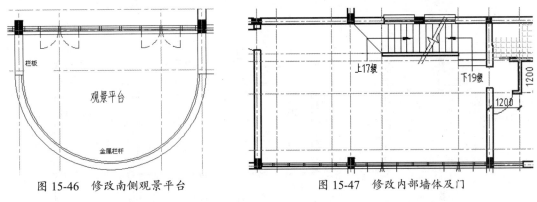

图 15-46 修改南侧观景平台　　　　　图 15-47 修改内部墙体及门

④三层楼梯为顶层楼梯形式，除了需修改踏步线外，还需增加栏杆，如图 15-48 所示。

（3）修改西侧观景平台及蓄水屋面。这部分位置如图 15-49 所示。首先修改墙线和蓄水屋面处女儿墙，如图 15-50 所示；然后借助辅助线在山墙上开一个门洞，并绘制出栏杆，结果如图 15-51 所示。

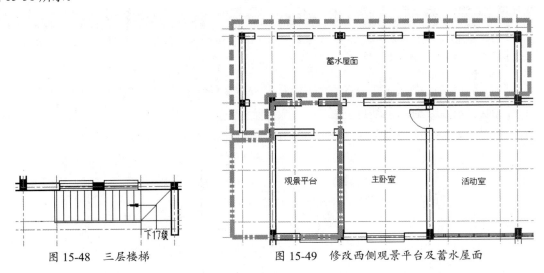

图 15-48 三层楼梯　　　　　图 15-49 修改西侧观景平台及蓄水屋面

这样，三层平面图的基本图线就修改、绘制完了。下面调整室内布置。

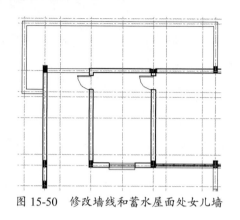
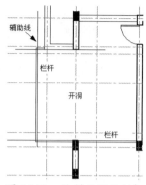

图 15-50 修改墙线和蓄水屋面处女儿墙　　　图 15-51 绘制门洞及栏杆

（4）布置室内及填充图案。打开"家具"图层，调整室内布置，并进行图案填充，如图 15-52 所示。

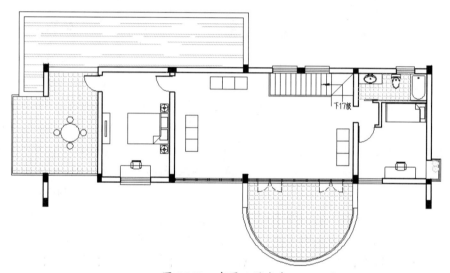

图 15-52 布置三层室内

提示：

绘制图 15-52 中的沙发时，可以用"等分"（DIVIDE）命令进行直线的三等分。执行"等分"命令，选中需等分的线段，按命令行提示进行操作。

命令：DIVIDE ↙

选择要定数等分的对象：（选中线段）

输入线段数目或 [块(B)]：3 ↙

这样，就实现了线段三等分。然后依次捕捉等分点绘制水平线，如图 15-53 所示。

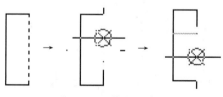

图 15-53 等分示意图

（5）标注尺寸和符号。打开"尺寸"和"文字"图层，按三层平面图的要求进行相应修改。到此为止，三层平面图基本绘制完毕。

15.5 绘制屋顶平面图

屋顶平面图是从屋顶上空向下投影到水平面上得到的正投影图。前面底层、二层已完成局部屋顶绘制（屋顶花园、南侧观景台等），三层及以上屋顶为钢筋混凝土平屋顶，其上局部开洞镂空，活动室上方设一个玻璃采光顶，其平面图在三层平面图的基础上绘制，下面简述其绘制步骤。

1. 整理三层平面图

复制出三层平面图，将图线暂时删减，如图 15-54 所示，其余部分借以定位。绘制好屋面后，为了删除方便，可以暂时将这些图线制作成图块（轴线除外）。如果"轴线"图层处于打开状态，为了便于大面积删除和进行其他操作，可以将该图层锁定。

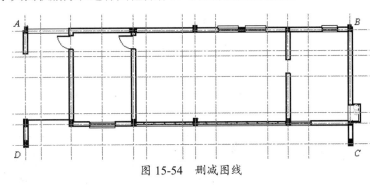

图 15-54 删减图线

2. 绘制屋面

（1）新建"屋面"图层。

（2）绘制屋面轮廓线。单击"默认"选项卡"绘图"面板中的"矩形"按钮 ▭，沿图 15-54 中的点 A、B、C、D 绘制屋面轮廓，然后向内偏移 250，绘制出一个矩形，协助镂空部位定位，如图 15-55 所示。

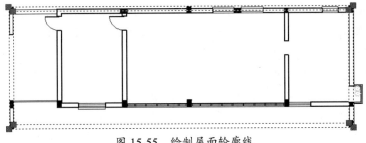

图 15-55 绘制屋面轮廓线

（3）南侧屋檐镂空处理。首先在左侧绘制一个矩形，然后阵列到右侧，如图 15-56 所示。

（4）西侧屋檐镂空处理。采用同样的操作方法，绘制出西侧屋檐镂空效果，如图 15-57 所示。

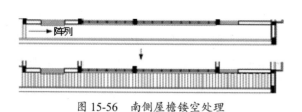
图 15-56　南侧屋檐镂空处理

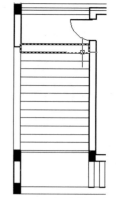
图 15-57　西侧屋檐镂空处理

（5）绘制玻璃采光顶。如图 15-58 所示，首先借助轴线和辅助线绘制出两个矩形，长条状矩形表示玻璃顶上面的固定架；然后由该矩形阵列出其他固定架。阵列之前可以先测量玻璃顶的水平尺寸，再确定阵列间距。

（6）完成屋顶绘制。

①删除原有图线块及辅助线，并对屋顶图线进行必要的修剪，结果如图 15-59 所示。

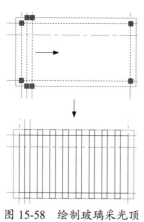
图 15-58　绘制玻璃采光顶

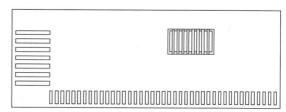
图 15-59　修剪图线

②将底层、二层在竖直投影下能够看到的部分（包括屋顶花园、停车位栅格、雨篷、露台、蓄水屋面）复制到屋顶平面图上，组合，基本完成屋顶绘制。

③标注出各部分屋面标高，结果如图 15-60 所示。后续再对细节处进行修改即可。

本节以某别墅方案设计为例，详细介绍了各层平面图绘制的步骤及常用方法。从总体上来说，底层平面图内容丰富，是绘制各层平面图的基础，因此应认真、准确、清晰地绘制好才行。千万不可一开始就丢三落四、草草了事或尺寸搭接不准确，否则，后面各层平面图的绘制，乃至进行立面、剖面、立体建模时会苦不堪言。在具体绘图时，初学者往往对密密麻麻的图形望而兴叹，甚至产生厌恶感。其实，只要把握住由粗到细、由总体到局部的过程，分类、分项地绘制，困难也就迎刃而解了。一些无法确定尺寸或定位的图形，可以多借助辅助线来完成，不要总想着一步到位。

笔者一再强调图层的划分和管理，说明该环节非常重要。因为图层处理好了，可为后面的许多设计、绘图工作带来方便，希望读者能养成好的习惯。

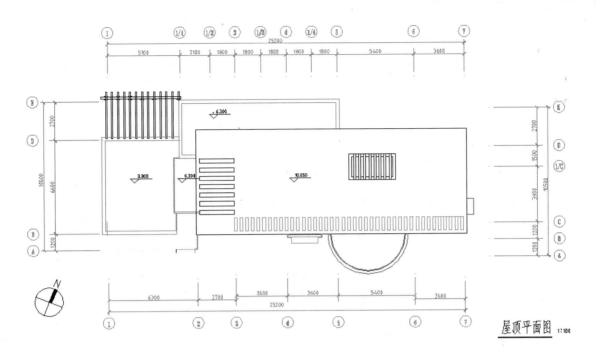

图 15-60　基本完成屋顶绘制

15.6　上机实验

【练习1】绘制如图 15-61 所示的某别墅首层平面图。

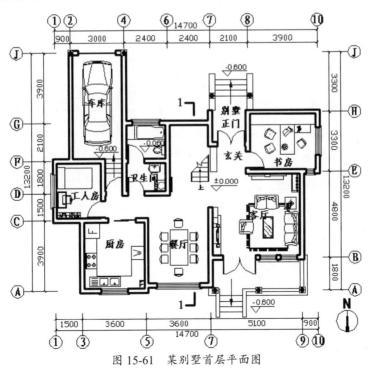

图 15-61　某别墅首层平面图

【练习 2】绘制如图 15-62 所示的某别墅二层平面图。

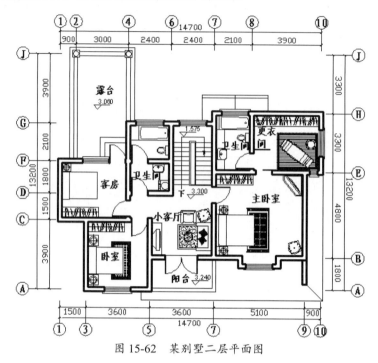

图 15-62　某别墅二层平面图

第 16 章　绘制某别墅立面图与剖面图

本章在第 15 章别墅平面图的基础上讲述立面图与剖面图的绘制。立面图可以在平面图所在的图形文件中绘制，也可以在另一个图形文件中绘制。当图形文件较大时，可选择后者。立面图绘图环境的基本设置（单位、图形界限等）与平面图相同。文字样式、尺寸样式则根据出图比例的大小来决定。若比例与平面图相同，则不必再设置新的样式。

至于立面图中图层设置的问题，目前没有一个统一标准。不同的绘图习惯下，可能采用不同的图层设置。现介绍笔者的设置方法供读者参考。至少设置 3 个图层："立面图样""粗线""中线"（或者"立面图样""立面轮廓""构件轮廓"。图层名称可自拟，以便于识别为主）。"轴线""尺寸""文字"等图层与平面图相同。"立面图样"图层用于放置所有立面细实线图样。如果立面图较复杂，还需要细分的话，可以增加诸如"立面门窗""立面阳台"等图层。"粗线"图层用来放置立面轮廓。"中线"图层用来放置突出立面的构配件轮廓，如门窗、台阶、壁柱轮廓等。在下面的实例讲解中，就按这种方法进行。

【内容要点】

- 绘制①～⑦立面图
- 绘制Ⓔ～Ⓐ立面图
- 绘制剖面图

【案例欣赏】

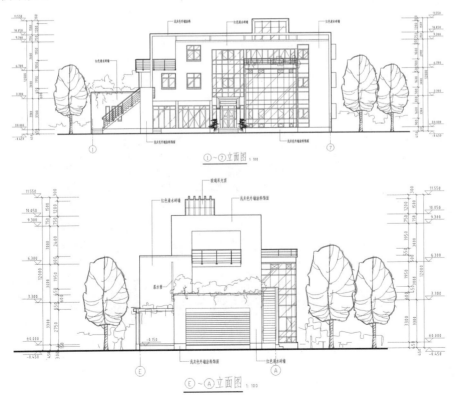

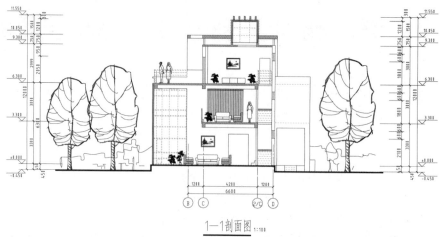

这里重点讲解两个立面图：①～⑦立面图（南立面图）和Ⓔ～Ⓐ立面图（西立面图），如图 16-1 所示。其他立面图可以参照完成。

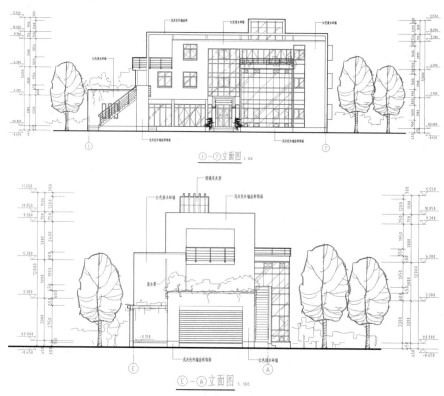

图 16-1 某别墅立面图

16.1 绘制①～⑦立面图

 绘制①～⑦立面图 1　 绘制①～⑦立面图 2　 绘制①～⑦立面图 3

本节重点知识包括由平面引出立面定位辅助线、立面门窗、楼梯、台阶、屋顶、栏杆的绘制，以及标注、线型等，注重基本方法的应用。

16.1.1 绘图准备

（1）准备工作。

①新建"立面"图层。

②在底层平面图的下方清理出一片空间用于绘制立面图。

③将平面图中暂时用不到的图层关闭，以便于绘图。

（2）绘制定位辅助线。

①在底层平面图下方适当位置绘制一条地坪线。地坪线上方需留出足够的绘图空间。

②由底层平面图向下引出定位辅助线，如图 16-2 所示。这一步，先把墙体外轮廓、墙体转折处以及柱轮廓定位线引下来。

③根据室内外高差、各层层高、屋面标高、女儿墙高度确定楼层定位辅助线，用"偏移"命令完成，如图 16-3 所示。

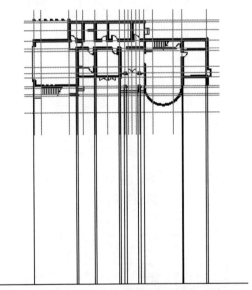

图 16-2 由底层平面图引出定位辅助线

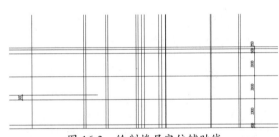

图 16-3 绘制楼层定位辅助线

> 提示：
> 由平面图引定位辅助线时，将对象捕捉功能打开，仔细捕捉每一个角点，力求图线准确。

16.1.2 绘制基本轮廓

（1）立面初步整理。在现有辅助线的基础上，综合应用"修剪""倒角""打断"等修改命令将立面图的大致轮廓整理出来，结果如图 16-4 所示。在此基础上逐项对立面内容进行细化。

（2）绘制入口台阶和花台。室内外高差为 0.45m，设三级台阶，主入口两边设花台。操作方法如下：继续由平面图引出台阶、花台的定位线，然后用"偏移"命令复制台阶线，最后修剪多余线段，如图 16-5 所示。

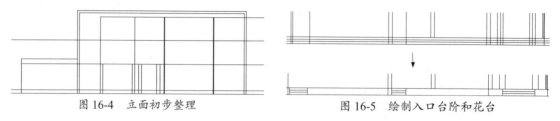

图 16-4 立面初步整理　　　　图 16-5 绘制入口台阶和花台

（3）绘制门柱与雨篷。本例门柱与雨篷的形式如图 16-6 所示。门柱下段为砖砌体，上段门字形框架由 4 块方木组合而成，雨篷从下面穿过。其主要绘制步骤如下。

①由平面图引出门柱中心线，再由中心线偏移出各段门柱的边线；然后由二层室内楼面定位线向下偏移出水平定位线，有关尺寸如图 16-7 所示。

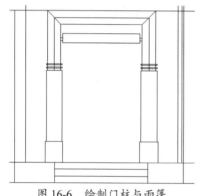 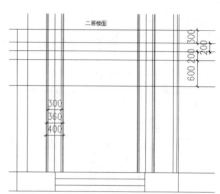

图 16-6　绘制门柱与雨篷　　　　图 16-7　绘制门柱与雨篷步骤（一）

②进行修剪，结果如图 16-8 所示。在此基础上，再做细部刻画，结果如图 16-6 所示。

（4）绘制入口处门窗。入口处门窗如图 16-9 所示，其主要绘制步骤如下。

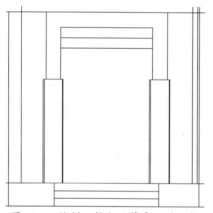 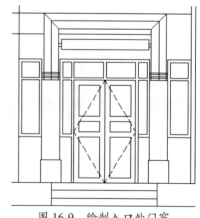

图 16-8　绘制门柱与雨篷步骤（二）　　　　图 16-9　绘制入口处门窗

①绘制出如图 16-10 所示的辅助线。

②仔细进行修剪，结果如图 16-11 所示。之后进一步绘制出门扇和开启方向线。

（5）绘制底层晾衣间、餐厅落地玻璃窗。采用上述类似方法，绘制出底层晾衣间、餐厅落地玻璃窗，如图 16-12 所示。

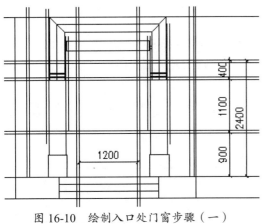

图 16-10 绘制入口处门窗步骤（一）

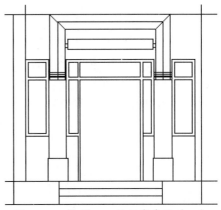

图 16-11 绘制入口处门窗步骤（二）

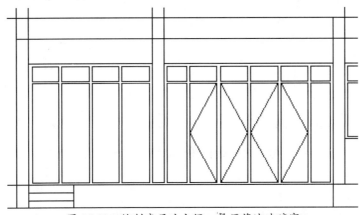

图 16-12 绘制底层晾衣间、餐厅落地玻璃窗

提示：
　　门窗开启方向线交角一侧为安装合页的一侧，虚线表示向内开，实线表示向外开。绘制如图 16-13 所示的门窗时，若也从平面图引出辅助线，则比较烦琐。可以这样处理，或许显得方便一些：首先从平面图中引出较短的直线，然后执行"延伸"命令，选择室内地坪线为"延伸边界"，框选所有投影线（如图 16-14 所示），则一次性延伸到边界处。也可以用"构造线"来绘制。

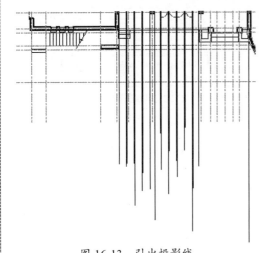

图 16-13 引出投影线

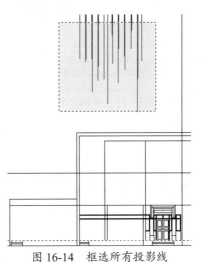

图 16-14 框选所有投影线

（6）绘制玻璃幕墙。为了使立面形式统一，充满现代气息，获得较大的采光面积，本例起居室阳光间、主入口上方、东侧一至三层卧室窗户均设计为玻璃幕墙，如图 16-15 所示。绘制玻璃幕墙的关键是设计好玻璃幕墙的形式（有框或无框），确定好竖梃和横档的分格尺寸等。绘制过程与前面相关内容类似。需要说明的要点如下。

①按初步设想排布出玻璃幕墙竖梃和横档（如图 16-16 所示）；利用所学知识绘制开启扇，结果如图 16-17 所示。

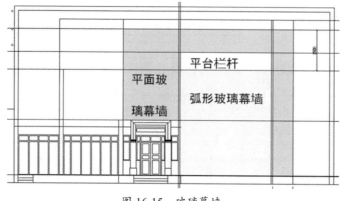
图 16-15　玻璃幕墙

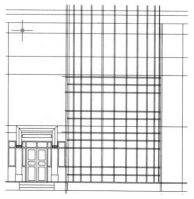
图 16-16　排布竖梃和横档

②本着协调统一、合理美观的原则绘制其余的平面玻璃幕墙，结果如图 16-18 所示。

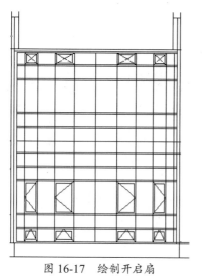
图 16-17　绘制开启扇

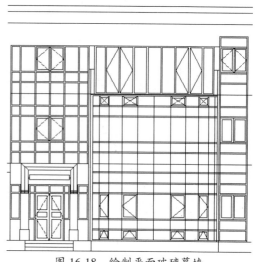
图 16-18　绘制平面玻璃幕墙

（7）绘制二、三层卧室和书房窗、车库窗。

①二、三层卧室和书房窗形式如图 16-19 所示。这 3 个窗规格相同，只需绘制出一个，其余两个复制即可，开启方向只需注明一个。需要说明的是，因为立面上的窗框为中粗线，复制之前，可以沿窗洞口绘制一个矩形，并将它调整到"中粗线"图层，这样就不用每个窗洞口都重复绘制了。

②绘制车库窗时可采用同样的方法，如图 16-20 所示。

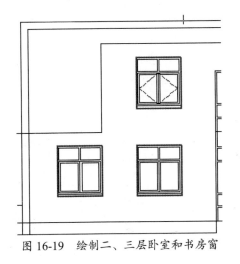
图 16-19 绘制二、三层卧室和书房窗

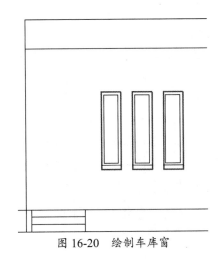
图 16-20 绘制车库窗

16.1.3 绘制楼梯

楼梯立面绘制是本节的难点之一，请读者注意。下面依次按照绘图准备、绘制梯段、绘制栏杆、修整 4 个步骤进行介绍。

（1）绘图准备。如图 16-21 所示，将支撑楼梯平台的墙片及伸出墙片的平台板绘制好。注意墙片高于平台 1.05m，是根据规范规定的最小栏杆高度为 1.05m 确定的。

（2）绘制梯段。现在绘制的楼梯连接地面至车库屋顶花园，设计踏步宽 250，高 194，较陡。但考虑到使用频率不高，这是可以接受的。

①阵列楼梯踏步网格。如图 16-22 所示，分别由水平和竖直两个方向阵列出楼梯踏步的辅助网格。阵列之前，应事先计算好参数，以便一次成功。

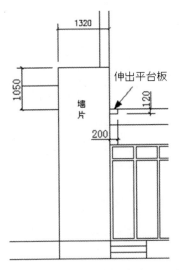
图 16-21 绘制墙片及伸出墙片的平台板

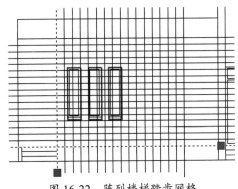
图 16-22 阵列楼梯踏步网格

②绘制梯段侧立面。用"多段线"命令绘制如图 16-23 所示的梯段轮廓。确认绘制正确后，可以考虑将辅助网格删除。

(3) 绘制栏杆。栏杆高于踏步 1.05m，采用金属栏杆、木质扶手。首先绘制扶手，然后绘制立杆和横杆。

①绘制扶手。如图 16-24 所示，将梯段底线复制到墙片左上角，作为栏杆扶手上边缘线。由于墙片高于平台 1.05m，又与最上一级踏步前缘齐平，所以复制出来的扶手满足不低于 1.05m 的高度要求。接着向下偏移 60（扶手大小）绘制出扶手。

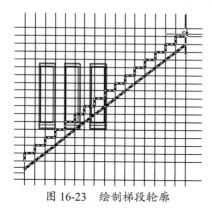
图 16-23　绘制梯段轮廓

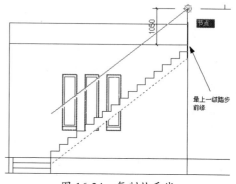
图 16-24　复制扶手线

②绘制立杆。单击"默认"选项卡"绘图"面板中的"构造线"按钮，捕捉踏步中点绘制出一条竖直的构造线作为立杆的中心线（如图 16-25 所示）；然后由此中心线分别向两侧偏移出立杆的厚度（如图 16-26 所示）；最后完成立杆的细部绘制（如图 16-27 所示）。

由于立杆线条较琐碎，建议先将它做成块，然后复制到其他位置，结果如图 16-28 所示。

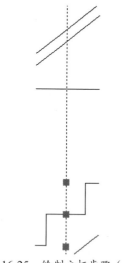
图 16-25　绘制立杆步骤（一）

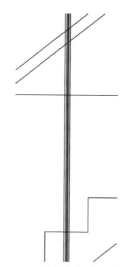
图 16-26　绘制立杆步骤（二）

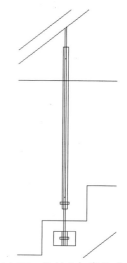
图 16-27　绘制立杆步骤（三）

③绘制横杆。由扶手线向下偏移出第一根横杆，并将多余的线段修剪掉，然后用"阵列"命令向下阵列出其余横杆，结果如图 16-29 所示。

（4）修整。修整内容包括扶手端部（如图 16-30 所示）、平台处栏杆、车库立面被覆盖的线条等，结果如图 16-31 所示。

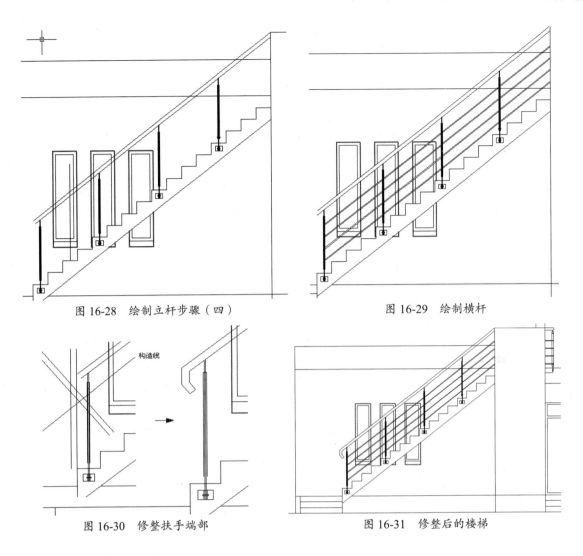

图 16-28　绘制立杆步骤（四）

图 16-29　绘制横杆

图 16-30　修整扶手端部

图 16-31　修整后的楼梯

16.1.4　绘制其余部分

其余部分绘制内容包括南侧和西侧栏杆、突出的屋面玻璃采光顶、东侧凸窗等。读者参照上面的讲述不难完成其操作，结果如图 16-32 所示。

图 16-32　基本完成的①～⑦立面图

从"建筑图块"文件中插入立面植物等配景图案，注意树型、大小与立面相协调。也可以适当填充玻璃图案，结果如图 16-33 所示。

图 16-33　①～⑦立面图配景

16.1.5　添加尺寸、文字标注

在不同的设计阶段，立面图对尺寸、文字标注深度的要求不一样。在方案设计阶段，只需注明各主要部位和最高点的标高或主体建筑的总高度。初步设计阶段，则只需注明两端的轴线和编号，以及平面和剖面未能表示的屋顶、屋顶高耸物、檐口、室外地坪等主要标高或高度，而施工图阶段则需标注详细。在竖直方向上应标注室内外地坪、台阶顶面、门窗洞口上下位置、各楼面及屋面、檐口、屋顶高耸物等标高，标注三道尺寸，第一道为细部尺寸，第二道为层高，第三道为总高。水平方向一般不标注尺寸，但是要注明两端的轴线和编号。此外，根据具体情况，还可以在立面图上标注外墙装修、详图索引符号等。各个阶段都需要注明图名、比例或比例尺。

在 AutoCAD 中，立面图的基本标注操作和前面相关内容类似。本例基本上按施工图的要求进行标注，出图比例取 1∶100，下面简述其要点。

（1）准备工作。如图 16-34 所示，在"轴线"图层中将立面两端的轴线引下来，然后由需标注标高、尺寸的位置向外引出水平辅助线（若便于标注操作，则不必引辅助线）。

图 16-34　引出水平辅助线

（2）标注。逐项进行标注，结果如图 16-35 所示。

（3）设置线型。在立面图中，外轮廓线为粗线，地坪线用 1.4b（标注粗度的 1.4 倍）粗线绘制，建筑构配件（门窗、雨篷等）的轮廓线为中粗线，其余线条为细线。根据此要求，对于外轮廓线，可以用"多段线"命令绘制，并调整到"粗线"图层中去；对于构配件轮廓，可以将它们直接调整到"中粗线"图层中去，不便调整的地方，也可以用"多段线"命令绘制；对于地坪线,可以用"多段线"命令绘制,并指定全局宽度。中、粗、细线的具体宽度则在图层中设置,结果如图 16-35 所示。

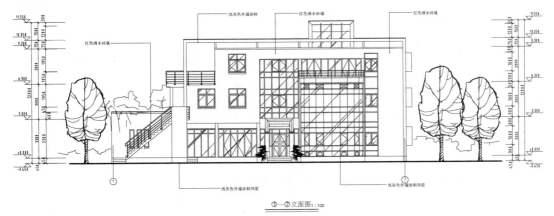

图 16-35 ①~⑦立面图

16.2 绘制Ⓔ~Ⓐ立面图

Ⓔ~Ⓐ立面即西立面,主要内容有车库入口、屋顶花园、西侧平台等,如图 16-36 所示。其绘制的基本方法与①~⑦立面(正立面)相似,但仍然存在不同的地方。前面已经绘制完了各层平面图和正立面图,于是在绘制Ⓔ~Ⓐ立面图时,尽量借助已有图形,达到快速绘图、节省精力的目的。可利用的部分有以下 3 个。

(1)水平、竖直两个方向的尺寸限定。
(2)相同或相似的建筑构配件图样。
(3)相同或相似的尺寸、文字、配景等内容。

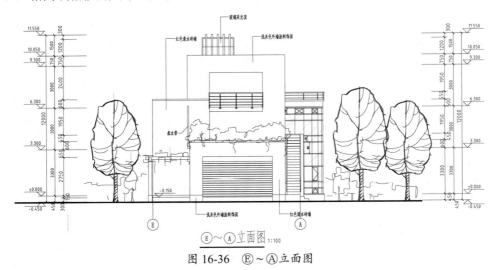

图 16-36 Ⓔ~Ⓐ立面图

读者可以结合工程情况事先进行一个简单分析,以便得出下一步的绘制程序,从而有的放矢,事半功倍。下面重点对绘制原则和操作要点进行说明。

16.2.1 绘制辅助线

由于Ⓔ～Ⓐ立面的方位与①～⑦立面不同，属左侧立面图，因此由平面图引出投影线的方式有所区别。常规做法如下：第一，绘制出地坪线 1（与正立面图在同一水平线上）、立面图最右边线 2、平面图最下边线 3；第二，由线条 2、线条 3 的交点左斜 45°绘制一条直线；第三，由平面图向左引出投影线交于斜线，再由相应的交点向下引至地坪线；第四，由绘制好的①～⑦立面图向左引出立面竖向高度控制线，如图 16-37 所示。这就是绘制侧立面图的基本方法，其原理仍是正投影作图。

如果同时需要借助其他平面图绘图，也可以进行如图 16-38 所示的操作。注意，斜线相对于平面的位置是固定的。总之，只要符合正投影作图的原理，方法是可以变通的。

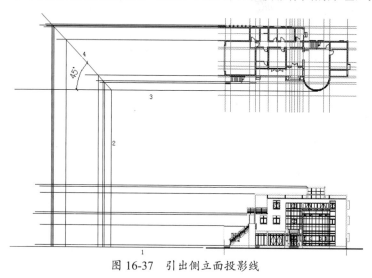

图 16-37　引出侧立面投影线　　　　　　　图 16-38　同时利用多个平面图

16.2.2 绘制弧形玻璃幕墙

观察发现，本例Ⓔ～Ⓐ立面中的弧形玻璃幕墙与正立面图中的右边一半相同，因此只要将它复制过来，放置到正确位置，适当地进行修改即可完成。复制时注意选择好基点和终点，以便一次定位，如图 16-39～图 16-41 所示。

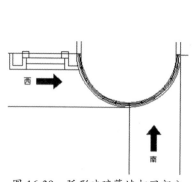 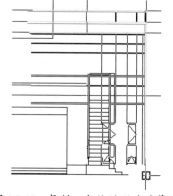 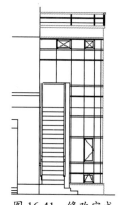

图 16-39　弧形玻璃幕墙相同部分　　图 16-40　复制、定位弧形玻璃幕墙　　图 16-41　修改完成

> **提示：**
> 用户在选择大量、复杂的图形时，可以巧妙地配合应用"从左上到右下""从右下到左上"两种框选的方法。例如选择玻璃幕墙，"从左上到右下"拉出矩形选框，可以一次性选中竖直构件（如图 16-42 所示），"从右下到左上"拉出矩形选框，可以一次性选中水平构件（如图 16-43 所示）。如有少数遗漏图形，则个别点选就可以了。

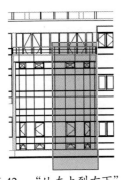 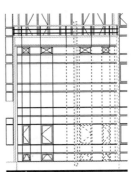

图 16-42 "从左上到右下"框选　　　　图 16-43 "从右下到左上"框选

16.2.3 绘制平台栏杆

平台栏杆也可以从正立面图中复制，但需要进行水平翻转。首先从正立面图中用"镜像"命令将栏杆镜像到一边，然后将其移动到预定位置，最后进行修改，如图 16-44～图 16-46 所示。

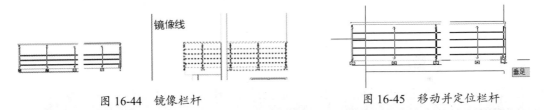

图 16-44 镜像栏杆　　　　图 16-45 移动并定位栏杆

> **提示：**
> 如图 16-46 所示残破的线条，最好用"合并"（JOIN）命令来处理，以便使线条完整，不零乱。

以上就是ⓔ～Ⓐ立面绘制过程中需要强调的要点。

本节结合别墅立面图讲解了绘制立面图的常规步骤、方法及注意事项。就目前 AutoCAD 应用情况来看，无论多么复杂的立面图，基本上都是沿着这个思路绘制的。

本章已介绍了南立面、西立面两个立面的绘制。对于其他两个立面，在这里简单介绍一下。东立面图可参照西立面图绘制，只不过投影方向相反。对于北立面图，可以复制一个平面图，并将它旋转 180°后作为参照（如图 16-47 所示），其余部分的操作与正立面图相同。

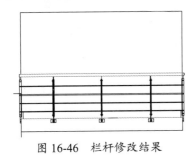 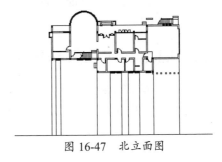

图 16-46 栏杆修改结果　　　　图 16-47 北立面图

16.3 绘制剖面图

本节以别墅 1-1 剖面（如图 16-48 所示）为例讲解绘制剖面图的基本方法，让读者初步体验绘制剖面图的一般过程。剖面图绘制比较琐碎，需要综合平面图、立面图，来考虑结构、构造、空间等问题，对于初学者有一定的难度。但是，只要按照一定的方法循序渐进，也会达到化繁为简、化难为易的效果。剖面图的个数因建筑单体的复杂程度和设计深度而定，本例选取了最复杂位置的剖面图进行讲解，其他剖面相对简单，可以参照绘制。

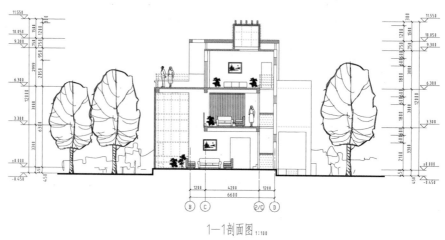

图 16-48　1-1 剖面图

16.3.1　绘图准备

与立面图一样，剖面图可以在平面图所在的图形文件中绘制，也可以在另一个图形文件中绘制。当图形文件较大时，可选择后者。剖面图绘图环境的基本设置（单位、图形界限等）与平面图、立面图相同。文字样式、尺寸样式则根据出图比例的大小来决定。若比例与平面图、立面图相同，则不必再设置新的样式。

对于剖面图中图层设置的问题，目前还没有统一标准。因用户有不同的绘图习惯，可能采用不同的图层设置。不过，不妨抓住剖面图的粗、中、细 3 种线型特征和对应的 3 种图形对象来划分：粗实线（b），剖切到的主要建筑构造轮廓线；中实线（0.5b），剖切到的次要建筑构造轮廓线（如抹灰层、门窗）和投射看到的配件轮廓线；细实线（0.25b），如材料图案、轴线、尺寸线、引线等。当图形简单而选取两种线型时，应选择 b 和 0.25b。因此，除了"尺寸""文字"等图层外，可以专门为剖面图建立 3 个图层："剖面主要构造""剖面次要构造""材料图案"（图层名称可自拟）。

16.3.2　确定剖切位置和投射方向

根据该别墅方案的情况，可选择将起居室中部作为剖切位置，剖切线经过前侧弧形玻璃幕墙、后侧楼梯、窗户以及二层栏杆和玻璃采光顶，空间及结构均较复杂。剖视方向为向左。

为了便于从平面图中引出定位辅助线，可单击"默认"选项卡"绘图"面板中的"构造线"按钮，在剖切位置画一条直线，如图 16-49 所示。

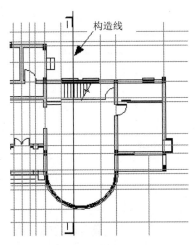

图 16-49 绘制构造线确定剖切位置

> **提示：**
> 采用构造线的目的在于它可以一次贯通多个平面，当需要利用其他楼层平面图时，就不必再绘制此线了。

16.3.3 绘制定位辅助线

首先，在立面图同一水平线上绘制出剖面图室外地坪线位置。然后，采用绘制立面图定位辅助线的方法绘制出剖面图的定位辅助线，如图 16-50 所示。

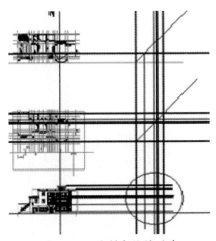

图 16-50 绘制定位辅助线

16.3.4 绘制建筑构配件

建筑构配件的绘制是剖面图绘制的主要内容。下面按照主要建筑构造、次要建筑构造及配件、材料图案 3 个步骤进行概述。

首先需要说明一点，由于绘制剖面图图线比较琐碎，因此建议在绘制过程中就把不同线型图线的图层分开，若等全部绘制好后再调整，则不但比较麻烦，而且容易遗漏。另外，不同线型图线之间的连接处应该断开（可以单击"打断于点"按钮进行处理），以免设置线型时出错，如图 16-51 所示。

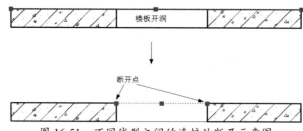

图 16-51　不同线型之间的连接处断开示意图

（1）主要建筑构造。在此部分，主要绘制地坪线、墙、柱、楼板、屋面等内容，初步把整个建筑构架建立起来，后面再逐步细化。操作要点提示如下。

①引出剖切到的地坪线、墙、柱、楼板、屋面定位辅助线，其他辅助线先不绘制，否则容易凌乱，如图 16-52 所示。

②在此基础上初步绘制出这些构造的轮廓，门窗洞、楼板开洞可以先不绘制，如图 16-53 所示。

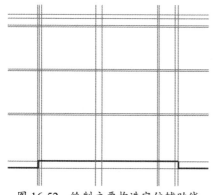

图 16-52　绘制主要构造定位辅助线

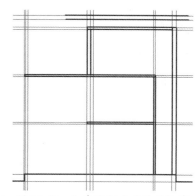

图 16-53　初步绘制主要构造轮廓

③进一步绘制门窗洞、楼板开洞、梁断面等，基本完成主要构造绘制，如图 16-54 所示。

④将剖切线剖到直跑楼梯梯段中部，需要事先确定底层、二层剖切位置楼梯的高度，绘制梯段剖切断面，然后从室内地坪处逐级绘制踏步看线，如图 16-55 所示。

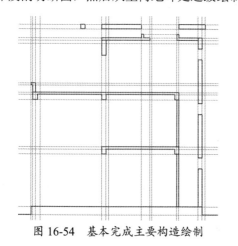

图 16-54　基本完成主要构造绘制

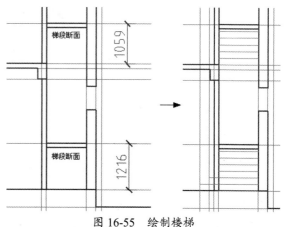

图 16-55　绘制楼梯

（2）次要构造及配件。次要构造及配件包括门窗、玻璃幕墙、玻璃采光顶、栏杆以及其他看线，如图 16-56 所示。操作要点提示如下。

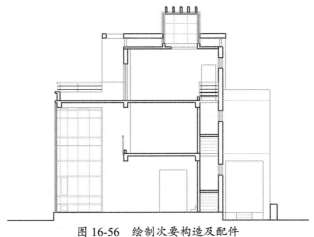

图 16-56　绘制次要构造及配件

①投射看到的玻璃幕墙、栏杆、玻璃采光顶图形可以从立面图中复制。

②在绘制剖面图时，可能发现与平面图、立面图相冲突的地方，需要结合平面、立面、剖面的关系，权衡后进行调整，如图 16-57 所示。

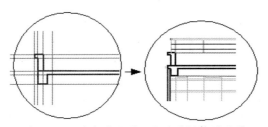

图 16-57　结合平面图、立面图调整剖面图

③剖面图线型设置如图 16-58 所示。

（3）材料图案。在剖面图中，当比例大于或等于 1∶50 时，应画出构件断面的材料图案；当比例小于 1∶50 时，则不画具体的材料图案，可以简化表示。例如，常将钢筋混凝土构件断面涂黑表示，以便与砖墙等其他材料断面相区分。本例出图比例拟取 1∶100，故只需将钢筋混凝土构件（梁、楼板、楼梯）断面涂黑，并把地坪线加粗，结果如图 16-59 所示。

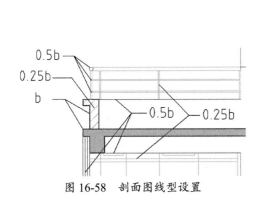

图 16-58　剖面图线型设置

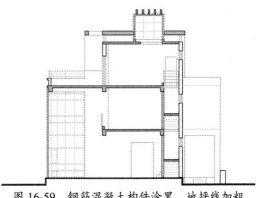

图 16-59　钢筋混凝土构件涂黑、地坪线加粗

16.3.5 添加配景、标注尺寸和文字

（1）添加配景。在方案图中，可以在室内外添加各种配景，包括室内家具陈设、室内外植物、人物、画等内容，以体现空间的用途和特点。在其他阶段，考虑到剖面图的深度和侧重点不同，这部分可以省去，重点突出结构、构造、材料、标高、尺寸等信息。

①室内沙发。事先从平面图中引出沙发定位线，然后从"建筑图库.dwg"中插入"立面沙发"图块，如图 16-60 所示。由于右侧沙发位于剖切线上，因此需要将它表现为剖面形式。操作步骤如下：将沙发分解开，修改图形，绘制剖切断面轮廓，并将轮廓线设置为"中线"线型，也可以在断面中填充材料图案，最后重新将它做成图块，如图 16-61 所示。

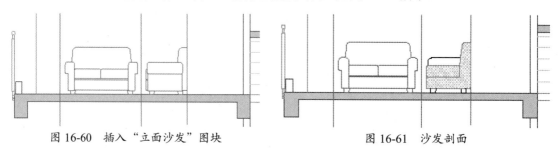

图 16-60 插入"立面沙发"图块　　　　　图 16-61 沙发剖面

②室内植物、人物、画。这些配景都已放置在"建筑图库.dwg"文件中，可以插入使用，但需要根据空间大小调整图块比例。

③室外植物。可以从立面图中复制室外植物。

（2）标注尺寸和文字。根据不同设计阶段的要求来标注尺寸和文字内容，力图清晰、准确，结果如图 16-48 所示。

16.4 上机实验

【练习 1】绘制如图 16-62 所示的某别墅南立面图。

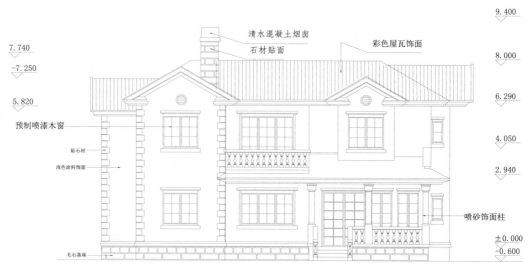

图 16-62 某别墅南立面图

【练习2】绘制如图16-63所示的某别墅西立面图。

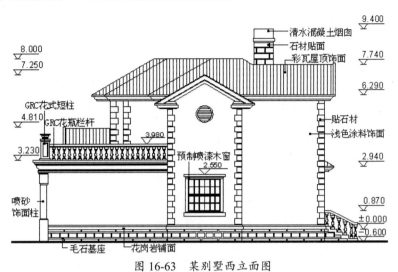

图16-63 某别墅西立面图

【练习3】绘制如图16-64所示的某别墅1-1剖面图。

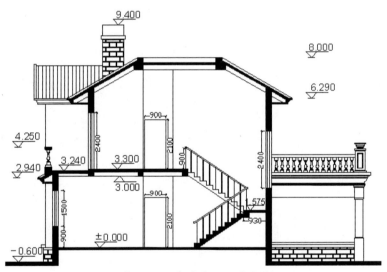

图16-64 某别墅1-1剖面图

反侵权盗版声明

电子工业出版社依法对本作品享有专有出版权。任何未经权利人书面许可，复制、销售或通过信息网络传播本作品的行为；歪曲、篡改、剽窃本作品的行为，均违反《中华人民共和国著作权法》，其行为人应承担相应的民事责任和行政责任，构成犯罪的，将被依法追究刑事责任。

为了维护市场秩序，保护权利人的合法权益，我社将依法查处和打击侵权盗版的单位和个人。欢迎社会各界人士积极举报侵权盗版行为，本社将奖励举报有功人员，并保证举报人的信息不被泄露。

举报电话：（010）88254396；（010）88258888

传　真：（010）88254397

E-mail：dbqq@phei.com.cn

通信地址：北京市万寿路173信箱

电子工业出版社总编办公室

邮　编：100036